工业和信息化部"十四五"规划专著

"十四五"时期
国家重点出版物出版专项规划项目

空间生命科学与技术丛书
名誉主编 赵玉芬　主编 邓玉林

空间微流控芯片技术

Microfluidic Chip in Space

吕雪飞　邓玉林　编著

北京理工大学出版社
BEIJING INSTITUTE OF TECHNOLOGY PRESS

版权专有　侵权必究

图书在版编目（CIP）数据

空间微流控芯片技术 / 吕雪飞，邓玉林编著. -- 北京：北京理工大学出版社，2023.11
工业和信息化部"十四五"规划专著
ISBN 978-7-5763-3265-0

Ⅰ. ①空… Ⅱ. ①吕… ②邓… Ⅲ. ①空间科学 – 化学分析 – 自动分析 – 芯片 Ⅳ. ①V419

中国国家版本馆 CIP 数据核字（2024）第 000992 号

责任编辑：钟　博	文案编辑：钟　博
责任校对：刘亚男	责任印制：李志强

出版发行 / 北京理工大学出版社有限责任公司
社　　址 / 北京市丰台区四合庄路 6 号
邮　　编 / 100070
电　　话 /（010）68944439（学术售后服务热线）
网　　址 / http：//www.bitpress.com.cn

版 印 次 / 2023 年 11 月第 1 版第 1 次印刷
印　　刷 / 三河市华骏印务包装有限公司
开　　本 / 710 mm×1000 mm　1/16
印　　张 / 17.25
彩　　插 / 2
字　　数 / 305 千字
定　　价 / 76.00 元

图书出现印装质量问题，请拨打售后服务热线，负责调换

《空间生命科学与技术丛书》
编写委员会

名誉主编：赵玉芬

主　　编：邓玉林

编　　委：（按姓氏笔画排序）

马　宏　　马红磊　　王　睿
吕雪飞　　刘炳坤　　李玉娟
李晓琼　　张　莹　　张永谦
周光明　　郭双生　　谭　信
戴荣继

前　言

习近平总书记在党的二十大报告中对加快推动航天强国建设作出重要战略部署，为我国航天科技实现高水平自立自强指明了前进方向，吹响了接续奋斗、再创辉煌的奋斗号角。中国载人航天用时三十年，完成了"三步走"战略，独立自主建成了"天宫"空间站。我国载人空间站是国家重大科技创新平台，为生命科学和航天医学的研究提供了前所未有的机遇。太空舱空间狭小，能源供应有限，环境条件恶劣，人员在轨操作困难，因此需要发展小型化甚至微型化、低功耗、高度自动化的仪器设备。微流控设备具有自动化、样品损耗小、在较小的面积内集成冗余系统、生物分析速度高等优点，非常适合在在轨复杂环境中开展相关研究，成为各国空间生命科学研究的热点领域。

本书主要聚焦空间微流控芯片技术及应用，内容涵盖微流控芯片的设计加工以及微流控芯片在细胞培养、样本前处理、核酸扩增检测、蛋白质检测、器官芯片等方面的应用，适合从事空间生命科学、化学、生物学、航天医学等相关领域的研究生和研究人员阅读。

全书共分为7章。其中，第1章介绍了空间生命科学与微流控芯片，包括空间生命科学及其研究特点、微流控芯片及其发展历程以及微流控芯片在空间生命科学研究中的典型应用等内容。第2章介绍了微流控芯片设计加工技术，包括微流控芯片加工材料与性能、微流控芯片制作加工工艺以及微流控芯片的表面改性技术等内容。第3章介绍了空间微流控细胞培养技术，包括基于微流控芯片平台的细胞培养技术、微流控细胞培养模式、微流控细胞培养中的结构单元、微流控芯片上的细胞荧光分析方法以及微流控细胞培养体系在空间生命科学中的应用等内容。第4章介绍了空间微流控芯片样品前处理技术，包括微流控芯片样品富集技术、微流控芯片样本提取技术、空间微流控芯片类分离技术及装置等内容。第 5 章介绍了空间微流控芯片核酸扩增及检测技术，包括核酸生物标志物检测方法，基于微流控芯片的核酸扩增，基于微流控芯片的核酸检测，基于微流控芯片的核酸提取、扩增、检测集成化系统以及微流控芯片核酸检测技术在空间生命科学研究中的应用等内容。第 6 章介绍了空间微流控芯片蛋白质检测技术，包括基于微流控芯片的蛋白质电化学检测技术、基于微流控芯片的蛋白质荧光检测技术、基于微流控芯片的蛋白质化学发光检测技术、基于微流控芯片的蛋白质可视化检测技术、基于微流控芯片的其他蛋白质检测技术以及微流控芯片蛋白质检测技术在空间生命科学研究中的应用等内容。第 7 章介绍了器官芯片，包括器官芯片的概念及特点、器官芯片的发展历程、器官芯片的设计类型、器官芯片的分类、器官芯片的应用以及器官芯片在空间生命科学研究中的应用等内容。

本书为国家出版基金项目、"十四五"时期国家重点出版物出版专项规划项目，入选工业和信息化部"十四五"规划专著。课题组研究生姜浩、李安一、赵毅蒙、赵可心、王文甲、何芳兰、吴敏洁、彭钊等参与了文献调研和书稿审校工作，在此表示衷心的感谢！

目 录

第 1 章　空间生命科学与微流控芯片 ·· 001

  1.1　空间生命科学及其研究特点 ··· 003

  1.2　微流控芯片及其发展历程 ·· 004

  1.3　微流控芯片在空间生命科学研究中的典型应用 ···················· 006

第 2 章　微流控芯片设计加工技术 ··· 008

  2.1　微流控芯片加工材料与性能 ·· 009

    2.1.1　硅 ··· 009

    2.1.2　玻璃和石英 ·· 009

    2.1.3　弹性聚合物和塑料 ··· 010

    2.1.4　水凝胶 ··· 013

    2.1.5　纸 ··· 015

    2.1.6　混合材料 ··· 016

  2.2　微流控芯片制作加工工艺 ··· 017

    2.2.1　玻璃微流控芯片的制作 ··· 017

    2.2.2　PDMS 微流控芯片的制作 ·· 022

    2.2.3　PMMA 微流控芯片的制作 ······································· 026

    2.2.4　水凝胶微流控芯片的制作 ··· 029

  2.3　微流控芯片的表面改性技术 ··· 029

  2.3.1 气相处理 ·· 030
  2.3.2 湿化学合成法 ·· 031

第3章 空间微流控细胞培养技术 ··· 034

 3.1 基于微流控芯片平台的细胞培养技术 ·· 036
  3.1.1 传统细胞培养技术 ·· 036
  3.1.2 微流控芯片技术用于细胞培养的优势 ······································ 037
 3.2 微流控细胞培养模式 ·· 038
  3.2.1 静态细胞培养与动态细胞培养 ·· 038
  3.2.2 单细胞培养与多细胞培养 ··· 038
  3.2.3 二维细胞培养与三维细胞培养 ·· 038
 3.3 微流控细胞培养中的结构单元 ··· 040
  3.3.1 浓度梯度生成 ·· 040
  3.3.2 微流体驱动单元：微泵 ·· 043
  3.3.3 流体控制：微阀 ··· 046
  3.3.4 膜 ··· 049
  3.3.5 微反应器 ·· 054
 3.4 微流控芯片上的细胞荧光分析方法 ·· 057
  3.4.1 基于核酸的修饰 ··· 057
  3.4.2 原位化学修饰 ·· 061
  3.4.3 疏水性物质插入的修饰 ·· 062
  3.4.4 基因探针 ·· 063
 3.5 微流控细胞培养体系在空间生命科学中的应用 ······························· 065
  3.5.1 常用的空间细胞培养体系 ··· 065
  3.5.2 基于微流控芯片的空间细胞培养装置及其应用 ························ 069

第4章 空间微流控芯片样品前处理技术 ································· 078

 4.1 微流控芯片样品富集技术 ·· 080
  4.1.1 基于固相萃取的富集技术 ··· 080
  4.1.2 基于多孔滤膜的富集技术 ··· 081
  4.1.3 基于电驱动的富集技术 ·· 083
  4.1.4 基于温度敏感硼酸亲和材料的富集技术 ·································· 084
 4.2 微流控芯片样本提取技术 ·· 085
  4.2.1 基于微流控芯片的核酸提取 ·· 085
  4.2.2 基于微流控芯片的蛋白质分离 ·· 093

4.3 空间微流控芯片类分离技术及装置 ·········· 098
 4.3.1 空间生物样品处理装置设计原理与功能 ·········· 099
 4.3.2 模块单元设计 ·········· 100

第5章 空间微流控芯片核酸扩增及检测技术 ·········· 108

5.1 核酸生物标志物检测方法 ·········· 110
5.2 基于微流控芯片的核酸扩增 ·········· 113
 5.2.1 基于微流控芯片技术的核酸变温扩增 ·········· 114
 5.2.2 基于微流控芯片技术的核酸等温扩增 ·········· 115
5.3 基于微流控芯片的核酸检测 ·········· 118
 5.3.1 基于光学信号的核酸检测 ·········· 118
 5.3.2 基于电化学信号的核酸检测 ·········· 118
 5.3.3 基于磁信号的核酸检测 ·········· 119
5.4 基于微流控芯片的核酸提取、扩增与检测集成化系统 ·········· 119
5.5 微流控芯片核酸检测技术在空间生命科学研究中的应用 ·········· 122
 5.5.1 国际空间核酸检测技术 ·········· 122
 5.5.2 国内空间核酸检测技术 ·········· 124
 5.5.3 基于微流控芯片的核酸检测技术的未来发展趋势 ·········· 126

第6章 空间微流控芯片蛋白质检测技术 ·········· 129

6.1 基于微流控芯片的蛋白质电化学检测技术 ·········· 132
 6.1.1 安培法 ·········· 132
 6.1.2 电导法 ·········· 138
 6.1.3 电位法 ·········· 140
 6.1.4 电致化学发光 ·········· 140
6.2 基于微流控芯片的蛋白质荧光检测技术 ·········· 145
 6.2.1 基于PMT的荧光检测技术 ·········· 146
 6.2.2 基于CCD的荧光检测技术 ·········· 150
 6.2.3 基于智能手机的荧光检测技术 ·········· 152
6.3 基于微流控芯片的蛋白质化学发光检测技术 ·········· 155
 6.3.1 基于抗原-抗体的检测方法 ·········· 155
 6.3.2 基于功能核酸的检测方法 ·········· 159
6.4 基于微流控芯片的蛋白质可视化检测技术 ·········· 160
6.5 基于微流控芯片的其他蛋白质检测技术 ·········· 164
 6.5.1 基于微型核磁共振的微流控蛋白质检测技术 ·········· 164

6.5.2 基于表面等离子体共振的微流控蛋白质检测技术 ……… 165
6.5.3 基于表面增强拉曼散射的微流控蛋白质检测技术 ……… 166
6.6 微流控芯片蛋白质检测技术在空间生命科学研究中的应用 ……… 167
6.6.1 ISS 蛋白质研究技术 ……… 167
6.6.2 国内空间蛋白质研究技术 ……… 169
6.6.3 基于微流控芯片的空间蛋白质检测技术的未来发展趋势 ……… 170

第7章 器官芯片 ……… 173

7.1 器官芯片的概念及特点 ……… 174
7.2 器官芯片的发展历程 ……… 175
7.3 器官芯片的设计类型 ……… 176
　　7.3.1 基于通道的器官芯片 ……… 176
　　7.3.2 基于腔室结构的器官芯片 ……… 178
　　7.3.3 基于膜的器官芯片 ……… 180
7.4 器官芯片的分类 ……… 181
　　7.4.1 脑芯片 ……… 181
　　7.4.2 心脏芯片 ……… 182
　　7.4.3 血管芯片 ……… 186
　　7.4.4 肺芯片 ……… 187
　　7.4.5 肝芯片 ……… 189
　　7.4.6 肠芯片 ……… 191
　　7.4.7 肾芯片 ……… 192
　　7.4.8 其他芯片 ……… 194
　　7.4.9 多器官系统和芯片人 ……… 199
7.5 器官芯片的应用 ……… 202
　　7.5.1 药物评价 ……… 202
　　7.5.2 疾病研究 ……… 203
　　7.5.3 毒理学评价 ……… 206
7.6 器官芯片在空间生命科学研究中的应用 ……… 208
　　7.6.1 空间器官芯片简介 ……… 208
　　7.6.2 美国"空间芯片"计划 ……… 208
　　7.6.3 我国开展的空间器官芯片研究 ……… 211

参考文献 ……… 215

索引 ……… 257

第 1 章
空间生命科学与微流控芯片

　　中国载人航天用时三十年，完成了"三步走"战略，独立自主建成了"天宫"空间站。我国载人空间站是国家重大科技创新平台，为生命科学和航天医学的研究提供了前所未有的机遇。

　　近年来，随着我国载人航天和深空探测的不断发展，空间科学领域在试验技术、载荷研制和科学探索等方面积累了相当的基础，空间工程技术的提升也为发展空间科学提供了强大的支撑。利用国内外的高空火箭落舱、返回式卫星、飞船、空间站等空间飞行平台，我国在空间生命科学和生物技术硬件装置的研制和技术研究的开发方面取得了重要突破，支撑了空间高等生物培养、空间细胞培养和融合、空间蛋白质结晶、空间蛋白质分离、空间动物胚胎细胞培养等空间生物技术、空间辐射生物学和航天医学等生命科学领域多项科学研究试验项目。

1.1 空间生命科学及其研究特点

空间生命科学学科发展历史悠久,主要包含航天医学基础、空间基础生物学、宇宙生物学和空间生物技术与转化应用四个领域,其中与生物技术密切相关的研究可分为以下四个方面:①生物医学与生理学研究,其主要研究空间环境对人和动物的影响;②生物系统研究,其主要研究生命支持领域和原位资源的利用;③行星保护研究;④天体生物学研究,其主要研究生物体暴露于空间环境中的反应。

上述研究均不可避免地涉及空间生命科学载荷仪器,空间生命科学载荷仪器必须通过严格的设计以符合空间安全规定。在空间真空、高低温、微重力、振动和宇宙辐射等特殊环境中,空间生命科学载荷仪器在体积、质量、集成化、自动化和安全性等方面需要较地面更为严格的设计。涉及航天员操作及其健康监测的空间生命科学载荷仪器通常需要具有便携、简便和自动化等特点,质量、体积和功耗等应尽可能小/低,以实现资源消耗最小化;涉及无人参与、空间生态系统及地外生命探索等的空间生命科学载荷仪器通常需要具有小型化、模块化和自动化等特点,在设备的稳定性、安全性和高通量等方面要尽可能实现资源最优化。同时,这些仪器的研发还需要充分考虑技术的发明与最终太空部署之间的时间滞后性,基于现有成熟的技术进行创造性研究并及时完成太空部署,以防止仪器在成功完成空间搭载后因技术过时被淘汰。

空间生命科学研究会面临与地面上完全不同的环境条件，主要总结为以下七个方面。

（1）在空间条件下，仪器将面临微重力和辐射的威胁。尽管在空间舱内可以屏蔽大部分宇宙辐射，但是质子和重离子的辐射则无法避免，因此仪器需要经受重离子和质子冲击，保证在正常冲击范围内可以正常运转。

（2）空间微重力环境既为试验提供了一个很好的特殊环境，极大地改变了天地试验的要求，但也导致一些常规试验无法在轨完成，必须寻求其他途径。例如，空间聚合酶链式反应（polymerase chain reaction，PCR）技术，由于受空间微重力的影响，反应溶液在普通的 PCR 管中无法集中在 PCR 管底部，这会对试验结果产生极大影响，甚至会导致试验根本无法完成，因此在空间微重力环境中必须寻求特殊装置和途径完成试验。

（3）空间舱内的空间和资源都有限，对仪器的体积、质量等有极其苛刻的要求，功耗低、小型的仪器才能满足需求。航天器本身对于搭载的设备也有很高的技术标准要求，需要通过一系列试验标准测试，如地面温度老化试验、交变湿热试验、运输环境试验、泄复压测试、加速度试验、冲击试验、振动试验、热循环试验和热真空试验等。一些温度敏感试验还需要考虑空间舱的温度、气压（无人搭载时空间舱内气压约为 0.8 标准大气压，温度在 16 ℃ 左右）等因素的影响。

（4）空间生命科学研究试验大部分处于无人值守的状态，仪器需要自动完成各项试验操作，这为试验设计带来很大挑战。

（5）飞船在起飞和降落过程中仪器会经受巨大振动、加速度和冲击，这对仪器的抗振性能有极高要求。

（6）生物样品具有生物活性和时效性，需要在航天器发射的最后时刻进行装载，因此样品的前期保存和现场加注需要很高的技术要求和标准化的操作流程。目前生物类试验主要集中在活体动植物或者细胞培养等方面，脱离活体组织的分子水平试验很难在轨完成。

（7）航天器在轨运行时间较长，这给生物样品的回收测试带来很大的挑战，需要研发生物样品在轨长期保存技术。

1.2 微流控芯片及其发展历程

微流控芯片，也可称为"芯片实验室"（lab-on-a-chip），是将实验室中常用的生物技术或分析方法等集成到微米级芯片上，从而在芯片上实现常规实验室的相关功能。在微流控芯片上可以完成样品制备、细胞培养、化学分析等过程，实现减小样品的消耗量、缩短分析时间、提高检测的灵敏度、增加检测通量等效果。因此，微流控芯片技术被列为 21 世纪最重要的前沿技术。微流控芯片的发展可以分为以下几个阶段。

第一阶段始于 20 世纪 90 年代初。Manz A 等首次提出微型全分析系统（miniaturized total analysis systems，μTAS）的概念，当时是在已经发展成熟的微电子机械系统（MEMS）加工平台来实现全部分析功能在芯片上的微型化。1992 年，Harrison D J 等发表了首篇在微流控芯片上完成的毛细管电泳分离的论文，展现了 μTAS 的发展潜力。1996 年，Wooley A T 等首次将 PCR 与毛细管电泳集成到一块微芯片上，展现了微流控芯片技术在样品处理方面及功能集成化方面的潜力。次年，他们又在毛细管电泳芯片上实现了 DNA 测序，从而为微流控芯片在基因分析中的应用奠定了基础。

第二阶段始于 21 世纪初。2001 年，《芯片实验室》（Lab on a Chip）杂志由英国皇家化学学会创刊，并很快成为该领域的主流期刊。2002 年，微流控分析系统被《分析化学》（Analytical Chemistry）杂志列入每两年一次的综述，确立了其作为一个独立前沿学科的地位。

第三阶段始于 2006 年，该年《自然》（Nature）杂志专门为"芯片实验室"发表了一期专辑，从多角度阐述了芯片实验室的发展和应用前景，认为芯片实验室可能成为"这一世纪的技术"。2010 年，Huh D 等首次在微流控芯片上实现了器官水平上的肺功能模拟，将微流控芯片技术推向了全新的高度并首次提出了器官芯片（organ on a chip）的概念，自此该技术开始应用于组织及器官水平的类器官功能模拟，这一年也被认为是微流控芯片技术第四阶段的开始。2012 年，Huh D 等在肺芯片上实现了药物毒性导致肺水肿模型的研究，为微流控芯片技术在药物研发中的应用奠定了基础。2016 年，Zhang B 等基于器官芯片技术构建了可降解的具有多层结构的血管模型，并成功进行了外科手术移植，拉开了以微流控芯片技术为核心的组织工程、材料学科、药学等多学科交叉研究的序幕。2019 年，Novak R 等研发了一种人类器官芯片全自动化平台（human body – on – chips，HuBoC），该平台集成了多种器官芯片（脑、心脏、肝等），结合全自动控制平台和显微镜观测平台，首次实现了全自动的细胞培养、流体流动、样品添加采集和显微成像等功能，这种平台能够对人类器官芯片内的细胞进行非入侵式的原位成像，以及血管和腔室内的无流体耦合影响的重复取样，有助于未来体外药代动力学的研究。

1.3 微流控芯片在空间生命科学研究中的典型应用

依托 MEMS 技术的微流控芯片设备将成为生物、医学和化学等领域设备小型化的重要发展方向，并有望在空间科学研究中发挥重大作用。近年来，空间科学研究的快速发展给空间生命科学创造了越来越多的在真实空间环境条件下进行研究的机会，同时也对进行空间生命科学研究的仪器设备提出了更高的要求。

在空间环境中，太空舱空间狭小，能源供应有限，环境条件恶劣，人员在轨操作困难，因此需要发展小型化甚至微型化、低功耗、高度自动化的仪器设备。微流控设备具有自动化、样品损耗低、在较小的面积内集成冗余系统、生物分析速度快等优点。这些优点使微流控芯片非常适合在在轨复杂环境下进行化学和生物试验，成为各国空间生命科学研究的热点领域。美国国家航空航天局（NASA）、欧洲空间局（ESA）、俄罗斯联邦航天局（RKA）、加拿大空间局（CSA）、日本空间局（NASDA）、德国空间局（DARA）、法国空间局（CNES）都在加紧研发满足太空研究需要的，以微流控芯片、微阵列芯片为基础的芯片实验室。例如，2006 年，美国首次通过"发现"号将"LOCAD - PTS"（lab - on - a - chip application development - portable test system）带入国际空间站，进行环境微生物污染的检测。该检测系统通过革兰氏阴性菌以及革兰氏阳性菌所含有的特定内毒素或细胞壁成分，与柱中的干试剂进行反应，最后通过显色反应来检测并量化微生物，相较于以往的培养检测方法其操作更方便、成本更低廉。除了针对微生物检测的微流控芯片设备外，针对人体标志物检测的微流控芯片设备也成功实现了在太空中的应用。由于 NASA 计划进行长时间航天飞行，因此紧凑、可靠、轻便的诊断对于监控机组人员的健康状况至关重要。

2008 年，由 NASA 格伦研究中心（NASA's Glenn Research Center）与 DNA 医学研究所（DNA Medicine Institute，DMI）共同合作设计了一款可重复使用的微流控芯片设备"rHEALTH"（reusable handheld electrolyte and lab technology for human）。该传感器将样品的引入、处理和检测与紧凑、资源敏感和高效的设计结合，基于高灵敏荧光检测以及纳米条带试剂技术的检测原理，快速、低成本地实现滴血液或体液中细胞数量的计算以及电解质、蛋白质和其他生物标志物的测量，以便监测航天员在太空长期飞行期间的健康状况。

2011年11月，北京理工大学邓玉林教授课题组在"神舟八号"飞船上搭载"微流控芯片基因扩增装置"。该研究突破了空间微流控PCR芯片制备技术、极端条件下PCR扩增技术，研制了在轨基因自主扩增装置，为研究航天环境中人类基因的PCR过程中的错义突变情况，空间环境对生物体的繁殖、发育以及航天员健康可能造成的影响等研究提供了重要基础理论依据。此次搭载试验是北京理工大学研制的试验装置首次作为试验载荷伴随飞船遨游太空，同时实现了中国微流控芯片太空应用技术领域"零"的突破，也是中国首次在空间环境中开展基因试验。

2016年6月，"长征七号"运载火箭首飞，北京理工大学邓玉林教授课题组成功利用"多用途飞船缩比返回舱"搭载了"空间细胞和微生物培养"试验装置。此次试验针对我国在载人空间站工程和深空探测工程等在微生物安全及其防控方面的需求，通过选取我国正在组装测试阶段的空间站及其组装厂房表面微生物为研究对象，将具有腐蚀能力的微生物以及用于研究生物进化机理的模式微生物进行短期搭载，重点研究空间环境中微生物的增殖和变异情况对飞行器平台长期运行安全的影响。该成果已经应用于协助指导我国载人航天系统相关部门建立空间微生物重点菌种的防控规划，为合理优化空间站的地面装配环境、确保平台的在轨生物安全提供基础性研究成果。

2017年4月，由北京理工大学邓玉林教授课题组完全自主创新研制的"空间微流控芯片生物培养与分析载荷"搭载我国第一艘货运飞船"天舟一号"在文昌航天发射中心发射升空，随后开展了为期两周的在轨科学试验。该载荷试验旨在针对我国空间生命科学以及航天医学研究的相关需求，通过集在轨生物培养、在轨生化分析、在线数据处理于一体的空间多指标生物分析技术，突破了在飞行器内全自动完成生物培养以及在轨分析等关键技术问题，达到了细胞间接共培养、长期动态灌流培养和相关细胞因子全自动分析检测要求。

2017年6月，北京理工大学邓玉林教授课题组独立研发的"空间环境致生物微进化规律试验载荷"搭乘美国"龙"货运飞船进入国际空间站，成功开展为期1个月的在轨试验。该载荷成功突破了太空条件下变温PCR扩增的分子生物学技术、空间多任务微流控扩增芯片研制、长时间放置条件下保持酶有效性等多个技术难题。此次搭载是国际上首次利用空间环境开展"微进化研究"，对探索空间环境对分子进化的影响以及预防和控制基因疾病有重要意义。同时，此次搭载是中美两国30年来在空间领域的首次合作，具有"破冰"之意义，通过商业合作模式为中美太空合作开辟了新的途径，开创了中美空间领域合作的新局面。

第 2 章
微流控芯片设计加工技术

　　微流控芯片是由微米甚至亚微米级别的微通道系统以及各种功能结构单元组成的。在微电子领域发展并完善的光刻技术在微流控芯片的微加工中仍然起到基础性作用。根据选择材料的不同,微流控芯片制作方法可分为热压法、模塑法、注塑法、LIGA 法和软蚀刻法等。另外,微流控芯片材料的选择、微通道的设计、微通道的表面改性及微流控芯片的质量控制等也是微流控芯片制作的关键问题。本章主要涉及微流控芯片的加工材料与性能、制作加工工艺以及表面改性技术等。

2.1 微流控芯片加工材料与性能

2.1.1 硅

单晶硅是微电子行业的基础材料，其加工技术和相关设备发展完善，在微流控技术发展的初期，硅曾作为微流控芯片的主要材料。20 世纪 70 年代，Terry S C 等人设计的微型气体色谱分析系统就是将整个结构集成在硅材料芯片上，形成了一套比较完整的 μTAS。硅具有良好的化学惰性和热稳定性，使用光刻和蚀刻的方法可以高精度地复制出二维图形或复杂的三维结构；硅的导热性好，在某些应用中以硅为材料主体的装置能够确保器件温度分布均匀；硅的表面修饰主要依赖暴露的硅羟基，其与硅烷化试剂结合后能够很容易地改变硅表面的亲疏水性能。

但是，硅存在透光性差、易碎、价格偏高等缺陷，它无法与现有的荧光技术和图像摄取手段兼容，也难以制作微泵、微阀等流体控制部件，而且其介电性能和抗腐蚀性能也难以满足分析需要。因此，硅在应用过程中受到很大限制，逐渐被其他材料取代。

2.1.2 玻璃和石英

玻璃和石英具有良好的电渗性和透光性，弥补了硅在电学和光学方面的不足，便于实时观察；其价格低廉，尤其是玻璃，作为传统化学分析的反应和测量容器材料，很快成为微流控系统的主流基材之一。很多单晶硅的微加工技术比较容易转移到玻璃和石英上，例如，采用光刻和蚀刻技术就可以将微结构刻在玻璃和石英上。得益于玻璃的高电渗迁移率，其在微流控毛细管芯片电泳中得到了广泛应用——依赖电渗流驱动流体，无须外接泵阀，可以在短时间内实现混合物的分离，操作重复性良好。此外，玻璃和石英的耐腐蚀性能也可以满足大多数应用的需要。除用作微流控芯片制作材料之外，玻璃和石英也常被用于微模具的加工。

然而，玻璃和石英的硬度在一定程度上限制了它们在微流控芯片中的应用。另外，这两种材料的制造成本高且涉及危险化学品（如氢氟酸），需要额外的保护设施。基于玻璃和石英的微流控芯片的黏合通常需要高温、高压和超清洁的环境。更为重要的是，由于玻璃和石英的不透气性，基于这两种材料的芯片与封闭的通道和腔室不能用于长期的细胞培养。这些限制推动了其他芯片材料如聚合物等的迅猛发展，大大拓宽了其在生命科学领域的应用。

2.1.3 弹性聚合物和塑料

聚合物种类繁多，具有很大的选择灵活性。与无机材料相比，聚合物容易获得且价格低廉，因此已成为最常用的微流控芯片材料。根据其物理性质，聚合物可分为三大类，即弹性聚合物、热固性塑料和热塑性塑料。

1. 弹性聚合物

弹性聚合物通常由缠绕在一起的交联聚合物链组成。当外力作用时，它们可以被拉伸或压缩；当去掉外力时，它们会恢复到原来的形状。在微流控芯片中最常用的弹性聚合物为聚二甲基硅氧烷（PDMS）。

PDMS 的显著优势是成本低且易于微加工，液态 PDMS 预聚物在 40~70 ℃的温度下固化。PDMS 的表面张力很小，有利于固化后从模板上剥离。PDMS 芯片只需简单的接触步骤，就可以可逆地、保形地密封到 PDMS、玻璃或其他基质材料的表面，而通过等离子体氧化 PDMS 表面或使用一层薄的 PDMS 作为胶水，同样也可以很方便地将 PDMS 不可逆地黏结到上述基质材料表面。通过简单地将多个带通孔的 PDMS 片叠加在一起，还可以制作多层通道结构［图 2-1 (a)］。PDMS 具有高弹性，Park 等人利用高弹性 PDMS 固有的弹性体塌陷现象，成功制作出了宽度为几百纳米的超精细微通道［图 2-1 (b)］，这样的通道尺寸是常规软光刻技术不能实现的。他们还利用上述现象设计了一种纳米微流体浓缩装置，成功提高了核酸检测的灵敏度。

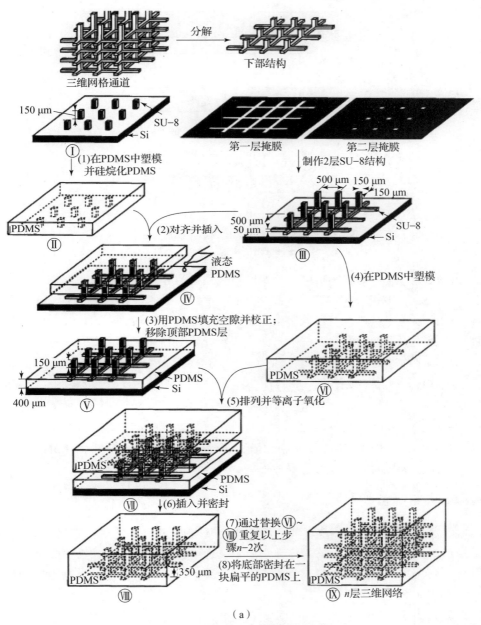

(a)

图 2-1 弹性聚合物微流控芯片模块

(a) PDMS 芯片中三维微通道的制作

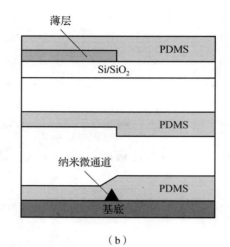

(b)

图 2-1　弹性聚合物微流控芯片模块（续）
(b) 利用 PDMS 弹性体塌陷现象制作超精细纳米微通道

与玻璃、硅和其他硬质材料，如聚甲基丙烯酸甲酯（PMMA）和聚碳酸酯（PC）相比，PDMS 是由覆盖有烷基的 SiO_2 骨架构成的多孔基质材料，可以实现气体的渗透，这对密封微通道中的长期细胞培养至关重要。因此，PDMS 芯片被广泛应用于细胞培养、细胞筛选和生物化学分析等研究中。

作为一种广受欢迎的微流控芯片材料，PDMS 具有诸多优势，但 PDMS 也具有一些比较明显的缺点。例如，PDMS 与有机溶剂不相容；PDMS 通道表面对疏水性小分子和生物大分子具有吸附作用；水分子可透过 PDMS 通道和腔室蒸发，会带来浓度变化效应（虽然这一特性已被用于蛋白质结晶）等。研究人员也提出过各种改进方案，但仍不能完全克服这些缺点。因此，PDMS 芯片在液相反应方面的应用受到了很大限制。

2. 热固性塑料

在用于制作微流控芯片之前，热固性塑料（如 SU-8 光刻胶和聚酰亚胺）已经被用作负性光阻剂，后来才被用于微通道结构的制造。当被加热或受到辐射时，热固性分子交联形成一个不能软化的刚性网络，也就是说，热固性塑料一旦固化就不能再被重塑。通常情况下，这些材料即使在高温下也是稳定的，耐大多数溶剂，并且是透明的。因此，通过适当的键合方法，微流控芯片可以完全由热固性塑料来制备。常见的热固性塑料有热固性聚酯（TPE）和环氧塑料等。

热固性塑料具有可利用光聚合实现真正的三维微细加工［图 2-2（a）］

的优点；其另一个优点是具有高硬度，这使制造高深宽比的独立结构成为可能。然而，由于其硬度高，热固性塑料同样不适用于隔膜阀的制造，且由于其成本高，热固性塑料在微流控芯片制造中的应用也受到了一定限制。

3. 热塑性塑料

与热固性塑料不同，热塑性塑料在玻璃化转变温度（T_g）下会明显软化，这使其可被加工，还可以通过再加热多次塑形。典型的热塑性塑料有聚甲基丙烯酸甲酯、聚碳酸酯、聚苯乙烯（PS）、聚对苯二甲酸乙二醇酯（PET）和聚氯乙烯（PVC）等。

与PDMS相比，热塑性塑料与溶剂的相容性稍好一些，但同样无法和大多数有机溶剂相容，如酮类和烃类等。由于这些材料对气体几乎不具有渗透性，所以以它们为材料制作的微通道和微室不适合长期细胞培养。此外，同样由于其刚性特性，热塑性塑料不能用于制作芯片上的隔膜阀。

与弹性聚合物和热固性塑料不同，热塑性塑料的原料通常以固体形式存在，并可以通过热塑形过程在短时间内生产大批量产品，但这种生产方法需要能够在高温下使用的昂贵的硅或金属模板。Whitesides和Xia开发了一种快速成形技术，该技术使用PDMS作为介导材料，使微图案从容易制备的光刻胶表面转移到热塑性塑料上。然而，因为使用了PDMS，这项技术仅适用于T_g低于150 ℃的热塑性塑料。Ren等人通过调整固化配方并改进工艺，将用于转移成形的PDMS的最高工作温度提高到350 ℃，几乎高于目前所有常用热塑性塑料的T_g［图2-2（b）］。

热塑性塑料不像PDMS那样可与其他表面形成保形接触，只能通过热键合或胶黏接的方式进行密封。不过，热塑性塑料的热键合条件通常比玻璃的温和，即温度和压力要求更低，且不需要洁净环境。

热塑性塑料的表面可以通过动态涂层或表面接枝进行改性。共价改性的热塑性塑料的表面通常比PDMS更稳定，例如，经过氧等离子体处理后可以保持长达数年的表面亲水性。此外，热塑性塑料可以很容易地与柔性电路的电极集成，一个典型的应用就是通过电润湿的方式操纵液滴的数字微流控技术。

2.1.4 水凝胶

水凝胶由亲水聚合物链交联形成的三维多孔网络组成，高含水量（超过99%）和高渗透性的结合使水凝胶成为细胞三维体外培养和封装的完美选择。然而，由于营养物质和氧气通过凝胶体的扩散效率有限，水凝胶还不足以支持厚层细胞培养，细胞的存活状态可能沿梯度出现很大变化，通常在几百微米深

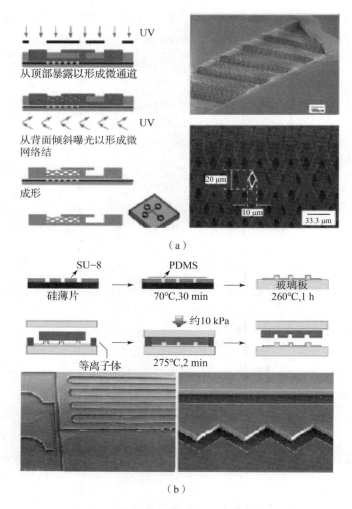

图2-2 热固性塑料微流控芯片模块

(a) 以SU-8光刻胶为材料，通过原位成形方法制作的精细微通道结构；
(b) 高温转移模塑法进行热塑性塑料的微细加工

度时就会出现坏死现象。通过在水凝胶内部建立与天然血管相似的微流控通道，增加物质输送和扩散的能力，可实现快速传质，从而实现较大体积范围内的三维细胞培养。

水凝胶通常具有生物相容性，但它们对动物细胞显示出不同的亲和力。动物源性水凝胶，如基质凝胶和胶原蛋白，含有促进细胞黏附和增殖的因子；从植物中提取的水凝胶，如海藻酸和琼脂糖，以及人工合成的水凝胶，如聚乙二醇（PEG）和聚丙烯酰胺，则缺乏细胞黏附位点；不过，黏附位点可以以可控的方式接枝回来。

由于在大分子尺度上的低密度和低强度，相比其他聚合物（纳米尺度），水凝胶在微加工过程中只能实现较低的分辨率（微米尺度）。此外，封装有细胞的水凝胶存在与某些微加工工艺不兼容的情况。目前有报道的加工策略分为两类。一种策略为直接书写法，即通过移动喷嘴释放出凝胶化溶液，可以低速生成任意的三维结构；另一种策略主要包括两个步骤：生成通道和通道密封。大多数水凝胶是在温和条件下的水溶液中形成的，因此，通道可以用几乎任何不溶于水的材料制成。不过，与成形的简单过程相比，黏合更具有挑战性。通常情况下，水凝胶无法通过简单的接触实现黏接，需要在黏接之前通过加热或化学方法融化黏接表面的薄层或在黏接界面上添加黏接剂。

2.1.5 纸

纸是一种由纤维素制成的高度多孔的基质，在毛细管导液方面表现优异。在纸材料引入之前，大多数微流控芯片都是由密封通道组成的。纸材料的出现提示研究者们通道未必需要完全密封［图2-3（a）］。当纸的某些区域被疏水改性后，水溶液可通过毛细效应被精确地引导通过亲水区域。基于纸材料的微流控芯片在便携性和低成本分析方面具有广阔的发展前景。

目前，纸基微流控芯片的研究重心和热点主要集中在开发简单、快速、廉价的制作工艺，以及使纸材料优势最大化的检测方法上。目前所报道的方法主要分为两种。第一种方法是将聚合物溶液涂覆在纸上，然后通过光刻或微流控蚀刻等方法将形成的涂层从规定通道的特定区域中除去。该方法分辨率相对较高，但造价也同样较高，并且由于通道区域被聚合物溶液覆盖过，其性质可能已经发生改变。第二种方法是印刷（切割）方法。相比之下，此方法对设备的要求更低，可直接产生疏水屏障，并且通道区域也没有事先和试剂发生接触。

由于纸材料的通道区域存在纤维化基质，纸基微流控芯片所匹配的检测方法相对有限，可以用比色法、显色反应法、电化学以及电化学发光等方法偶联实现检测。其中，比色法对设备的要求很低，并且可以通过捕获检测区域的图像更方便地实现远程医疗，因此是最常用的方法，也是目前最主要的商用策略。

利用纸作为微流控芯片材料具有以下优点：①微通道作为无源泵分配器，不需要电源或外部元件；②微通道具有较大的表面与体积比，有利于与表面相关的应用，如简单地将浸湿区域干燥即可用于检测试剂的储存等；③纸张印刷制造方便、成本低，是最廉价的微流控芯片材料之一；④可通过堆叠方法构建形成多层微通道［图2-3（b）］，或实现三维细胞培养；⑤纸可以过滤样品中的颗粒，例如去除血液样品中的血细胞等。

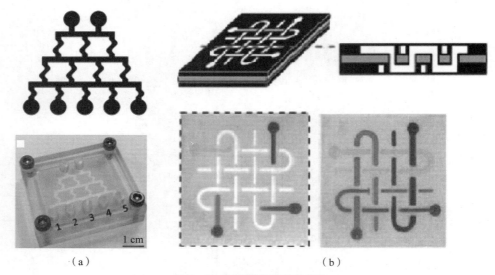

图 2-3 纸基微流控芯片模块
（a）浓度梯度生成器；（b）堆叠方法构建形成的多层微流控通道

然而，为了实现纸基微流控芯片更加广泛而全面的应用，还需要克服如下限制因素：①构成通道的纤维素基质会阻挡内部信号并稀释样品，导致检测灵敏度不太理想；②表面张力小的液体不能很好地限定在由疏水性所定义的通道内；③报道的最小通道宽度约为 200 μm，因此高密度集成难以实现；④对于小型阀缺乏方便的集成策略；⑤液体可能从开放通道中蒸发。

2.1.6 混合材料

当单一材料的使用难以满足某些较高的功能要求时，可以考虑在同一块芯片中集成多种不同类型的材料，以发挥每种材料各自的优势来满足较高的功能要求，这样的芯片被称为杂化芯片。不同材料的组合方式根据对功能的期望来确定，一般设计需要遵循组合后的材料应当使芯片具有新的更好的特性，不能相互拮抗，损害原材料预期性能的原则。例如：①通过玻璃-PDMS 组合实现硬质芯片与弹性隔膜阀的集成，玻璃芯片中蚀刻形成的通道呈圆形，是引入隔膜阀的理想配置；②将通道与图案化金属电极结合，如氧化铟锡（ITO）镀膜玻璃可以很容易通过光刻方法形成透明的电极；③在通道或腔室的特定区域引入以水凝胶为代表的"可渗透材料"，用于辅助芯片上实现提取功能、培养细胞或生成浓度梯度等。

2.2 微流控芯片制作加工工艺

2.2.1 玻璃微流控芯片的制作

1. 湿法蚀刻

湿法蚀刻是 MEMS 加工玻璃微通道的基本工艺。由于传统的玻璃芯片制作方法要求洁净的环境，复杂的芯片加工设备和技术，以及烦琐、成功率不高的高温键合程序，所以其加工只能在造价高昂的 MEMS 实验室完成。目前国内已有市售带铬层和光刻胶的铬板玻璃，可作为加工此类芯片的基础材料，省去相当程度的专业设备和烦琐操作。多通道微流控玻璃芯片湿法蚀刻流程如图 2-4 所示。

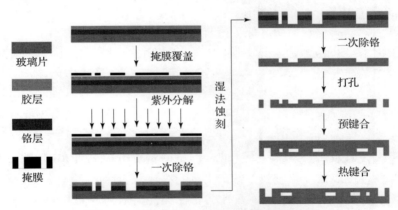

图 2-4 多通道微流控玻璃芯片湿法蚀刻流程

（1）掩膜制作：使用 AutoCAD 或 Adobe Illustrator CS6 软件设计微流控芯片掩膜的通道结构，并确保掩膜尺寸与匀胶铬板尺寸保持一致；使用高分辨率激光照排机在 PET 底片打印得到所需光刻掩膜。

（2）紫外光刻：将掩膜与匀胶铬板对齐后置于高精度紫外光刻机上，曝光 10~20 s，随后将匀胶铬板取下置于 0.5% 的 NaOH 中缓慢振荡 2 min，振荡结束后使用超纯水冲洗铬板上紫外光解的光胶和残留 NaOH 溶液，此步骤重复 3 次后用吹风机的热风吹干匀胶铬板；将吹干后的匀胶铬板避光置于 110 ℃ 烘箱中定影 15 min，室温冷却后置于除铬液中缓慢振荡 1 min，完成一次除铬，匀胶铬板上出现所需图形。

（3）湿法蚀刻：使用黄色胶带将匀胶铬板上的除图形区域外的玻璃裸露区域全部覆盖，随后将粘好胶带的匀胶铬板置于玻璃蚀刻液中水浴恒温（40 ℃），振荡 40~45 min（0.7 μm/min），避免蚀刻液腐蚀图形区域外的玻璃；蚀刻结束后揭去胶带，使用蘸取适量丙酮的脱脂棉擦除匀胶铬板表面的光胶和黄色胶带残留物，保证匀胶铬板铬层完全暴露。使用除铬液进行二次除铬，得到刻有通道的玻璃芯片，应保证此次除铬时间足够并完全除去铬残留，以免影响后续玻璃芯片键合。

（4）芯片打孔：使用 502 胶水将玻璃芯片粘至厚玻璃板上，待胶水固化 3 h 后，使用钻床打孔机在匀胶铬板上打孔。打孔区为芯片进出样口和储液池区。在开始和结束阶段打孔速度放慢，以防止芯片因瞬时的剧烈振动而破裂，打孔期间保证钻孔始终处于水环境中，用于散热和玻璃碎屑冲洗；打孔结束后，用沸水浴将匀胶铬板和厚玻璃板分离。

（5）芯片清洗和亲水化处理：将刻有通道的玻璃芯片和同样尺寸的玻璃抛光片使用洗洁精、除油剂和超纯水反复清洗 3 次，清洗洁净后置于 Piranha 溶液（98% 浓 H_2SO_4 和双氧水）中活化 3 h；活化结束后，将两者分别放置于装有超纯水的洁净培养皿中并保证两者的键合面朝上，准备键合。

湿法蚀刻玻璃各向同性，故难以加工出深宽比大的深腔，且蚀刻工艺难以控制；传统的光刻胶掩膜蚀刻深度浅；采用硅层、金属层作为掩膜，工艺成本高。

2. 干法蚀刻

近年来，电感耦合等离子体（irductively coupled plasma，ICP）的发展促进了具有实用性的高密度反应离子蚀刻工艺的诞生。这种技术从根本上解决了湿法蚀刻所产生的工艺尾气以及系统腐蚀等污染性问题，它采用了惰性气体保护性作用的侧墙保护原理。SF_6 作为蚀刻气体，C_4F_8 作为聚合物保护气体。蚀刻气体与聚合物沉积进行周期交替从而保护内壁，直到达到要求的蚀刻深度。通过周期性的工艺循环，可以实现干法的各向异性蚀刻，使加工出来的蚀刻形状具有较大的深宽比。与此同时，射频电源与离子源电源以及偏压电源的相位同步，使离子密度和偏压同时达到高峰，从而充分发挥高密度等离子蚀刻的优势。20 世纪 90 年代，Sheng 等人已经将反应离子蚀刻（RIE）应用于玻璃的干法蚀刻。与玻璃的湿法蚀刻相比，RIE 技术提供了更好的各向异性腐蚀效果，但是 RIE 也存在蚀刻速率很低、掩膜选择性不好等缺点。

20 世纪 90 年代末期，深反应离子蚀刻（deep reactive ion etching，DRIE）技术逐渐发展成熟。Li 等人提出了利用 ICP 技术蚀刻玻璃的工艺。该工艺流程如下。首先，在玻璃表面溅射厚度为 80 nm 的 Au/Cr 金属层，在光刻胶显影出所需图案后，在 Au/Cr 金属层表面脉冲电镀厚度为 49 nm 的 Ni 金属层作为掩膜层。其次，利用 SF_6 气体对玻璃进行蚀刻，蚀刻和钝化保护的占空比为 1∶1，时间周期为 10 ms。反应气压、反应电压和反应温度等工艺参数的选择决定了 ICP 蚀刻速率和质量，图形最小尺寸和掩膜的开口角度等则主要影响最终蚀刻深宽比。最后，使用 DRIE 的 ICP 工艺蚀刻玻璃，蚀刻图形的深宽比可以达到 10∶1，垂直度大于 88°，还可以实现 200 μm 的玻璃通孔。但是，ICP 工艺蚀刻速率很低，蚀刻深度小，蚀刻锥度也影响蚀刻的垂直度，且加工成本高昂，这也使其工业推广进程缓慢。

3. 其他加工方式

玻璃微机械加工需要使用特定的刀具磨具，而且玻璃在切割和抛磨时需要控制玻璃应力，难度较大，故机械加工的玻璃微结构较少。西班牙的 Plaza J A 等人应用 IC 工业中普遍应用的划片机直接加工玻璃微结构，加工出大深宽比的棱柱结构。

激光加工是一种常用的非接触式加工方法，但玻璃材料透过性好，普通激光在玻璃表面很难聚光。利用脉冲激光等特殊工艺可以实现玻璃激光打孔。激光加工是利用高能光束射到待加工材料表面，聚光区域在高温下融化甚至汽化，以形成加工形貌。激光加工具有工艺简单、非接触、污染小、加工速度高、图案直写不需要掩膜等优点。早期的激光波段主要集中在红光区，加工光斑较大。宽脉冲激光存在加工精度不高、加工表面形貌不好等缺点。现在激光加工微结构主要从以下两方面进行改进：①采用紫外蓝紫区域的激光，其激光光束光斑特征尺寸小、加工精度高、表面形貌好；②采用超高速超短脉冲激光，其脉冲长度达到 ns（10^{-9} s）甚至 fs（10^{-15} s）级别，使加工过程中材料出现裂痕缺陷的概率大大降低，而且加工表面形貌精度很高。激光功率、脉冲长短和光斑聚焦等参数会对最终加工效果产生一定影响。

粉喷技术是利用高速气流带动微小磨料，喷击到材料表面来形成特定形貌的加工技术。该技术可应用于玻璃的微加工，该技术的优点为加工速度高，成形速度达到 1 mm/min，远远超过湿法和干法的蚀刻速度。粉喷技术使用的掩膜层一般为 0.5 mm 厚的金属，掩膜厚度、磨料颗粒大小、粉喷的角度和速度等参数影响最后成形效果。目前该技术的瓶颈在于无法实现 μm 级别的加工精度，且工艺加工表面粗糙度大，能加工的形貌受到限制。

除此之外，高压水射流和玻璃热成形等加工方法也可用于玻璃微流控芯片的加工。

4. 玻璃微流控芯片的键合工艺

为了使键合过程顺利进行,玻璃表面必须达到很高的洁净度,在玻璃微流控芯片制作过程中所残留的小颗粒、有机物和金属等都必须清除干净。此外,玻璃和石英表面必须为亲水的。因此,在玻璃微流控芯片封接之前,需要对玻璃微流控芯片基片和盖板进行严格的化学清洗和亲水化处理,然后在超净室中完成键合。除了前面章节介绍的清洗方法和通过 Piranha 溶液进行亲水化处理的方法之外,氧等离子体和 UV 臭氧等离子体也可以用于清除玻璃表面的有机残留物,并产生亲水性表面。除此之外,玻璃微流控芯片能否键合成功还取决于玻璃微流控芯片表面的平整度和粗糙度。玻璃微流控芯片的键合方法主要包括热键合、低温键合和阳极键合等。

1) 热键合

热键合是玻璃微流控芯片最常用的一种键合方法。典型的流程如下。①将清洗洁净后的玻璃微流控芯片和抛光片键合面在载有超纯水的玻璃培养皿中对准贴齐,倒掉超纯水并使用注射器吸走多余的水分;将装有玻璃微流控芯片的培养皿置于 65 ℃真空干燥箱中加热干燥 2 h,随后调整温度至 110 ℃,过夜键合。②将预键合后的玻璃微流控芯片放入马弗炉中进行热键合,加热至 600 ℃并保温 4 h 后,采用缓冷方式降温至室温,以减小玻璃微流控芯片键合时高温产生的热应力。

2) 低温键合

虽然玻璃微流控芯片多采用高温键合方法进行制作,但高温键合操作复杂,需要超净间、加热设备及程控高温炉,制作周期长,成功率低且常使玻璃表面出现不光洁区域,影响玻璃微流控芯片的光学质量。而低温键合方法不需要超净间、加热设备和程控高温炉等。

玻璃微流控芯片低温键合的过程如图 2 – 5 所示。基片和盖片依次用丙酮、家用洗涤剂、高速自来水 (10~20 m/s) 和乙醇清洗,从而除去玻璃键合表面的小颗粒、有机物和金属。玻璃微流控芯片吹干后,在浓硫酸中浸泡 8~12 h,取出并用清水冲洗后,将键合面与盖片平行靠近直至相距 1~2 mm;用高速自来水冲洗 5 min 后,在去离子水流中将两片贴合,用滤纸吸取多余水分,在室温下放置 3 h 以上。

低温键合过程的原理是:水溶液或者浓硫酸的浸泡可以在玻璃微流控芯片外表面形成一层水化薄膜,在低温加热或室温通风条件下水化薄膜的内部 Si – ONa 基团转化为 Si – OH 基团,而 Si – OH 基团的不稳定性将使其发生脱水缩合,在基片与盖片之间形成 Si – O – Si 键连接。自然脱水是由键合表面的水

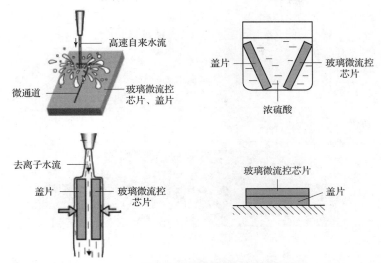

图 2-5　玻璃微流控芯片低温键合的过程

挥发导致的，是一个缓慢过程，通常需要 7 天甚至更长时间才能达到最大键合强度，但一般 3 天内可达到最大强度的 80%，满足多数应用。

除此之外，低温键合还包括等离子表面活化键合、中间介质层键合及黏接键合等。其中，等离子表面活化键合是在键合前通过等离子气体对玻璃微流控芯片和盖片表面进行活化，使表面悬浮键密度增加，以便在接触对方后直接快速反应成键，并且反应后的键合能强度可立即达到晶圆天然材料的强度。中间介质层键合是在欲键合的两个材料表面先涂布或溅镀一层具有高流动性、低熔点的薄膜当作键合介质层，这样可以使接触面的键合强度在退火过程中得到提高，并能以较低温度达到一定强度，避免了高温处理带来的热应力破坏效应及材料内部原子的重新再分布现象对材料结构或元件结构的损伤。例如，在硅晶圆片上镀一层薄金层，然后将硅晶圆片加热作退火处理，在 370 ℃ 左右即可将硅晶圆片与接触介面键合在一起。黏接键合是在盖片上旋涂一层薄的、低黏度的紫外胶，将基片与盖片结合后，通过紫外光照射使紫外胶发生胶点反应，进而使基片与盖片键合在一起。此外，也可以使用固态光学胶直接将基片与盖片贴合。

3）阳极键合

阳极键合是一种简单而有效的键合方法，可对玻璃片与硅片进行永久性封接，其原理如图 2-6 所示。将洁净的玻璃片和硅片对齐紧贴在一起，将玻璃片和电源负极相连，将硅片和电源正极相连，在玻璃片和硅片之间施加 500 ~ 1 000 V 高压，操作温度控制在 300 ~ 500 ℃，使玻璃片中的钠离子从玻璃-硅界面向阴极移动,在界面的玻璃片一侧产生负电荷,在硅片一侧产生正电荷,正、负电荷通过静电引力结合在一起,促进玻璃片和硅片之间的化学键合。

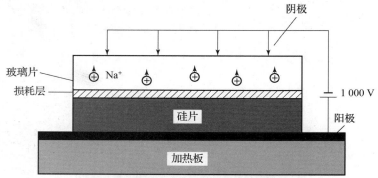

图 2-6 玻璃微流控芯片阳极键合的原理

2.2.2 PDMS 微流控芯片的制作

1. 模塑法

模塑法又称为软光刻法,是目前制作 PDMS 微流控芯片最主要的方法。模塑法衍生自玻璃片和硅片加工时所用的标准光刻法,通过在由光刻胶等制备的模具上固化液体高聚物得到具有微观结构的芯片,其典型流程如下。

1) 硅片的预处理

用去离子水加去污剂清洗单晶硅片,然后用氮气吹干。在大烧杯中加入食人鱼溶液(浓硫酸:双氧水 = 7:3),放入洗净吹干的硅片后,用塑料膜封口,置于加热台上 100 ℃ 加热 15 min(若硅片用久则需要清洗更长时间)。加热结束后,用橡胶镊子将硅片取出,再次用去离子水清洗,然后用氮气吹干,放在已铺好铝箔纸的加热板上 200 ℃ 加热 10 min 将水蒸干。将处理好的硅片放在干净的培养皿中待用。

2) 甩胶

甩胶需要在暗室中进行。打开匀胶机,调节温度至 65 ℃。打开红灯和泵,放好硅片,将 SU-8 光刻胶慢慢倾倒在硅片上,吸片,启动匀胶机,根据需求调整转速和时间,甩胶结束后将硅片放置 10 min,然后取出。将取出的硅片放在加热台上,升温至 95 ℃,加热 5 min。

3) 光刻

打开光刻机电源,设置光刻时间;取出硅片,将掩膜盖上,用夹子夹好;吸片,对准;将硅片取出后避光;在加热板上加热(75 ℃ 加热 1 min 后,105 ℃ 加热 6 min);将硅片取出放置在培养皿中。

4）显影

将显影液倒入培养皿至淹没硅片，轻轻振荡后取出硅片。用异丙醇冲洗硅片，去除残余光胶，如果不能去除干净则需要再次放入显影液振荡，然后继续用异丙醇冲洗。冲洗干净后用去离子水冲洗，再用氮气吹干。

5）硅烷化

用移液器移取 2 滴 $C_2H_6Cl_2Si$ 于离心管中，将硅片平放其中。有凹槽的一侧对准管子，抽真空 10 min。关闭真空泵，将盖口移开，静置 1 h，也可放置过夜。

6）模塑

将 PDMS 和固化剂分别以 10∶1 和 5∶1 的比例配好，放于离心管中，用真空泵抽真空至没有气泡时停止。用胶带将铝板四周缠好，把硅片放在铝板上。将 10∶1 的 PDMS 和固化剂混合液浇注在带有微通道的硅片上，再将 5∶1 的 PDMS 固化剂混合液浇注在没有通道的硅片上。浇铸结束后在水平台上放置 10 min，后放入 100 ℃ 烘箱中加热 90 min。

7）打孔、键合

取出硅片后，将 PDMS 从硅片上取下。打孔时对准孔眼，每打一次应将打出的 PDMS 取走，以免影响下次打孔。打孔结束后进行等离子清洗，随后将两片 PDMS 紧压在一起，进行键合。

除此之外，AZ – 50XT 光胶也可用于模塑法制作 PDMS 微流控芯片。两者之间的区别在于：SU – 8 光刻胶是负光胶，受紫外光刻处发生交联反应而无法被显影液去除，但避光处能被显影液去除；AZ – 50XT 光刻胶是正光胶，受紫外光刻处分解使其可溶于碱性溶液中，而避光处保留在基底上。由于正光胶无交联反应，其软化点通常为 110~130 ℃，利用此特性可以通过回流技术（110 ℃ 加热 1~3 min）实现弧形微通道的制作。基于以上两种不同类型模具的 PDMS 微流控芯片的制作流程如图 2 – 7 所示。

2. 多层 PDMS 微流控芯片的制作

PDMS 微流控芯片容易支撑多层结构以进行复杂的流体和化学操作，例如，基于纳米孔膜夹层的 PDMS 技术可以生成多层 PDMS 微流控芯片结构。纳米孔膜夹层 PDMS 技术是使用含纳米毛细管阵列的聚碳酸酯径迹蚀刻（PCTE）膜来实现各层间的流体连接，制成夹心芯片。商品化纳米毛细管阵列含直径为 15~200 nm 的圆柱形孔，通过控制固定在纳米孔表面的电荷密度和极性，以及纳米毛细管阵列相对于微通道的阻抗，可实现微通道间的传输，同时微通道间的传输还受分析物分子大小等特性影响。

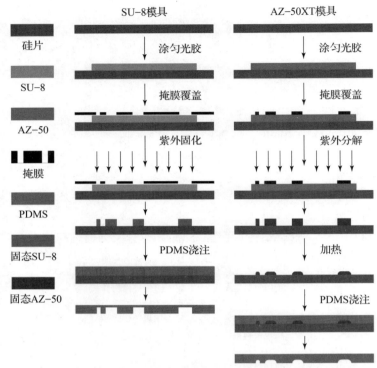

图2-7　基于两种不同类型模具的PDMS微流控芯片的制作流程

多层PDMS微流控芯片制作方法如下：十字形微通道用PDMS按标准快速注塑方法制作，中间置纳米孔膜；PDMS用氧等离子体处理以利于封接；在底层PDMS微通道上放置PCTE膜，上层微通道与底层微通道呈90°，膜在两片之间，膜四周与PDMS部分很好地封合在一起；PDMS储液池置于夹心芯片上方。

3. PDMS微流控芯片的两步注塑制作

Wang等提出了一种用玻璃阴模复制，两步注塑制作PDMS微流控芯片的方法，可免去制作硅模板或硅-光胶模板的过程。第一步，以玻璃阴模为基础，将PDMS作为注塑材料制作阳模。PDMS聚合物与固化剂以10∶1的质量比浇注在玻璃阴模上，65 ℃固化4 h后剥离制成PDMS阳模。第二步，将PDMS与固化剂的混合物浇注在已固化的PDMS阳模上。固化后，PDMS阳模与PDMS基片剥离，制成具有微通道的基片。PDMS盖片以同样方法浇注而成。盖片和基片在相同位置打孔，可分别作为样品的引入口和储液池。PDMS盖片和基片对合即可制成可逆封接的PDMS微流控芯片。

4. PDMS 微流控芯片的键合工艺

常用的 PDMS 微流控芯片键合工艺包括胶黏剂键合和表面改性键合。

1）胶黏剂键合

借助非基片材料作为胶黏剂可以实现不同材料的密封,例如,Sung G M 等人研究了一种纳米级的胶黏层,用于各种聚合物和无机材料包括高强度的柔性基质的键合加工技术。

PDMS 胶黏密封借助类似的原理,即利用薄层的胶黏剂完成密封。Wu H 等人将一层 200~500 nm 的 PDMS 预聚体薄层(作为胶黏层)贴印在有微结构的 PDMS 基片上,再将其与同材质的基片键合,热处理后成功实现了 PDMS 微流控芯片的密封。

将 PDMS 聚合过程残留的活性基团作为一种同质胶黏剂可以促进化学密封。例如,未充分交联的 PDMS 微流控芯片或残留反应活性基团的聚合物芯片。利用在固化的 PDMS 上旋涂一层薄 PDMS 预聚体,通过热处理部分交联该层 PDMS 后,再加盖蚀刻有图案的玻璃基片,可以实现 PDMS – 玻璃芯片的可逆键合,该芯片抗液压强度为 280 kPa,高于普通 PDMS 可逆芯片键合的抗液压强度(100 kPa)。Samel B 等人将 PDMS 的固化剂作为一种胶黏剂涂布于基质上,实现了 PDMS 和基质材料的可逆键合,利用该方法得到的 PDMS – 硅芯片键合强度可达 0.8 MPa。

胶黏剂键合的优点是操作简单、快捷,对试验环境要求宽松;其缺点也是显而易见的,即胶黏层如果控制不好很容易渗透到芯片的微结构中,造成微通道堵塞,使芯片报废或需拆封重处理。为此人们发展了基于表面改性的 PDMS 微流控芯片键合方式。

2）表面改性键合

表面改性键合即将 PDMS 的键合接触面进行改性,通过接触面特殊的物理化学性质实现封接。其温度(-25~85 ℃)、时间(30 min)和键合强度(3.0 MPa)等指标均优于胶黏剂键合(80 ℃,60 min,0.1~0.8 MPa),因此表面改性键合工艺应用更为广泛。

材质的表面活化处理可以诱导多种聚合物基质的键合,如紫外、臭氧和等离子体的表面处理,或者在表面引入活化化学基团,如羟基、羧基、氨基和环氧基等。化学活化交联键合可以非常有效地实现聚合物微流控芯片的键合。例如,聚甘油丙烯酸甲酯(PGMA)可以通过化学蒸汽沉积法修饰到含有微通道的基质上,用等离子体处理的聚丙烯胺(PAAM)修饰另一盖片,在 70 ℃下贴合基片和盖片,在共价作用力下可以完成键合。该方法可以实现 200 nm 宽的微通道键合，密封后的微流控芯片耐压高达 0.34 MPa，并且广泛适用于玻璃、石英、硅、PDMS、PS、PET 和 PC 等材质。

此外，PDMS 本身具有较好的黏附性，含有微通道的 PDMS 基片可以与相同或不同材质的盖片实现可逆密封或不可逆密封。通常通过范德华力就可以直接和光滑的表面进行可逆的 PDMS 微流控芯片密封，但这种密封方式不能承受太大的压力，能够被轻易揭开。如果先采用短时间等离子体氧化处理或采用紫外照射 PDMS 基片和盖片表面，再将二者复合在一起，则可以实现 PDMS – PDMS 微流控芯片或 PDMS – 其他材质微流控芯片的不可逆密封，使密封更牢固、更持久。如果改变 PDMS 聚合体与交联剂的配比，使基片和盖片中的 PDMS 聚合体与交联剂的配比分别较最佳配比略高和略低，则当基片和盖片复合后，在交界处通过分子扩散使聚合体和交联剂达到较佳配比，也可以提高密封的牢固程度。

2.2.3　PMMA 微流控芯片的制作

1. 热压法

PMMA 是最常用于制作微流控芯片的热塑性聚合物材料之一。使用热压法制备 PMMA 微流控芯片具有设备简单、操作简便、制作成本低、可大批量生产等特性。

使用热压法制作 PMMA 微流控芯片时，可采用镍基、单晶硅和玻璃 3 种阳模制备微通道。2 mm 厚的 PMMA 片材按镍基、单晶硅和玻璃阳模的尺寸裁切成小片，洗净、烘干并置于上述阳模上压紧，将压片机升温至 128 ~ 135 ℃，加 1.0 ~ 1.2 MPa 压力，并在保持 30 ~ 60 s 后，通水冷却至室温后脱模，即可得到带有微通道的基片，整个过程仅需 15 min。

PMMA 的软化点为 105 ℃，为了保证阳模上微通道的精确复制，热压温度应在软化点之上，但不应超过 135 ℃，否则 PMMA 基片内易产生气泡，表面易出现麻点、皱纹、发黄等问题，影响芯片的透光性能。因此，使用热压法制作 PMMA 微流控芯片所选择的温度范围通常为 128 ~ 135 ℃。同时，热压压力过低，阳模上微通道的精细结构难以得到很好的复制；热压压力过高，挤压又会使 PMMA 基片变薄、变脆，并给脱模造成困难，因此，经优化的压力范围为 1.0 ~ 1.2 MPa。

2. 超快激光法

由于传统加工方法不能解决 PMMA 微通道的加工质量不好和效率低等问题，所以很多国内外学者研究超快激光作用于高分子聚合物，采用超快激光加工系统来实现 PMMA 微流控芯片的焊接、切割等，以解决传统加工技术存在的问题。超快激光直写 PMMA 加工微通道时，其精度高、热影响区小、三维加工能力好，并且超快激光的能量密度高（约 1 022 W/cm²）、作用空间小（约10～10 m）、时间短（约 10～15 s）、被加工材料吸收能量的可控尺度（电子层面）小，因此超快激光加工时的烧蚀机理和物理效应与常规的加工方法有很大区别，特别在微通道的加工方面。

使用超快激光法加工微通道时，采用超快激光的光束能量烧蚀 PMMA 材料，当超快激光的光束汇聚在 PMMA 表面时，激光和聚合物之间存在非线性吸收和雪崩电离，超快激光的能量在较小范围内汇聚，PMMA 表面吸收超快激光的光束能量并将之转化为热量，导致 PMMA 中化学键急剧断裂，并迅速汽化成含有金属性能的等离子体。与此同时，PMMA 吸收超快激光的能量后受热膨胀，出现瞬态的压力波，也会造成 PMMA 产生大量的等离子体，它们在高温下发生喷溅，烧蚀 PMMA，进而制备得到微流控芯片上的微通道。

王中旺等人提出一种超快激光直写 PMMA 制备微通道的试验加工系统，如图 2-8 所示，主要包括激光光源、光束参数控制部分、光路系统、激光聚焦物镜，以及由计算机控制的三维精密移动平台。该系统的关键光学元件是激光聚焦物镜，它决定了聚焦光斑的大小和最低加工精度。整个系统加工平台选用分辨率为 1 μm 的三维精密移动平台，通过 CCD 摄像机对整个系统进行实时监控。

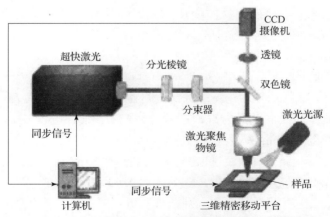

图 2-8　超快激光直写 PMMA 制备微通道的试验加工系统示意

3. PMMA 微流控芯片的键合工艺

常用的 PMMA 微流控芯片键合方式包括热键合、表面改性键合和超声辅助键合。

1）热键合

热键合密封可分为静态和动态两种方式。前者在适当的温度和压力条件下进行，工作往往是间断式的；后者利用塑封机的原理，在一定温度和压力条件下通过两个转动辊进行，可连续操作，产率高，密封速度高。

聚合物的热键合效果通常取决于在 T_g 下的热压压力，但在实际操作中微通道结构难免遭到破坏。为了尽量减小密封过程对微通道结构的影响，可以在聚合物盖片上涂覆一层低玻璃态温度的聚合体，或采用热或光催化黏合剂将聚合物芯片黏结在一起。上述方法虽然主体为 PMMA 的热键合，但是也涉及表面改性技术。

2）表面改性键合

PMMA 表面改性键合与 PDMS 表面改性键合相似，也是通过接触面特殊的物理化学性质实现密封。不同于 PDMS，PMMA 属于硬质材料，常采用有机溶剂对表面进行改性。例如，Zhou X M 等人利用混合有机溶剂在常温、低压条件下进行 PMMA 微流控芯片密封，该处理方式适合大规模生产 PMMA 微流控芯片时的键合；Shah J J 等人通过毛细作用力将丙酮引入两个 PMMA 基片之间，丙酮在微通道四周毛细扩散，抽气除掉微通道内的多余丙酮后，夹紧两个 PMMA 基片，仅用 5 min 即可完成键合。与 PDMS 相似，PMMA 也是高分子聚合物，通常也采用功能基团的表面改性方式。例如，Lee K S 等人将 APTES 修饰的 PC 基质和 PMMA 材质的芯片通过硅烷交联剂与环氧基修饰的 PDMS 材质键合，这种芯片的耐酸碱强度范围很宽，用这种方法制备的泵阀结构可以在 60 psi（1 psi = 6 895 Pa）的压力下正常工作，并且可以承受 18 psi 的蠕动驱动压力长达 2 周。

3）超声辅助键合

利用超声波在接触界面进行辅助键合日益受到研究者的关注。Rahbar M 等人开发了低成本的微波辅助方式，在几分钟内就可以完成 PMMA 微流控芯片的超声辅助键合。Zhang Z 等人对超声辅助键合方式进行了改进——首先将基体在 20~30 ℃下预热，低强度的超声波在 PMMA 表面形成加热界面，从而完成键合，PMMA 微流控芯片的键合压强高达 0.65 MPa。

另一种低温超声辅助键合方式则是借助超声波带来的界面微扰来增加键合强度。例如，Li S W 等人采用 60 ℃低温超声辅助键合方式进行 PMMA 微流控芯片的键合，其键合强度高达 30 mJ/cm^2，与未经过超声处理的芯片相比，键合强度增加了 10 倍。

超声辅助键合具有操作简便、省时环保、耗能低及键合强度高等优点，在 PMMA 微流控芯片制作过程中具有关键作用。

2.2.4 水凝胶微流控芯片的制作

水凝胶是一种三维亲水性网络状聚合物,其因具有高含水量及灵活多变的柔性结构,并易于模拟活体组织而被广泛应用于生物医学工程领域。

PEG 基的水凝胶材料生物相容性好、免疫原性低且可操控性强,可通过物理或化学交联方法得到不同结构和功能的水凝胶,其中 PEG 丙烯酸酯类衍生物因具有较好的光聚合性能而成为最常用的 PEG 基水凝胶前体。在光引发剂和紫外光作用下,聚乙二醇双丙烯酸酯(PEGDA)能在室温下迅速聚合成 PEGDA 水凝胶,反应时间短、成形快且耗能低。此外,紫外光聚合反应在空间与时间上均可控,形成结构多样的水凝胶,不仅可以作为药物载体或组织修复与再生的细胞支架材料,还可以作为构建微流控芯片细胞培养平台的基质材料。其制作方法与一般光固化材料类似。一个典型的制作方法如下。

(1)利用绘图软件设计并绘制水凝胶微流控芯片掩膜图,并以菲林形式打印,以备曝光时使用。

(2)制备 PEGDA 预聚物溶液,将其与 PBS 缓冲液(pH = 7.4)以体积比为 7∶3 的比例混合,再加入 5 g/L 光引发剂 Irgacure 2959,充分混合后,抽真空以去除气泡。

(3)选用载玻片为基底,将第一层掩膜与载玻片制成一个四周封闭、中间留有 1 mm 间距的封闭模具,用注射器将预聚物溶液注入模具的空腔,再将此模具转移到光聚合反应器中,通氮气 10 min 以去除氧气。在 400 W 的高压汞灯照射下聚合,反应过程中持续通氮气。脱去第一层掩膜得到水凝胶微流控芯片的第一层微结构。

(4)采用相同方法制作水凝胶微流控芯片第二层直通道结构及凹槽结构。上、下两层结构可以实现精确对接。将制作好的水凝胶微流控芯片置于 PBS 缓冲液中漂洗,去除未反应完全的预聚物。

2.3 微流控芯片的表面改性技术

在微流控芯片毛细管电泳分离、微通道细胞培养和生物医学检测等应用中,表面改性技术尤为重要。对以电渗流作为驱动和控制的微流控芯片分析系统而言,微通道内壁的表面电荷密度或极性、电渗流的大小和方向,以及微流体控制和限流操作,都可以通过表面改性技术实现;对建立在微米级空间范围内的微流控芯片分析系统而言，由于腔体体积小、扩散距离小、比表面积大，表面改性对于减少反应腔室对生物大分子的吸附、实现腔室内反应试剂的充分混合以及快速反应等都尤为重要。

2.3.1 气相处理

1. 等离子体处理

等离子体是一种部分电离的气体，包含一定比例的自由电子和离子，而且富含自由基。等离子体表面改性使用氧气、氮气和氢气等气体，这些气体游离在微流控芯片表面并发生反应，形成化学官能团。这种表面处理方法是目前微流控芯片表面改性最常用的方法。

Tan 等人使用氧等离子体扫描自由基微射流的方法进行微流控芯片表面改性。相比于普通的表面等离子体处理方法，这种方法不需要掩膜形成局部图案，具有较高的表面处理率和较低的表面损伤率。由于 PDMS 材料存在未固化的低聚物从材料内部转移到表面，以及表面经过处理后，带有 Si–OH 键的高流动性聚合物链从表面转移到内部的现象，其改性后的表面常常会在短时间内恢复为疏水性表面，这成为表面等离子体处理方法以及其他处理方法需要克服的难点之一。

为了解决这一问题，可通过等离子体处理接枝亲水聚合物到 PDMS 表面的方式来替代仅进行等离子体处理的方法。Barbier 等人首先用 Ar 等离子体预处理 PDMS 表面，然后用丙烯酸（AC）等离子体，最后用 He 等离子体处理聚丙烯酸（PAC）涂层表面，以产生交联。这样就产生了亲水性的 PDMS 表面，并且在空气中可以稳定存在几天。Martin 等人将 PDMS 微通道放置于氩气流中进行预处理，并随后进行 AC 等离子体处理，将水接触角从 113°减小为 65°，不过经修饰后的微通道在 3 天后即恢复到了处理前的状态。

2. 紫外线处理

与等离子体处理相比，在达到相同处理效果所需的时间方面，紫外线处理几乎慢了一个数量级。然而，紫外线处理的优点是，它促进了材料表面的深入修饰，不会导致开裂或机械性能弱化等现象。Efimenko 等人在有氧和无氧条件下，对 PDMS 表面进行 60 min 的紫外线处理发现，发现在有氧条件下亲水性官能团的形成密度较高，微流控芯片具有更高的表面能量（72 mJ/m^2）。

3. 气相沉积法

气相沉积（CVD）是一种化学过程，它通过气体分子的沉积，在衬底表面生成一层薄膜,并在衬底表面发生化学反应。气相沉积法通常包括以下步骤。

(1) 基底预处理:将基底放入反应室,通过热处理去除表面污染物和氧化层,以提高薄膜的附着力和质量。

(2) 气相反应:在反应室中引入含有所需元素的气体,与基底表面发生化学反应。气体的选择取决于所需薄膜的化学组成和性质。

(3) 沉积薄膜:在反应室中,原料气体在基底表面发生反应,形成固态产物,沉积为薄膜。薄膜的厚度可以通过控制反应时间和反应气体的流量来调节。

Chen 和 Lahann 通过气相沉积将聚(4-苯甲酰-对-二甲苯)沉积在 PDMS 表面,然后用聚环氧乙烷(PEO)对得到的活性涂层进行湿化学绘图。具有光活性的羰基通过掩膜暴露在紫外光下产生自由基,自由基可以通过 C-H 键与 PEO 反应,实现微通道的改性。功能化后的微通道可以抑制纤维蛋白原的吸附。Chen 等人报道了一系列功能化聚(对二甲苯)在 PDMS 微流控芯片微通道内的气相沉积聚合,并在整个微通道上得到完整的涂层。但是,与中心区域相比,入口和出口处的涂层较厚,需要进一步优化。

4. 金属和金属氧化物涂层

研究表明,涂覆某些金属和金属氧化物可以有效调整微流控芯片表面的表面能。Niu 等在 PDMS 微流控芯片表面涂覆二氧化钛(TiO_2)后,接触角从 105°减小到 25°。尽管经过金属或金属氧化物涂覆后,材料表面可以保持其透明度,但表面的严重开裂使这种方法难以适用于微流控器件。Feng 等报道,在 PDMS 材料表面溅射金属涂层(<1.0 nm)后,可使接触角减小 25°,且金属涂层未出现裂纹。Zhang 等人通过在 $HAuCl_4$ 水溶液中孵育固化的 PDMS,实现在 PDMS 表面上纳米金属薄膜的原位制备。金属纳米颗粒的加入改变了 PDMS 的润湿行为,但同时造成了光学透明度的损失。

在等离子体氧化后,金属涂层也常被用来保持底层 PDMS 表面的亲水性,通过这种方式可以在一定程度上延长处理后的 PDMS 表面的亲水性。

2.3.2 湿化学合成法

1. 层层自组装方法

层层自组装(LBL)技术是微流体表面改性的一种新兴策略,聚合物阴离子和聚合物阳离子在基底表面交替吸附,从而产生聚合物电解质的多层结构(PEM),这几乎可以在任何基底表面完成。LBL 技术简单、高效,并且可以把厚度控制在纳米级别。PEM 的结构、表面功能和稳定性受许多因素影响,特别是对弱聚合物电解质而言,如电解质离子强度和浓度、溶剂类型、温度和溶液 pH 等,这些因素限制了 LBL 涂层的广泛应用。聚合物阳离子聚二烯丙基二甲基氯化铵(PDDA)和壳聚糖通常被用于 LBL 沉积的第一层,它们能够通过疏水性相互作用,强吸附于 PDMS 表面,且不需要对 PDMS 表面进行任何预处理。LBL 技术的一个问题是使用有机溶剂(如己烷、甲苯和苯等)会引起包括 PDMS 在内的聚合物材料出现膨胀现象。

2. 溶胶凝胶法

溶胶凝胶法是指在聚合过程中,将含有悬浮颗粒的液态"溶胶"转变为类似固体的"凝胶"。溶胶凝胶涂层有利于微流控芯片的表面修饰,因为在表面附近交联的"凝胶"粒子密度高且分布均匀,可以稳定表面化学状态。

Roman 等人将微流控芯片分别浸入正硅酸四乙酯(TEOS)和乙胺,在 95 ℃下加热形成 SiO_2 – PDMS 表面,接触角从 108.5°减小为 90.2°,可以在干燥保存条件下稳定保持 60 天。他们还用锆、钛和钒的氧化物颗粒对 PDMS 表面进行改性,PDMS – ZrO_2、PDMS – TiO_2 和 PDMS – VO_2 的接触角分别为 90°、61°和 19°。用硅醇缩聚化学方法,使用 PEG、氨基、全氟或巯基进一步修饰 PDMS – TiO_2 表面,接触角分别为 23°、45°、120°和 76°,这充分证明了这种方法在调整 PDMS 表面润湿性方面的有效性。Orhan 等人使用正硅酸乙酯和三甲氧基硼氧化合物的混合物作为前体,在硼硅酸盐玻璃上对 PDMS 微通道进行原位涂覆。整个改性过程包括两个基本步骤:一是通过微通道冲洗前驱体溶液;二是在 160 ℃的高温下进行热处理。经过这种方式处理的 PDMS 表面没有产生裂缝,并且在甲苯存在的情况下能够抵抗膨胀效应。

3. 硅烷化处理

只要表面羟基与烷氧硅烷反应形成共价硅氧烷键,表面硅烷化就可以在各种基底上进行。通过使用胺、硫醇或端羧基烷氧基硅烷,可将各种功能基团引入微流控芯片材料表面。Slentz 等人把 PDMS 放在 1 M NaOH 中浸泡 24 h,对 PDMS 表面进行氧化,然后将新生成的硅醇基团与 3 种不同的烷氧基硅烷反应,即 3 – 氨丙基三乙氧基硅烷(APTES)、n – 辛基二甲基氯硅烷和甲氧基二甲基十八烷硅烷。Sui 等人用 PEG 对 PDMS 微通道进行原位表面改性,首先使用 H_2O/H_2O_2/HCl 的混合物对 PDMS 微通道进行氧化,然后与 2 – 三甲氧基硅烷孵育,2~3 天后,接触角稳定在 40°,小于未处理的 PDMS 表面接触角。

4. 表面动态涂层

表面动态涂层技术使用表面活性剂或离子液体对基质材料表面进行修饰,

即将表面修饰剂添加到运行缓冲液中，两亲性表面活性剂分子的疏水端被物理吸附在微通道表面，原位改变PDMS微通道的表面性质至亲水性。事实上，表面活性剂和原生PDMS之间没有强共价结合，可以发生脱附，只要在分析过程中缓冲液中过量的表面活性剂能够对脱附的物质进行动态补充，就不会对表面性能产生负面影响。迄今为止，十二烷基硫酸钠（SDS）、聚氧乙烯月桂醚35（Brij35）、磷脂酸（PA）、聚乙烯吡咯烷酮（PVP）、双十二烷基二甲基溴化铵（DDAB）和聚乙二醇辛基苯基醚（Triton X-100）等表面活性剂均已用于动态表面涂层。

为了改善微流控芯片内蛋白质的分离效果，离子液体如十二烷磺酸1-丁基-3-甲基咪唑酯（BAS）和1-丁基-3-甲基咪唑四氟硼酸盐（BMImBF4）等也被成功用于表面动态涂层，既作为支持电解质，又作为表面改性成分。BAS修饰后的PDMS材料接触角从114.8°减小为47.7°。将BMImBF4和非离子型表面活性剂Triton X-100混合流经微通道，可以有效抑制罗丹明B的吸附，改进了蛋白质分离效果。

5. 蛋白质表面吸附

与其他表面修饰方式相比，将非特异性蛋白质吸附到微流控芯片表面的方式具有许多独特的优势，特别是在蛋白质的内在生物相容性以及它们的分子识别特性方面。例如，将疏水剂作为表面改性剂。疏水剂是一种类似表面活性剂的富含半胱氨酸的小蛋白质，可在水-PDMS界面自组装，使PDMS表面的亲水性增强。Wang等利用疏水蛋白Ⅱ提高PDMS的润湿性，使其接触角从123.9°减小到51.0°，并且可以在空气中保持稳定20天。此外，经修饰的PDMS表面被证明适用于鸡IgG在微通道内的共价固定，如图2-9所示。

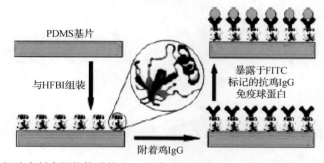

图2-9 经疏水剂表面修饰后的PDMS共价固定鸡IgG，并通过FITC标记的抗鸡IgG免疫球蛋白证明了免疫原性

第 3 章
空间微流控细胞培养技术

　　细胞是生物体形态结构和功能的基本单位,了解细胞的组成和功能机制是探究生物体生命运动规律的前提,也是细胞生物学和分子生物学等现代生物技术研究发展的基础。细胞培养是细胞生物学、生物医学工程以及后续药物开发筛选、细胞分析等研究的基础。

　　传统细胞培养方法主要是在培养皿、培养瓶等装置中进行细胞体外增殖。这种培养过程操作复杂、耗时较长、成本高昂。值得一提的是,这种传统的细胞培养环境与体内的生理环境相差甚远，且培养皿/板相对细胞而言过于庞大，难以定量控制相关参数，在客观情况下不能准确反映体内细胞的真实生长状况，从而降低了细胞研究的可靠性。

随着我国载人航天和深空探测活动的不断发展，特别是我国载人空间站的全面建成，未来20年将是我国空间生命科学发展的黄金时期。空间微重力使重力引起的对流和沉降趋于消失，为模拟体内微环境，实现细胞三维生长、分化和培养创造了良好条件，从而使空间细胞培养成为国际三大热门空间生物技术（细胞培养、生物分离、蛋白质结晶）之一。

空间微重力环境使传统的细胞培养方式无法满足空间细胞生物研究的需求，而微流控芯片因其微型化、消耗试样少、通量高的特点，逐渐成为细胞生物学研究的重要工具。微流控芯片具有封闭的微通道结构，多种结构单元可以灵活组合、规模集成，其微通道尺寸与细胞大小相当，且微流控芯片制作材料众多，传质与传热迅速。通过多种精确的微通道结构设计以及流体在微流控芯片内的精准操控，可以实现细胞的静态和动态培养、二维和三维培养及多种细胞共培养等，为空间细胞生物学的研究带来新思路和新方法。

3.1 基于微流控芯片平台的细胞培养技术

3.1.1 传统细胞培养技术

体外细胞培养是指从体内组织取出细胞，在受控的实验室环境中模拟体内生存环境，使其生长繁殖并维持功能和结构的培养技术。体外细胞培养技术的建立是生物科学的一个重要里程碑。自1912年体外细胞培养技术问世以来，培养、扩增、分化和去分化细胞的方法不断发展，细胞培养成为分子生物学发展的主要技术之一，也成为细胞和组织工程等新学科发展的基础。利用不同类型的细胞开展相关研究，在很大程度上扩展了人们对身体组织和功能的理解和认知，促进了生物医学的巨大进步。

大多数传统细胞培养模型是单层细胞培养模型。单层细胞培养是培养贴壁哺乳动物细胞最简单、常用的方法。然而，单层细胞培养模型与体内环境的一致性较差，在平坦的表面培养细胞会导致细胞形态、生理和基因表达的变化，因此，使用单层细胞培养模型获得的结果通常与体内预期的结果不一致。

更为重要的是，相较体内复杂的微环境与细胞的微尺寸，传统细胞培养模式客观上难以反映生理条件下细胞的生物学特征，也无法在空间上判断细胞的分布、结构和功能。为了能够更好地反映细胞在体内的特征，研究人员建立了多种不同的体外细胞培养方法，构建了不同种类的微环境。微流控芯片技术具有能够模拟细胞培养微环境、细胞操作简单高效，以及成本低廉的特点，在细胞生物学的研究中占据重要地位。

3.1.2　微流控芯片技术用于细胞培养的优势

微流控芯片的培养室尺寸小，允许在单个设备上组装多个单独可控的细胞培养室，有利于试验的高平行度和高通量的样品和反应，从而提高试验重复性并降低试剂成本。

微流控系统可以在很大程度上实现自动化，允许在精确定义的条件下培养细胞数周而无须人工干预，通过定期或持续更换培养基，可以在同一个细胞培养室内连续培养不分裂或缓慢分裂的细胞。细胞培养系统的自动化还可以使细胞培养的操作、监测和取样标准化，尤其在应用于较小时间间隔（秒或分钟）动态进程的表征时具有重要意义。

PDMS材料具有透明性和稳定的光学特性，基于PDMS的微流控芯片可以提供良好的活细胞成像条件，并且由小体积细胞培养基引起的光学像差和背景荧光通常可以忽略不计。结合荧光活细胞成像等手段，微流控细胞培养装置能够在单个和群体水平上对多种细胞反应进行强有力的表征。

微流控芯片可以实现物理隔离，这在从自然菌落中分离某种特定微生物的研究中显得尤为重要。在传统细胞培养方法中，大部分微生物无法在培养皿中进行培养，即使可以生长，多数情况下也会因为形态结构改变及竞争等原因无法分离。Nichols等发明了一种微室阵列结构的分离芯片，这种芯片共3层，每层用多孔PC膜隔开。腔室中的细胞依靠膜的通透性与环境及上、下层进行物质交换，有效分离了传统方法难以分离的菌株。

微流控芯片技术具有可控、并行、自动化、成像性能好等优点，这使微流控芯片技术在单细胞动力学分析中显得尤为重要。借助微流控芯片设备，可以直接观察到细胞的生长和进行细胞大小的调节，并且可以跟踪几代单个细胞的谱系。在分子水平上，微流控芯片技术可以表征单个细胞中的转录因子和基因表达动力学。

微流控系统中的细胞培养相较于传统细胞培养的另一个优势是微通道内液体流动的特性。微通道中的剪切应力高于培养瓶中的剪切应力，这对诸如静脉内皮细胞等类型的细胞培养是很有利的。此外，对微通道适当几何形状的设计可以实现所需的剪切应力值，这对灌流细胞培养尤为重要。

微流控芯片微通道的尺寸较小，其雷诺数（Re）通常远远小于100，在此区域流体为层流，只有通过扩散才能使分子通过液－液界面，这也是微流控系统成为模拟体内环境有利工具的重要原因。例如，组织中所有的物质运输都基于血管或细胞之间的扩散，这会导致生物分子梯度的出现，进而影响发育、导致炎症、影响伤口愈合和引发癌症转移。微流控系统很容易模拟这种生理现象，此类微流控设备已经被开发出来。此外，微观尺度也使扩散成为一种充分有效的物质传输手段。

经过20余年的发展，微流控芯片平台在细胞生物学分析研究领域中占据越来越重要的地位。尽管到目前为止微流控芯片在细胞培养方面还有许多不足，但其设计的灵活性、对流体的精准控制、高通量、集成的简易性，以及模拟复杂微环境的能力使其在细胞研究、药物评价及诊断分析等方面具有重要意义。

3.2 微流控细胞培养模式

3.2.1 静态细胞培养与动态细胞培养

基于微流控芯片的细胞培养模式通常分为静态模式和动态模式。其中，静态模式主要是在微流控芯片上接种细胞并给予充足的培养液，将其放置于二氧化碳培养箱或者自制设备中，培养液的更换频率为一天或者更长，这有利于细胞形态的观察。动态模式主要结合外部设备辅助给予培养液或者分离细胞，它提供了细胞操控和精确控制的可能性，为模拟人体内环境提供了有利条件。

3.2.2 单细胞培养与多细胞培养

根据细胞数量，微流控细胞培养模式可分为单细胞培养和多细胞培养。多细胞培养主要针对细胞与细胞或者细胞与外基质的相互作用、趋势运动和药物筛选等，单细胞培养更倾向于研究细胞的捕获、分选和转染等。

尽管微流控芯片的加工工艺及微纳尺度的特点极大限度地发挥了微流控芯片在单细胞领域的应用，但人体是一个非常复杂且庞大的网络，细胞在不同组织器官内发挥着各自的作用，同时与临近的细胞共同完成机体代谢过程，因此，研究大量群体细胞的发展、发生、代谢机理能够帮助人们更好地进行临床研究及药物研发。

3.2.3 二维细胞培养与三维细胞培养

根据培养状态，微流控细胞培养可分为二维细胞培养与三维细胞培养。微流控芯片通常用于二维细胞培养，即细胞黏附在微通道的基底平面上并在单层中生长。二维细胞培养皿是最常用的细胞体外培养系统，已用于研究细胞对生物和生化材料（如药物、有毒材料和排毒）刺激的反应。二维细胞培养存在以下不足：空间利用率低，培养所得细胞无法满足临床需求；培养环境与体内环境差异大，导致细胞性能丢失；细胞消化后直接体内注射，导致细胞大量死亡，影响治疗效果，等等。

三维细胞培养是指将具有不同三维结构的材料载体与不同种类的细胞在体外共同培养，使细胞能够在载体的三维立体空间结构中迁移、生长，构成三维的细胞-载体复合物。人体内部的细胞被复杂三维空间中的细胞外基质和组织液包围，因此各种三维环境特性（如微孔膜、水凝胶和纳米纤维等）已被引入微流控芯片，以提供类似人体的环境。

水凝胶是一种渗透性高且性能优异的生物相容性材料。有研究者将HepG2和NIH-3T3细胞封装在水凝胶中来制造肝组织模型，其在药物筛选方面显示出比二维细胞培养系统更好的结果。Gumuscu等提出了一个由三维胶原水凝胶隔室构成的微流控细胞培养平台，并将其初步应用于人类肠道细胞的共培养和药物筛选等研究中。

有研究者通过将多孔膜与PDMS微流体集成，开发了一种简单的多层微流体设备，用于肾小管基质细胞的培养和分析。

纳米纤维的直径范围从几十纳米到数百纳米，其形态类似人体的细胞外基质（ECM），特别适合细胞间物质交换和通信。此外，细胞容易附着在电复合纳米纤维上，比在常规二维细胞培养环境中能更好地实现增殖。Kim等人介绍了一种具有纳米纤维支架的微流控芯片（图3-1），为细胞培养提供了一种三维人体ECM模拟环境，在该环境中HepG2细胞具有出色的生存力（高于95%），且成功形成了三维细胞培养的特定形态——大球状体，并成功监测到了14天内细胞中蛋白质产量的变化。

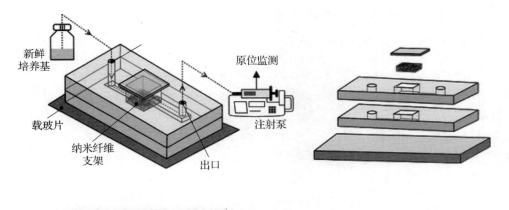

图3-1 具有纳米纤维支架的微流控芯片

3.3 微流控细胞培养中的结构单元

微流控芯片的特征使其在微观尺度上与微流体操控及微量样品分析的功能匹配,也使诸如浓度梯度生成、微泵、微阀、膜等具有不同功能的结构单元在芯片上集成成为可能。这些结构单元能够实现细胞培养、分析以及迁移等不同功能,大大扩展了微流控芯片的适用能力。微流控芯片技术已经发展成为一种强有力的细胞生物学研究工具。本节主要介绍微流控细胞培养中一些常用的结构单元。

3.3.1 浓度梯度生成

浓度梯度在应激反应、趋化性和生物膜等多种物理化学现象的发生发展中起着重要作用。传统的药物浓度梯度通常是采用梯度稀释的方法形成的,这种试验操作费时费力,且宏观尺度在空间和时间分辨率上有缺陷,复制或简化细胞体内微环境十分困难。尽管使用传统的分析方法(如 Boyden 小室、Dunn 小室和 Zigmond 小室等)在生物学研究上取得了重大进展,但这些平台产生的浓度梯度通常局限于简单的、非定量的梯度。

微流控系统可以对浓度梯度进行更精细的区间划分,并且可以对细胞的行为进行实时观测。浓度梯度的成功生成取决于微流控芯片微通道的配置、浓度范围以及适当的输入流的构建。在微流控芯片微通道中产生浓度梯度的方式主要分为两大类,即基于扩散的浓度梯度生成和基于对流的浓度梯度生成。

1. 基于扩散的浓度梯度生成

扩散浓度梯度的微流控发生器以扩散为唯一的传质形式。在这些系统中,由于入口流体的平衡供应,浓度梯度的稳态条件得以实现。扩散浓度梯度形成区与两个具有不同浓度流体入口的独立对称通道相连,当这些溶液接触产生分子扩散的微通道[扩散区域,图 3-2(a)]时,溶质不会产生对流作用[图 3-2(a)~(d)]。

基于扩散的浓度梯度生成策略可以模拟在静态细胞微环境的系统中进行生物学研究,从而提供对细胞反应的研究数据。此外,这种微流控结构单元可以在同一块芯片上实现对不同细胞浓度梯度的研究,并可以与培养单元集成。Hou 等人的研究表明,由于化学浓度梯度的存在,实时监测细胞的生长繁殖得以实现[图 3-2(c)]。

基于扩散的浓度梯度微流控技术已被用于研究哺乳动物细胞在化学试剂浓度梯度下的迁移,评估不同生化信号随时间的变化响应及确定微生物病原体的致病因素,并评估抗生素对细菌细胞的药效学作用等。通过微流体的静态和扩散特性,Kilinc 等人提出了一种基于扩散的浓度梯度微流体装置,产生了二维浓度梯度的药物组合,对乳腺癌细胞进行定量分析并对单个细胞的形态学进行表征[图 3-2(d)],用于评估不同药物组合和不同浓度的细胞动力学。

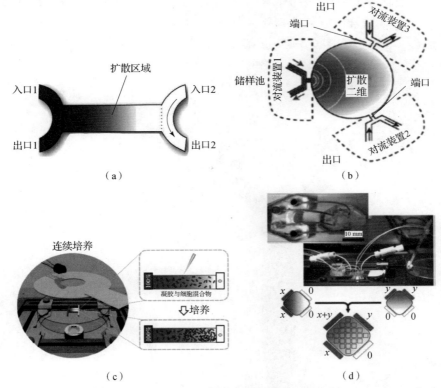

图 3-2 微流控系统内基于扩散的浓度梯度生成方案

(a)扩散浓度梯度的形成;(b)二维扩散浓度梯度的形成;(c)应用于细胞培养的平面浓度梯度微流体装置发生器;(d)基于扩散的微流控装置,设计用于二维浓度梯度生成

2. 基于对流的浓度梯度生成

基于对流的浓度梯度取决于可混溶流体的独立流之间的接触以及生成对流过程(或平流)的流速。基于层流界面的混合过程,通过设计用于控制输入流和输出流的微通道网络,可以生成各种浓度梯度剖面。利用 T 形或 Y 形微通道[图 3-3(a)]是在两层流之间建立扩散剖面的一种简单而有效的方法。这些

微通道结构和小雷诺数状态下的流动特性允许两个具有流动间扩散界面的流体并流，形成垂直于流动方向的浓度梯度。只要流量速率保持恒定，微通道连接处固定位置的浓度梯度就可以随时间变化而保持稳定。但是，在一些简单的几何结构中，由于流体流速呈抛物线式分布，浓度梯度区域是不均匀的，因此人们常构建一些微结构和微通道网络系统用于流体的分离和混合，以产生明确的浓度梯度分布。

Jeon 等人开发了一种带有预混合微通道网络的浓度梯度发生器。在此设计中使用了类似"圣诞树"的微通道网络与一系列分裂和重组的分叉微通道[图3-3（b）]。首先，在入口处引入不同浓度的溶液，然后对流体进行多次分流、混合（在蛇形流道区域）并重新组合，产生具有不同输入溶液比例的多股混合溶液流。在预混合微通道网络的末端，这些溶液流被汇集到一个单一的宽通道中，从而产生一系列浓度梯度，其优势在于浓度梯度稳定，可以长时间保持。

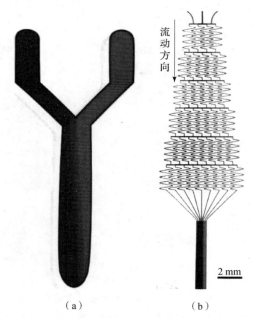

图3-3 微流控系统内基于对流的浓度梯度生成方案
（a）Y形微通道；（b）"圣诞树"的微通道网络与一系列分裂和重组的分叉微通道

Toh 等人开发了一种三维肝细胞芯片，用于连续执行细胞诱捕、细胞培养和细胞毒性测试等多个功能。在此芯片中，细胞培养室的肝细胞被周围的微柱包裹，营养液浇注到封闭的肝细胞中，模拟了将肝细胞从窦状窦中分离出来的内皮细胞高渗透性的体内结构。利用具有分叉微通道的微流控系统中不同浓度溶液的混合产生浓度梯度给肝细胞提供不同的药物剂量，并观察肝细胞的剂量依赖性细胞反应。

Lim 等人开发了一种带有浓度梯度发生器（onlentration radient enerator，CGG）的微流控细胞培养装置（μFSCD）设计（图 3-4），此装置由多个蛇形微通道组成并形成浓度梯度。试验证明，该装置可以实现肿瘤细胞在三维环境中的生长，并能以不同的癌症药物浓度进行浇注，未来可以应用于抗癌药物疗效的高通量筛选平台。

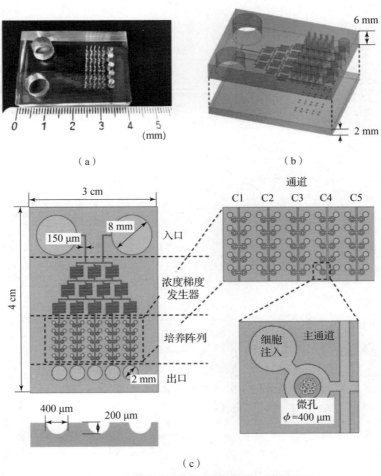

图 3-4 带有浓度梯度发生器的 μFSCD 设计图
(a) 视图；(b) 尺寸；(c) 带有 CGG 的 μFSCD 中的两层芯片

3.3.2 微流体驱动单元：微泵

在微流控系统所必需的各种功能单元中，微流体驱动单元即微泵尤为重要。微泵可分为机械式和非机械式两大类。

机械式微泵利用一个或多个机械部件的振动或旋转运动，对工作流体施加压力，用以驱动流体（图3-5）。大多数机械式微泵由阀门和一个驱动膜组成，因此工作时器件疲劳、机械磨损以及渗漏是主要的缺点。目前商业化的机械式微泵已十分成熟，主要有3种形式：①活塞式：活塞与流体直接接触，主要有往复式微泵和注射泵（包括气动和电磁力驱动等）；②隔膜式：驱动力通过介质推动隔膜，主要包括隔膜泵和蠕动泵；③齿轮式：用行星齿轮压缩流体，一般无阀、无活塞，可以进行连续输液。隔膜泵和蠕动泵是机械式微泵的主要代表。

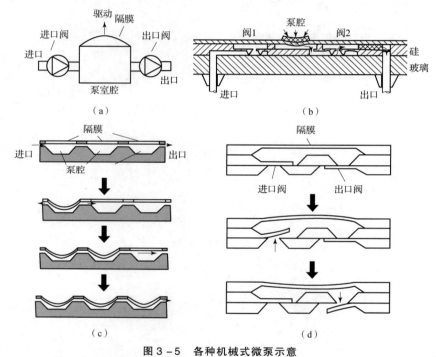

图3-5 各种机械式微泵示意
（a）活塞式微泵；（b）压电制动器微泵；（c）蠕动泵；（d）振动隔膜泵

非机械式微泵通过将一定的非机械能转化为动能实现微通道中流体的驱动（图3-6）。非机械式微泵可进一步分为电水力（EHD）、电化学、磁流体动力（MHD）、热气泡等多种驱动机制的连续流动微泵装置。非机械式电动微泵即基于电渗流的电渗微泵和基于电泳分离的电泳微泵仍然是毛细管电泳和微流控系统中驱动流体的重要方法，在直接集成到微流控系统方面具有巨大的潜力。此外，新近出现的光驱动微泵技术、基于表面张力的微泵技术，以及由两种或更多种物理和化学现象驱动的各种组合驱动微泵技术引起了人们的广泛关注。这类微泵的开发在很大程度上取决于材料的开发以及微加工能力的突破。

第3章 空间微流控细胞培养技术

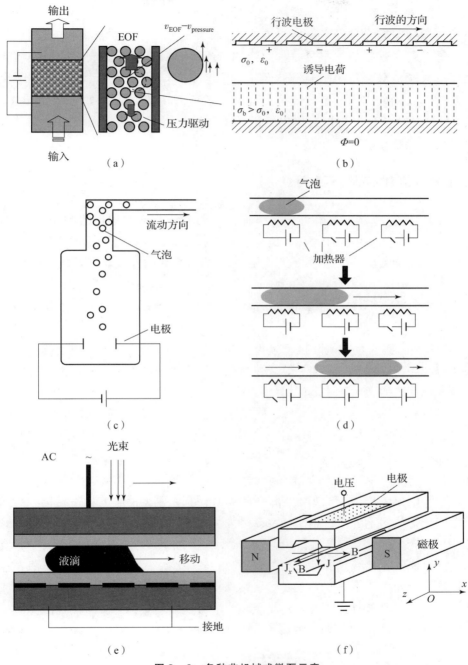

图3-6 各种非机械式微泵示意
(a) 电渗微泵；(b) 电水力微泵；(c) 电化学微泵；
(d) 热气泡驱动微泵；(e) 光驱动微泵；(f) 磁流体动力微泵

在微流控系统中使用微泵进行细胞培养时有许多考虑因素，例如，表面处理、流体剪切力、光学透性、液体再循环能力以及产生脉冲/稳定流动的能力等问题。不同的微泵具有其独特的特性，必须根据短期或长期细胞培养的需求来选择最合适的微泵。然而，由于这类微泵中流体流动简单，不适合需要动态流动模式的细胞培养。因此，当进行复杂的试验（如"器官芯片"或"人体芯片"）以模拟人体内组织环境和进行组织间化学通信时，主动泵将起到更加重要的作用。

3.3.3 流体控制：微阀

微泵为微流控系统提供了动力，微阀则负责控制流体的通断和流动方向。微阀在微流控系统中控制流体的路径、时间和分离，可以精确操控流体并且进行可控的药物刺激、细胞分析等。与传统阀门相比，微阀有许多优点。由于微阀有较小的尺寸，所以它在响应时间、功耗、死体积和改进的疲劳性能等方面都有较大的优势，能够批量制造，并且能够与微流控系统和微传感器集成。

微阀可分为主动微阀和被动微阀两类。主动微阀需要在外力驱动的作用下实现对微流体的控制（图3-7），被动微阀则不需要从外部输入能量，通常在压差的作用下实现对微流体的控制（图3-8）。

Kwang等人将主动微阀和被动微阀进一步分为5类：①机械式主动微阀。大多数该类微阀将柔性膜与磁性、电动、压电、热气动或其他驱动方法耦合。②非机械式主动微阀。该类微阀一般基于电化学、相变和流变材料等驱动原理。此外，电流变材料或铁磁流体也可用于非机械式主动微阀。与传统的机械式主动微阀相比，这些相变微阀相对较新且便宜，其因简单的设备结构和可操控性而非常适用于生命科学领域。③外加装置的主动微阀。例如，模块化微阀组件和旋转微阀。外加装置是设计微阀最实用的方法之一，但同样损失了微阀的便携性能。④机械式被动微阀。大多数被动微阀都作为单向阀部件集成在往复式微泵的入口和出口中（如阀瓣、膜或活动结构等）。被动微阀仅对正向压力打开，显示出类似二极管的特性。⑤非机械式被动微阀。有时被动微阀被认为是微泵的一部分，例如，一种使用喷雾器的"无阀"微泵已被广泛用于往复式微泵的进口和出口；另一种利用微通道中的几何形状或表面特性的毛细管微阀也属于非机械式被动微阀。

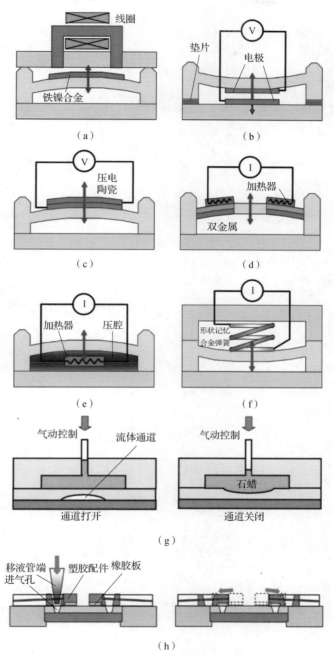

图 3-7 主动微阀

（a）电磁微阀；（b）电动微阀；（c）压电陶瓷微阀；（d）双金属微阀；（e）热气动微阀；（f）形状记忆合金微阀；（g）相变微阀；（h）模块化内置微阀

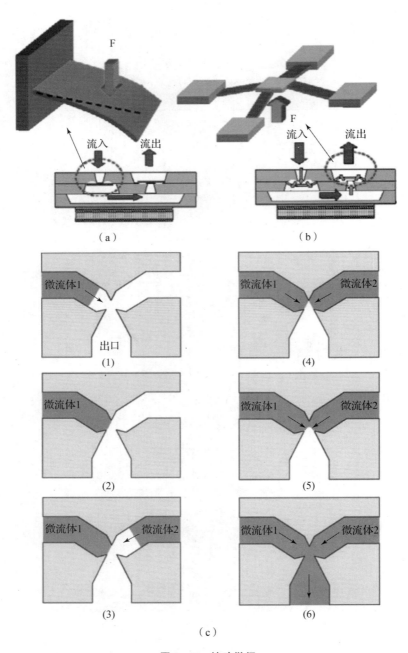

图 3-8 被动微阀
（a）悬臂式微阀；（b）桥式微阀；（c）毛细管微阀

微阀广泛应用于生物医学检测及微流控系统。外加装置的微阀（如模块化和气动微阀）由于其在开/关切换或密封方面的出色性能被广泛应用。与气动微阀相结合的 PDMS 微流控芯片由于其材料的高弹性而得到了很好的应用。目前由 PDMS 材料制作的气动软薄膜微阀是在微流控系统中应用最多的微阀。Hojin Kim 等人将基于微流体的动态微珠阵列系统与气动弹性微阀结合，实现了微珠阵列和快速微阵列复位。气动弹性微阀也为微流控芯片上的细胞操作提供了很好的发展机遇。例如，细胞机械功能测量和代谢可以通过气动弹性微阀阵列及其外部控制器进行处理。北京理工大学邓玉林教授所在课题组将微流控芯片与气动弹性微阀控制系统结合进行并行和独立的细胞培养/共培养研究。

3.3.4 膜

微流控芯片的兼容性允许嵌入各种不同功能的膜来实现多种应用。膜被用来控制物质的迁移，允许某些化合物在液体中选择性地通过。分子通过膜屏障的渗透是由多种力驱动的，如浓度梯度、压差、热变化、电动力等。在微流控系统中，膜已成功应用于包括细胞培养、蛋白质分析、气体检测、药物筛选、微泵和微阀以及流体输送控制、化学试剂检测等方面。利用生物相容性或可生物降解的聚合物，膜还可作为组织工程的培养载体或支架。此外，膜具有很大的内表面积，可有效用于吸附或催化应用。

膜和微流体结合的不同方法可以粗略地分为以下 4 种：①直接嵌入（商业）膜；②膜与芯片共同制备；③原位制备膜；④利用芯片材料的膜特性。

1. 直接嵌入（商业）膜

通过夹紧或黏连，将膜直接并入微流体设备。这种方法的优点如下：①工艺简单、膜材料和形态选择广泛，根据特定的应用，可以直接选择最合适的膜；②配置灵活，借助标准化的"即取即用"芯片设计，只需更改膜的类型就可针对多种不同的应用。例如，通过使用多个不同孔径的透析膜，可以实现样本中不同分子的分离和纯化，如图 3-9（a）所示。

膜直接嵌入微流体设备的主要问题是密封性，特别是当玻璃或硅等无机基材与聚合物膜结合时，由于毛细作用力，很容易将流体吸入膜与芯片的缝隙。解决此问题的其中一种方法是通过微立体光刻技术来加工芯片。在此过程中，使用聚焦的紫外光束用光固化液态聚合物以三维方式构建芯片，不需要密封步骤，芯片制备完成后，非交联聚合物可以被洗掉，如图 3-9（b）所示。

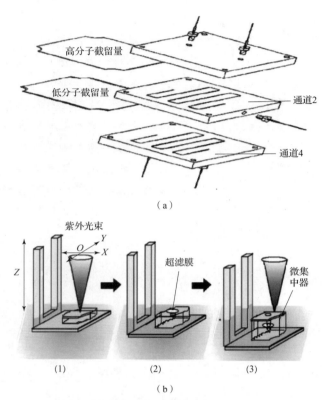

图 3-9 在微流控设备中直接嵌入（商业）膜

（a）使用多个不同孔径的透析膜，可以实现样本中不同分子的分离和纯化；（b）在微立体光刻过程中嵌入膜

2. 膜与芯片共同制备

可以在芯片的制造过程中制备膜，实现膜和微流体的结合（图 3-10）。纳米技术的发展可以实现任意结构的合成，使膜集成更多特性。例如，可以采用蚀刻法制备微筛和薄金属薄膜沉积。多孔膜也可以用硅、二氧化硅、氧化铝或二氧化钛等材料制成。

3. 原位制备膜

另外一种膜和微流体结合的方式是原位制备膜，如图 3-11 所示。Moorthy 和 Beebe 采用乳液光聚合法制备微通道多孔膜。Song 等人使用激光诱导熔融硅片中的丙烯酸酯单体相分离聚合来制备多孔膜，通过控制曝光的位置便可以控制膜的位置和厚度，通过改变单体与交联剂的比例便可以改变膜的截留分子量

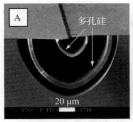 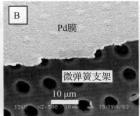 

图 3-10 膜与芯片共同制备

（a）多孔硅的独立层，先进行电化学蚀刻，再在其下蚀刻硅基底；（b）采用反蚀刻法在微槽支撑结构上溅射致密钯膜；（c）使用离子束跟踪技术制备的带孔聚酰亚胺芯片

［图 3-11（a）］。这种方法的另一个优点是它适用于以可透射紫外线材料加工而成的芯片，其缺点是操作复杂以及可应用的材料范围有限。

Kitamori 的小组发现了通过界面聚合制备膜的方法。该小组将含有如酰氯化物和胺等单体的有机溶液和水溶液混合，这两种单体在流动界面处通过缩聚反应形成聚酰胺膜，如图 3-11（b）所示。通过交替改变水相和油相，可以在相邻位置制备多个膜。

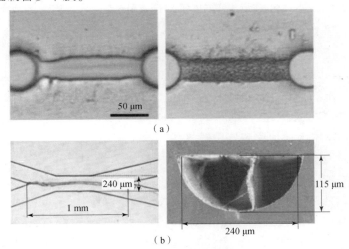

图 3-11 原位制备膜

（a）使用激光诱导熔融硅片中的丙烯酸酯单体相分离聚合来制备多孔薄膜，通过改变单体与交联剂的比例（左低右高）来改变膜的截留分子量；（b）在有机溶液和水溶液的流动界面上通过缩聚反应形成的膜（左：芯片布局的光学图像，右：中心微通道的横截面）

4. 利用芯片材料的膜特性

最后一种方法是选择本身具有所需膜特性的芯片材料（图 3-12）。聚二甲基硅氧烷由于其高透气性成为制备膜通道的主流微流控材料。除 PDMS 外，还可使用

聚酰亚胺等其他聚合物。尽管聚酰亚胺的气体渗透率远低于 PDMS，但可以通过减小膜厚度进行补偿。Eijkel 等在可光刻的聚酰亚胺层中制成了纳米微通道。Su 等制备了致密的醋酸纤维素膜，能够将水输送到微驱动器中。

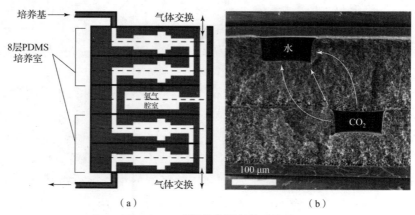

图 3-12　利用芯片材料的膜特性

（a）基于 PDMS 的集成氧化室生物反应器，PDMS 的渗透性用于向细胞供氧；（b）由相分离微模塑法制备的多孔芯片的横截面，其中气体可以通过多孔基体从一个通道供应到另一个通道

　　膜可以充当细胞的多孔载体，能够提供营养并清除废物，在微流控细胞培养平台中的应用尤其广泛。Russo 等在硅芯片上制备了多孔乙酸纤维素膜，并用于肺成纤维细胞的培养。Ostrovidov 报道了在两种微型生物反应器（基于 PDMS 或商用聚酯膜）中肝细胞的灌流培养情况，并证明了两种反应器比传统静态细胞培养的性能优越。Leclerc 等将夹了 PC 膜的 PDMS 芯片用于肝细胞培养，其中 PC 膜用于细胞反应器中氧气和二氧化碳的运输。

　　器官芯片是微流控芯片研究中最热门的新兴工具之一，而膜装置是构建大部分器官芯片必不可少的结构单元之一。一些高聚物多孔膜具有良好的生物相容性，如 PC 膜或 PET 膜，其孔径在微米级，可以阻挡组织或细胞过膜。在许多器官芯片中，多孔膜可作为细胞培养的基底膜或支撑材料，构建独立的培养室。细胞黏附在多孔膜上通常用于二维细胞培养，因此基于单层多孔膜的器官芯片一般用于构建肾芯片、肠芯片和肺芯片等，另外也可以在器官芯片两层膜之间进行三维细胞培养。多孔膜常用于模拟器官的屏障作用，可在基于多孔膜的器官芯片上进行药物刺激和代谢实验。

　　为了研究原代大鼠肝细胞的高代谢需求，Powers 等开发了一种微流控装置，该装置包含由两个平行排列的硅和不锈钢微通道组成的横流式生物反应器，这些微通道由一层薄渗透膜隔开。在横流式生物反应器中，氧气的输送和维持生理水平的流体剪切应力使肝细胞能够重组成三维组织结构，在长达 3 周的培养过程中保持存活。

Huh 等人设计搭建了一种由上、下两层 PDMS 框架和中间 PDMS 多孔膜构成的仿生肺芯片［图 3-13（a）］，在上、下两个腔室内分别培养上皮细胞和内皮细胞以模拟肺泡的结构。芯片两侧微通道连接气泵，通过气泵形成非真空与真空状态的循环切换，使微通道产生周期性的形变，实现细胞的动态培养。在真空状态下，中间微通道会向两侧扩张，PDMS 多孔膜受到拉力变形，黏附在 PDMS 多孔膜上的细胞也随之变形，模拟吸气时肺泡扩张导致的肺泡内外壁细胞的受力状态。在非真空状态，PDMS 多孔膜回到初始状态，细胞也随之回复到原始状态，以模拟人的呼气过程。

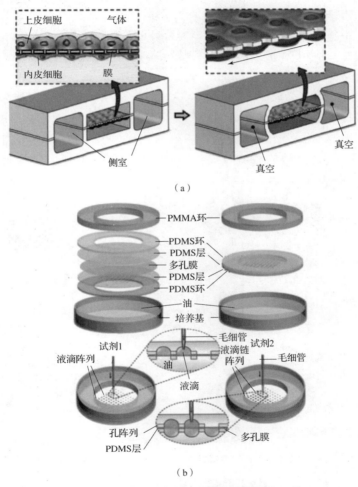

图 3-13 仿生肺芯片和细胞共培养芯片示意

（a）仿生肺芯片示意，表示呼气状态（左图）和吸气状态（右图）；（b）细胞共培养芯片示意

Ma Y 等人构建了基于多孔膜的细胞共培养芯片[图3-13(b)],用于研究多种模式下的细胞迁移。他们结合基于液滴的微流控芯片技术和基于膜的细胞迁移技术,建立了一个平行微流控系统。该系统可应用于细胞迁移分析、仿生趋化性分析以及基于器官芯片的多因素细胞迁移分析等多模式的细胞迁移试验,以研究肿瘤细胞对其他组织的侵袭和转移能力。

3.3.5 微反应器

微反应器的作用是提供一个微环境和类似大规模生产的条件。在微反应器中可以对细胞进行原位评估,其结果更接近系统内实际发生的情况。生物过程开发的传统方法是在实验室规模上进行烦琐的操作,以选择最佳的细胞代谢条件来获得产品。这些筛选过程需要大量样品,试验和化学分析时间较长,有废物产生,且无法进行平行试验。因此,利用微反应器是加快细胞生物学研究步伐,提高大规模生产效率的重要途径。

不同的结构单元如液滴和浓度梯度生成系统、混合器和传感器等很容易集成在微反应器中,以模拟传统的反应器进行原位分析。微流控芯片技术与显微镜、传感器、驱动器、光镊等技术的结合,使生物材料的捕获、操作和监测成为可能。Chen 等人构建的微流控细胞培养平台实现了不同结构单元集成的微实验室(图3-14)。

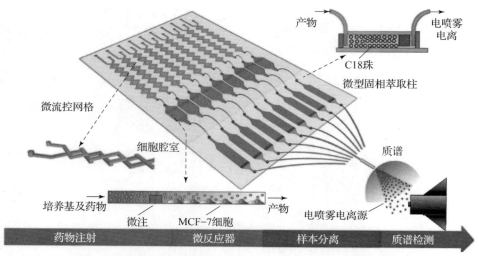

图3-14 微流控系统作为微实验室运行的方案(包括注射、培养和细胞分析等步骤)

与传统的生物分析方法相比,利用微反应器进行生物分析能够更高效地获得数据。微反应器有助于了解细胞相互作用和环境变化引起的微生物反应,评

第3章　空间微流控细胞培养技术

估微生物细胞行为，研究固定化酶的动力学和生物化学反应等。

在具有浓度梯度发生器的微反应器中，可以研究各种诱导因子对细胞的刺激，确定理想的生长条件。Hansen等人研究了用于跟踪酵母细胞信号传递动态的微反应器，相同或不同菌株并行或在多种条件下进行试验，利用此微反应器的自动化和延时计算分析来控制和监测酵母细胞中其他信号转导系统的单细胞信号动力学［图3-15（a）］。

此外，微反应器有助于合成生物学领域的体外评价。Boehm等人开发了一种用于酶生物合成的流式微反应器，包括固定化、分区化、酶途径动力学评估和反应条件探究［图3-15（b）］。

在细胞生物学和代谢工程中，微反应器被用作微恒化器，用于监测微生物细胞的生长和生化反应，以提高生产率或了解生物处理的理想条件。Puchberger-Enengl等人构建了一种具有气体交换和试剂供应的微反应器，通过培养微实验室进行气体和试剂的交换，以便在粪肠球菌和大肠杆菌的静态培养物中进行抗生素测试，同时用酿酒酵母进行连续灌流培养分析［图3-15（c）］。

Oliveira等人构建了一个简单的微流控平台，该平台带有用于酵母培养的微腔，集成了基于扩散的浓度梯度系统，使用倒置荧光显微镜进行数据采集。通过对图像采集后的细胞直接计数，以葡萄糖浓度梯度作为限制性底物进行酵母细胞的监测，由此评估细胞行为并确定动力学参数［图3-15（d）］。

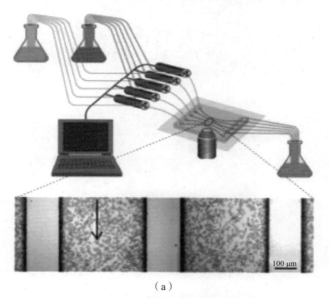

(a)

图3-15　应用于细胞监测的微反应器示意
（a）用于跟踪酵母细胞信号传递动态的微反应器示意

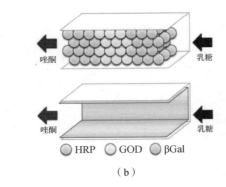

（b）

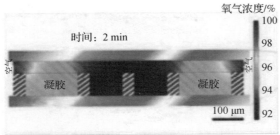

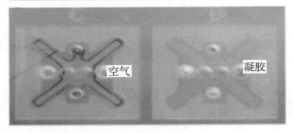

（c）

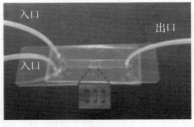

（d）

图 3-15　应用于细胞监测的微反应器示意（续）

（b）流动微反应器用于酶在填充床（上图）和微通道（下图）内的试验；（c）具有气体交换和试剂供应的微反应器；（d）基于扩散的浓度梯度的酵母细胞培养及动力学参数探究

3.4 微流控芯片上的细胞荧光分析方法

使用荧光探针对细胞内特定分子进行标记成像是一种非介入式的分析方法，可以在不干扰细胞培养过程的前提下实现对细胞动态变化的连续观测。一方面，荧光探针具有灵敏度高和重现性好等优点，在某些试验条件下可以达到单分子成像水平；另一方面，荧光探针无须进行非侵入性和多通道检测的特殊处理，即可轻松进行荧光检测。常用的细胞标记策略分为非遗传标记和基于遗传的标记，每个类别都可以进一步分类。

3.4.1 基于核酸的修饰

近年来，核酸大分子的非生物特性引起了广泛的关注。由于碱基的互补配对原理，核酸探针具有精确配对和相互识别的能力。精确的化学方法可以灵活多样地调节核酸序列结构，这在基于探针的分析监测中得到了广泛应用。目前，人们已经开发了具有特殊功能的多种核酸，如核酸适体和扩增环序列等，这些功能性核酸的发展将进一步扩大核酸探针的应用范围。

1. 核酸标记探针

核酸具有序列结构的多样性并且可以灵活设计，因此各种核酸序列与不同抗体共价偶联以形成 DNA 编码抗体。Heath 小组在微流控芯片的不同区域标记了 DNA 标签的互补 DNA 序列，构建了条形码芯片。若将每个微腔室中的 DNA 微阵列转换为抗体微阵列，则可以实现细胞分泌物的高通量捕获和快速分析。这种 DNA 编码的标记技术已被广泛用于蛋白质组学和代谢组学研究。Agasti 等用光反应基团将抗体与 DNA 标签连接起来，在偶联的分子特异性识别细胞表面蛋白质后，用 365 nm 的光处理以从细胞表面切下 DNA 标签［图 3-16（a）］，对切下的 DNA 标签进行 PCR 并通过凝胶电泳分析扩增产物。这种策略实现了单个细胞表面蛋白质的高灵敏度、多组分定量分析。He 等人将 DNA 标签与识别细胞表面聚糖的抗体共价连接，开发了一种细胞表面糖蛋白的分析方法［图 3-16（b）］。抗体与凝集素结合后，将 DNA 标签用作后续滚环扩增（RCA）的引物。这种方法将细胞表面聚糖的分析转化为对 DNA 标签的检测，并用于评估癌细胞中的糖代谢变化。Li 等人通过将次氮基三乙酸（NTA）修饰的 DNA 模板连接到 Zn^{2+} 中，将功能性基质金属蛋白酶的检测转换为单链

DNA 的检测。利用发夹结构分子信标（MB）修饰的 FITC 和 BHQ1 识别 DNA 模板，进而根据荧光强度对培养基中 MMP 的量进行评估。

活细胞表面蛋白质二聚化的非遗传实时成像策略如图 3-16（c）所示。用于 G1 期阻滞可视化检测的双靶 mRNA 指示器如图 3-16（d）所示。

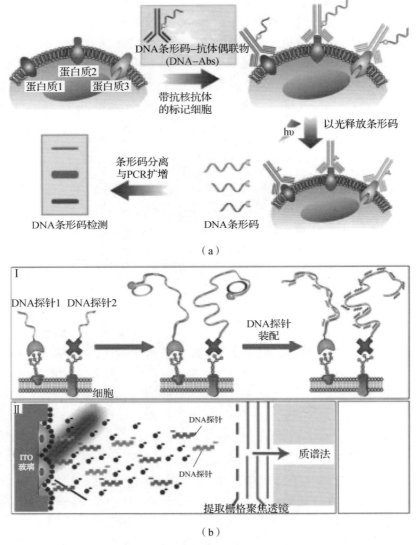

图 3-16 核酸标记探针

（a）通过与带有光反应性基团的抗体连接的 DNA 标签进行特异性蛋白质的标记；（b）使用 DNA 介导的细胞表面工程进行聚糖谱分析

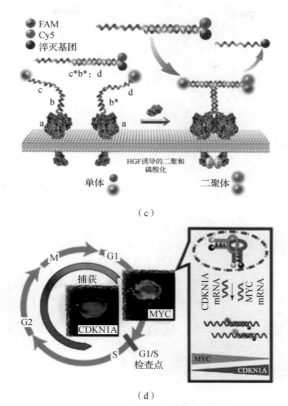

图 3-16 核酸标记探针（续）

（c）活细胞表面蛋白质二聚化的非遗传实时成像策略；（d）用于 G1 期阻滞可视化检测的双靶 mRNA 指示器

2. 适配体识别探针

适配体又称为"化学抗体"，是单链 DNA 或 RNA 分子，可以特异性识别各种靶标，小到化学分子，大到复杂的蛋白质甚至细胞。与抗体相比，适配体可以通过化学方法而不是动物生产来精确合成，具有成本低廉、易于保存、免疫原性低等优点。基于这些优异的核酸特性，近年来，人们开发了多种适配体识别探针。Lin 等发展了基于适配体三明治结构的细胞分泌物检测方法，通过将第一个适配体固定在微通道上，捕获靶标，结合包含 RCA 环状模板的第二个适配体来实现细胞分泌物的捕获和检测 [图 3-17（a）和（b）]。Zhang 等筛选得到了可以特异性识别 MCF-7R 细胞间连接的适配体 M17A2，用作研究细胞间连接以及细胞间通信的有力工具。Li 等将三磷酸腺苷（ATP）的适配体加载到还原敏感性载体中，以长期实时追踪神经胶质瘤干细胞（GSC）中的 ATP [图 3-17（c）]。由于探针对 ATP 浓度的变化反应迅速，因此，可用于监测在人脐静脉内皮细胞

(human umbilical vein endothelial cell,HUVEC)分泌的转化生长因子-β(TGF-β)的外部刺激下 GSC 中的 ATP 水平。

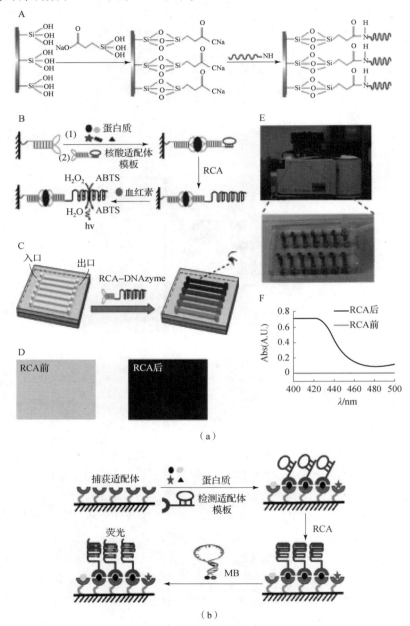

图 3-17 适配体识别探针
(a)基于适配体的 RCA 和 G-四链体 DNAzyme 修饰的微芯片,用于凝血酶的超灵敏检测;
(b)基于 RCA 的双重识别法检测 MMP-9

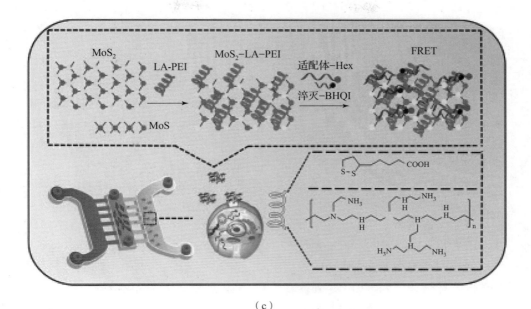

图 3-17 适配体识别探针（续）

（c）加载 ATP 适配体的还原敏感性载体，进入 GSC 后，实时长期追踪 ATP

3.4.2 原位化学修饰

1. 基于 N-羟基琥珀酰亚胺（NHS）修饰的探针

天然官能团（如赖氨酸侧链上的游离胺）已被视为吸引各种适配体共价键合的目标，因此，无须细胞预处理，任何含有游离胺的细胞膜成分都可以被修饰。迄今为止，NHS 活化的酯被认为是对赖氨酸残基和其他表面胺进行化学修饰的最受欢迎的方法之一。例如，通过使暴露的伯胺与 NHS-生物素（NHS-biotin）交联剂反应来对细胞表面进行生物素化。链霉亲和素和生物素之间的结合可以用作在细胞表面进一步连接生物素化适配体的桥梁。这种基于生物素-链霉亲和素的桥接方法已被用于改造具有各种靶标的细胞表面。此外，NHS 酯还可以与其他一些官能团相连，例如 NHS-马来酰亚胺。Li 等开发了一种基于两步法修饰的 MT1-MMP 响应探针，先将细胞与交联分子 NHS-4-马来酰亚胺基丁酸酯（NHS-MAL）偶联，然后与 MT1-MMP-侧翼为半胱氨酸的应答肽通过硫醇和马来酰亚胺的反应与交联剂连接［图 3-18（a）］，该探针可以有效用于研究模拟化学因子和剪切应力条件下 MT1-MMP 的活性变化。

2. 代谢修饰的探针

叠氮化物由于体积小、代谢稳定以及与天然生物功能缺乏反应性等优点而被广泛用于活细胞中聚糖、脂质和蛋白质的标记。Gartner 等用叠氮基官能化的甘露糖衍生物（N-叠氮基乙酰甘露糖胺）对 Jurkat 细胞进行代谢标记，将叠氮唾液酸（SiaNAz）残基掺入表面，然后通过 Staudinger 连接法与膦偶联的单链 DNA（ssDNA）孵育或通过无铜点击化学方法与二氟环辛炔偶联的 ssDNA 连接。之后，与带有互补 DNA 序列的细胞组装在一起并形成聚集。

Shi 等用过乙酰化的 N-叠氮基乙酰半乳糖胺（Ac4GalNAz）对细胞表面糖缀合物上带有叠氮基的细胞进行代谢标记，然后使用铜（I）催化叠氮化物-炔烃环的加成反应来组装聚乙二醇化的 β-环糊精（β-CD）。此后，靶向粘蛋白 1（MUC1）的偶氮苯偶联的适配体与细胞表面工程改造的 β-CD 结合，从而能够识别 MUC1+ 靶标。Li 等提出了一种非遗传编码的标记策略，通过荧光共振能量转移（FRET）对组装在目标受体上的受体特异性聚糖进行成像[图 3-18（b）]。在这种策略中，将细胞与 N-叠氮基乙酰甘露糖胺四酰化（Ac4ManNAz）孵育，用作 FRET 受体的氮杂二苯并环辛炔（DBCO）-Fluor 647 对其进行改造，同时，用 Fluor 488 特异性标记的重组 IL-36γ 适配体作为 FRET 供体与细胞表面的 IL-36R 结合。只有感兴趣的受体在位点上具有完整的一对 FRET 受体和供体，因此，可以通过共聚焦激光扫描显微镜（CLSM）对受体特异性的聚糖进行成像。该方法突破了受体必须具有可用于附着荧光标签的细胞外末端的限制，也避免了将氨基酸插入蛋白质可能引入的不良作用。

3.4.3 疏水性物质插入的修饰

通过蛋白质的跨膜结构域和脂质双层内部之间的疏水相互作用，可将许多蛋白质整合到细胞膜上。基于此，研究者们提出了疏水性物质插入的标记策略，在与细胞孵育之前，将靶标元素连接至疏水链，且疏水链自发地插入脂质双层。目前研究者们已经开发了各种疏水性标签，如烷基链、脂质部分和糖基磷脂酰肌醇（GPI）的锚点。靶标元素包括适配体、抗体衍生的单链可变片段（scFvs）、肽以及其他化学基团。靶标可以通过各种策略连接到疏水链。例如，使用活化的酯、基于巯基的迈克尔加成或基于叠氮化物基团与炔烃之间的点击连接等。迈克尔等用脂质修饰的寡核苷酸对细胞表面进行化学重塑，重构了类器官样的多细胞组织，具有可编程的大小、形状、组成和空间异质性。Clifford 等通过疏水性插入，使用化学自组装的纳米环（CSAN）对细胞膜进

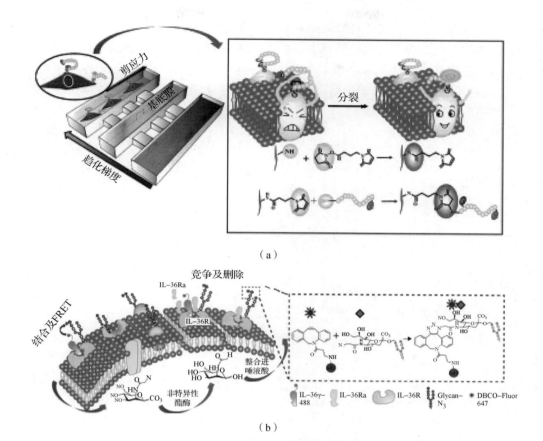

图 3-18 原位化学修饰示意

(a) 基于 NHS 修饰的探针用于细胞表面定位 MT1-MMP 的原位成像; (b) 成像受体特异性聚糖的非遗传编码标记策略

行了修饰,CSAN 标记的细胞能够识别表达上皮细胞黏附分子(EpCAM)的靶细胞,形成细胞间相互作用,用美国食品药品监察管理局(Food and Doug Administration,FDA)批准的抗生素甲氧苄啶来分解纳米环可以逆转这种相互作用。

3.4.4 基因探针

1. 荧光蛋白融合

荧光蛋白(FP)的引入对动态可视化细胞过程产生了彻底的改变。但是,荧光蛋白标记后可能对目标的稳定性和功能产生一定干扰。因此,必须设置对照试验以排除标记元素的外源表达对正常生理过程干扰的可能性。随着基因工程技术的飞速发展,人们已经开发了具有内源性启动子的新基因组标记方法,例如,Ⅱ型 CRISPR – Cas 系统(一种 RNA 引导的核酸内切酶)。这些方法可以减少由过表达引起的荧光融合蛋白的聚集,还可将融合蛋白的表达维持在生理相关的表达水平和模式上。

2. 非天然氨基酸定向标记

通过在位点特异性靶点引入非天然氨基酸(UAA)也可将荧光团整合到蛋白质中,减轻因庞大荧光融合蛋白引起的功能扰动。主要有两种掺入 UAA 的方法:一种是使用现有的氨酰基 tRNA 合成酶(aaRS)来识别一些 UAA;另一种是重新分配终止密码子,特别是琥珀色密码子 UAG,以插入 UAA。目前研究者们已经开发了大量整合各种结构和官能团的 UAA,如荧光报告分子和光交联剂等。

3. 共价标记的酶促方法

通常,用于共价标记蛋白质的酶促方法主要包括两种策略:一种是自我标记,另一种是肽标记。

1) 自我标记

自我标记方法主要包括 SNAP 标签、CLIP 标签和 HaloTag。SNAP 标签的标记过程是通过与苯甲基鸟嘌呤的特异性作用实现的。SNAP 所带的活性巯基位点接受了苯甲基鸟嘌呤所携带的侧链苯甲基基团,释放出鸟嘌呤。这种新的硫醚键共价结合使 SNAP 所带的目的蛋白质携带了苯甲基基团所带的标记物。CLIP 标签能特异性地与苯甲基胞嘧啶衍生物反应。由于 SNAP 标签和 CLIP 标签能识别不同的底物,所以可在同一细胞或细胞群中对两类不同底物进行标记,获得活细胞中细胞功能的多参数成像。HaloTag 是卤代烷脱卤酶工程化变体的衍生物,可以与荧光团偶联的氯代烷烃反应。应该注意的是,由于 SNAP 标签(20 kDa)、CLIP 标签(20 kDa)和 HaloTag(33 kDa)的大小与 FP(30 kDa)相似,所以同样需要考虑其对蛋白质稳定性、定位和功能的扰动等问题。

2) 肽标记

肽标记方法是对目标蛋白质进行基因改造,使其包含 12~15 个氨基酸的肽序列,然后通过化学反应偶联小分子探针。与自我标记方法相比,肽标记方法减小了对目标蛋白质大小的干扰,除了 N 或 C 末端外,还允许在内部位置进行标记。工程大肠杆菌酶、硫辛酸连接酶(LplA)或其突变体可用于识别和连接被叠氮基官能化的硫辛酸衍生物，然后将叠氮化物与含荧光团的炔烃进一步偶联，这种策略称为酶介导的探针掺入（PRIME）。基于这种标记技术，Lin 等人提出了一种基于 FRET 对活细胞蛋白质特异性聚糖进行成像的方法，FRET 受体通过代谢聚糖标记在细胞表面，通过识别硫辛酸连接酶和叠氮基-炔烃环加成将 FRET 供体结合在位点特异性蛋白质上。

3.5 微流控细胞培养体系在空间生命科学中的应用

开展空间细胞生物学研究是空间生命科学的重要组成部分，也是人类探索和认识太空的必经之路。研究空间的微重力、辐射等环境对细胞的影响，对人类长时间探索太空具有深远意义，也使空间细胞生物学的研究不断深化。细胞的生长对器皿壁的相互作用和流体应力十分敏感，且需要温度、氧气、养料等一定的代谢条件，因此空间细胞培养是开展空间细胞生物学研究的基础与前提条件。

空间无沉降无对流的特性使物质可以均匀悬浮，细胞不会沉降堆积在一个表面，这有利于进行细胞的高密度培养，提高介质的利用率和单位容积的产量，以及减少其他蛋白质的污染；空间环境中的培养环境更为纯净，有助于获得更加均一、纯净的物质，这为空间生物研究与制药带来了许多有利之处；在空间环境中，细胞的生物合成和分泌作用会发生改变，某些重要蛋白质的产量和品质可以得到提高；在微重力下细胞具有三维生长的潜能，这使空间细胞培养成为空间生命科学的热门技术之一。

3.5.1 常用的空间细胞培养体系

空间环境与地面环境存在巨大差异，因此，在对空间细胞培养装置进行设计时，除了考虑细胞复杂的生存微环境（如维持细胞生长的温度、pH，为细胞供能的充分的营养液和供细胞代谢的溶氧等）常规要求外，还应考虑空间环境的特殊之处，如装置的体积、能源消耗、传质传热特性以及简单可控程度等。

多年来，空间细胞培养一直为众多国家所重视，人们开展了广泛的研究，而且已经取得了许多有重要意义的研究进展。一些空间强国开发了多种空间细胞培养装置，其中许多已经完成了太空飞行任务（表3-1）。这些空间细胞培养装置不仅能提供适当的温度、足够的营养和氧气、合理的力学性能,而且能记录细胞增殖的详细情况。

表3-1 国内外太空飞行任务搭载的空间细胞培养装置

名称	国家	飞行任务	年份
Woodlawn Wander-9	美国	Salyut-3	1978
Biotherm	瑞士	Salyut-4;Salyut-5	1982
Cytos I	法国	Salyut-6	1982
Biorack	德国	D-1	1983
Carry-on	瑞士	STS-8	1984
Cytos II	法国	Salyut-7	1986
动态细胞培养装置	瑞士	IML-1	1988
细胞培养装置	日本	IML-2	1994
Miniature space cell culture device(SBRI)	瑞士	STS-65;S/MM-03	1994
细胞培养装置	中国	神舟三号	2002

早期,苏联在发射 Zond 5 和 Zond 7 时,将 HeIa 细胞带上了太空。地面模拟机制的完善和空间搭载机会的增加,加之现代细胞生物学技术的不断飞速发展,为空间细胞生物学的研究带来了便利条件,与之相应的空间细胞研究装置也层出不穷。

1973 年,美国在代号为"59-Day Skylab Ⅲ Salyut-3"的地球轨道任务中搭载了空间细胞培养装置——Woodlawn Wander-9,研究了人胚胎肺细胞株-WI-38 在微重力环境中的反应。该装置由两套独立的相差显微镜和一个 16 mm 延时照相机组成,最终完成了对两个灌流培养室的连续 28 天观测 [图 3-19（a）]。1983 年,德国在代号为"D-1"的太空飞行任务中搭载了 Biorack 细胞培养装置,首次实现了 4 ℃ 细胞冷藏及 -15 ℃ 细胞冷冻功能,从而延长了空间细胞研究的时间,其装置结构及细胞状态如图 3-19（b）所示。1984 年,瑞士在代号为"STS-8 Spacelab-1"的太空飞行任务中搭载了 Carry-on 生物反应器,体积为 25 cm×17 cm×17 cm,该装置在试验中注入 6 种培养基以保证细胞的养分需求及生存环境的稳定（图 3-20）。

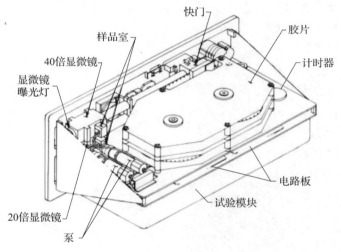

(a)

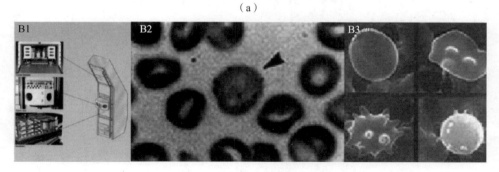

(b)

图3-19 部分太空飞行任务搭载的空间细胞培养装置
（a）Woodlawn Wander-9；（b）Biorack细胞培养装置结构及细胞状态

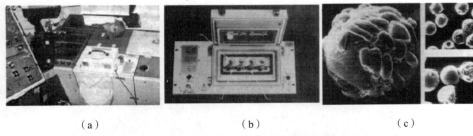

图3-20 "STS-8 Spacelab-1"太空飞行任务中搭载的Carry-on生物反应器

(a) 空间细胞培养装置固定于空间舱;(b) 空间细胞培养装置结构;
(c) 扫描电镜下的空间和地面培养的胚胎肾细胞对比

经过50余年,空间细胞培养技术和装置经历了从简单到复杂,再到逐步完善(即从构建简单的细胞生长环境到构建精密可控的细胞生长环境,从静态的批量培养到动态的连续灌流式培养,从简单的人工静态图像拍摄到在线自动观测、显微观测,甚至进行遥控操作)的发展变化。

近年来,已经进行过飞行试验的典型生物反应器有动态细胞培养系统(DCCS)和灌注生物反应器(Perfusion Bioreactor)。此外,还出现了商业性生物研究单元(CBRU)和新的无损伤光学检测仪,可用于空间或地面的细胞、组织和器官的观测与诊断。图3-21所示是NASA、ESA和CSA的几种成功应用的空间生物培养装置。

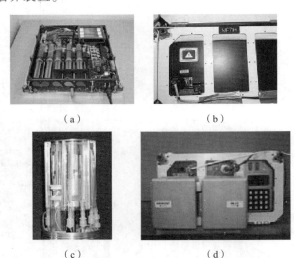

图3-21 几种成功应用的空间生物培养装置

(a) ESA/CSA合作的无人Foton M3任务中的细胞培养托盘;(b) NASA生物技术系统(BTS)中的细胞培养模块,用于空间站;(c) NASA BioServe培养装置;(d) NASA商用通用生物处理装置(CGBA)

然而，由于空间环境的特殊性，空间细胞培养载荷在体积、功耗以及自动化方面有很大的劣势。例如，空间舱体积狭小，需以最优配比实现空间体积利用率，尽量减小载荷体积；空间环境搭载能源有限，在保证相关设施正常运行的基础上，应尽量降低额外的能源功耗；航天搭载试验应尽量简单可控，尽量减少人工操作，在无人操作时保证仪器自行正常运转。因此，开发自动化、小体积、低功耗的空间细胞培养装置，对空间细胞生物学和空间生物学效应机制的研究具有十分重要的意义。

3.5.2 基于微流控芯片的空间细胞培养装置及其应用

一些空间生物反应器，由于功耗高、体积大、功能单一及操作复杂等缺点已逐步被小型化空间细胞培养装置所取代。微流控芯片技术具有自动化程度高、试剂消耗少、生成的废物较少以及能够在小区域容纳多个冗余系统的优点，正迅速发展成为生物分析研究中先进仪器发展的关键。微流控元件允许精确和快速处理纳升体积，化学传感器允许高速测量和控制环境条件，这些优点使发展低试剂消耗量、独立、小型、轻量化的空间细胞生物学研究平台成为可能。

动态培养可以保证细胞在培养过程中始终得到足够的新鲜营养液和代谢废物的转移，为细胞的长期培养创造更适宜的环境。诸多微流控芯片细胞培养试验表明，多种细胞可在微流控芯片内部稳定生长并维持生物活性，保证了在空间环境中细胞的实时动态培养与检测，同时可控的微阀/微泵流体操控及灵活多变的微通道设计有利于构建多种空间生物学效应模型，为空间细胞生物学的研究带来诸多新思路和新方法。

研究人员已开发出多种空间微流控细胞培养装置以进一步研究细胞在空间环境中的状态。1994年，STS-65及S/MM-03太空飞行任务搭载了一种微型空间细胞培养装置"SBRI"，其反应室体积仅为3 mL，采用微泵进行连续灌流培养，通过调节可以获得受控的环境生长条件，并可以在线传输生物参数。2008年，Moore等人研发了一种微型的连续细胞培养反应器（图3-22），该装置的细胞培养室体积小于1 mL，在常规环境和空间环境中均可以进行贴壁和悬浮细胞的长期培养，具备培养基自动注入及废液排除功能，同时也集成了远程生物监控分析器件，为空间早期预警生物系统和远程监测提供助力。

有研究者提出一种利用微流控芯片技术开发的微型三维灌注细胞培养平台[图3-23（a）]，此平台可以提供均匀稳定的细胞培养环境、高效的介质输送以及细胞装载功能，同时减少人工介入，实现了更高精度和更大产量的细胞培养试验。这项技术满足了空间环境中的小体积、微功耗、精确智能等三维细胞培养要求，具备向空间环境应用扩展的潜力。

空间微流控芯片技术

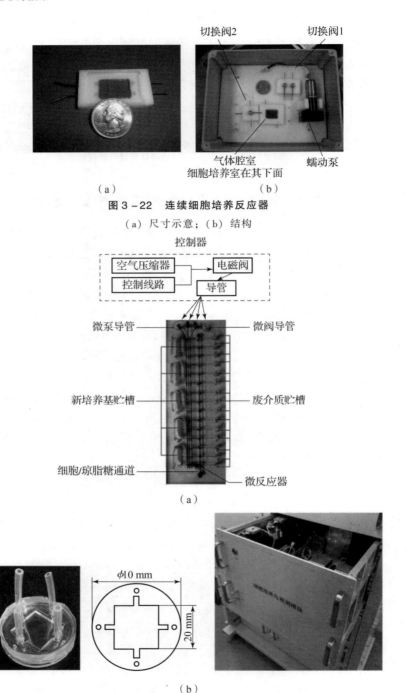

图 3-22 连续细胞培养反应器
(a) 尺寸示意；(b) 结构

图 3-23 微型三维灌注细胞培养平台以及空间微流控细胞培养与在观测一体化装置的通用培养单元
(a) 微型三维灌注细胞培养平台；(b) 通用培养单元内的微流控芯片（左图）和整机实物外观（右图）

邓玉林教授所在课题组开发了一种空间微流控细胞培养与在线观测一体化装置，该装置由专用培养单元、通用培养单元和通用操作单元组成，液体由注射泵及蠕动泵驱动。专用培养单元可开展细胞间接共培养试验；通用培养单元是通用细胞培养平台；通用操作单元可驱动试剂进入培养单元完成细胞的固定、裂解、染色或消化等操作。该装置配有可调焦显微成像系统，可对细胞进行实时观测及形态记录。使用该装置对 U-87 MG 细胞和 SF767 细胞进行培养、显微成像和染色，结果满足哺乳动物细胞培养以及在线观测的要求，可用于空间环境中的细胞培养，也可用于其他细胞自动化培养与在线观测。

空间环境会对人类心血管、骨骼和骨骼肌、免疫内分泌等系统产生影响，导致心血管功能障碍、肌肉萎缩、骨质减少、免疫功能低下、内分泌紊乱等病理变化。另外，空间环境的微重力和微磁场可增加生物体对诱变因素的敏感性，增加变异发生的概率；高能重粒子系统和射线辐射则有可能使生物体细胞DNA 损伤，从而引发可遗传的变异。这为利用空间环境诱变细胞，探索肿瘤免疫治疗新途径提供了条件。下面简要从微重力效应分析和辐射效应分析两个角度，介绍相关微流控芯片在空间细胞培养方面的应用。

1. 微重力效应分析

人类的太空飞行伴随着一系列生理变化，如体液再分配、肌肉萎缩、红细胞寿命缩短和免疫抑制等。为了更好地解释这些发现，人们开展了多次试验以研究空间微重力等因素对细胞的影响。

在正常（$1g$）培养条件下，内皮细胞（EC）在细胞培养瓶底表面呈单层生长；在模拟微重力的试验中，内皮细胞形成了三维的管状细胞聚集体；在微重力环境中，内皮细胞无支架生长为多细胞球体和管状结构。Marcus Krüger 等开发了"SPHEROIDS"培养系统（图 3-24），该系统包含 1 个固定室、2 个细胞培养室、2 个新鲜介质室和 2 个废液腔室。每个细胞培养室的生长面积为 9 cm^2，包括电子设备在内的完整单元的尺寸为 10 cm × 10 cm × 10 cm。他们利用此装置培养了 EA. hy926 细胞，观察到其以管状结构生长并模拟细胞在人体内部的组织形成方式。该研究为深入了解新生血管形成的基本机制，进而设计可用于手外科、整形外科和移植手术的血管奠定了基础。通过对空间样本的进一步研究，人们希望能进一步了解内皮细胞的三维生长，并对可用于外科手术的生物相容性血管的体外工程进行改进。

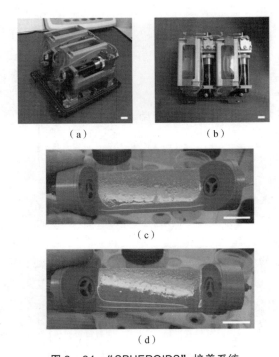

图 3-24 "SPHEROIDS" 培养系统
(a) 侧视图；(b) 俯视图；(c), (d) 培养区域

秀丽隐杆线虫自从被 Brenner 作为模式生物引入以来，在遗传与发育生物学、行为与神经生物学、衰老与寿命、药物筛选等领域得到广泛应用。由于遗传背景清楚、个体结构简单、产生周期短等优势，秀丽隐杆线虫也被用作空间行为和寿命研究的模式生物。Wang 等研制了一种用于研究微重力环境对秀丽隐杆线虫损伤的微流控装置。该装置主要由微流控芯片、双成像模块和成像采集处理模块组成。微流控芯片用于捕获和监测秀丽隐杆线虫（图 3-25），同时，他们设计了一个双成像模块用于获取秀丽隐杆线虫的亮场和荧光图像，对秀丽隐杆线虫的行为进行分析，进而评估微重力环境对秀丽隐杆线虫的损伤程度。Dirk 等开发了一种集成的阴影成像仪，在一个体积为 4 μL 的液体培养基中对秀丽隐杆线虫进行培养。通过腔室顶部的透气膜实现气体交换，通过微室底部的 CMOS 摄像机获得秀丽隐杆线虫阴影图像。通过减小光照波长和物体/摄像机的距离，减少了蠕虫体衍射所产生的图像伪影。该装置用于研究太空飞行中微重力等因素对秀丽隐杆线虫行为的影响。

血管内皮是一种排列在血管内表面的单层特殊细胞，它具有生物化学信号传导、血管舒缩、血管壁间运输控制和相互作用选择性屏障等方面的功能，对

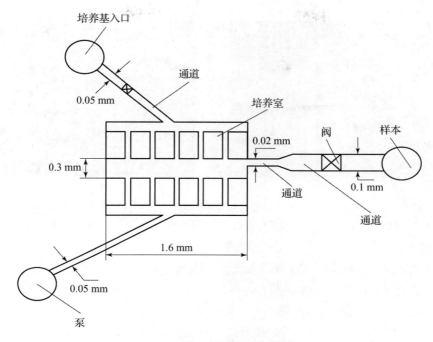

图 3-25 秀丽隐杆线虫培养芯片示意

维持血液和血管稳态至关重要。Mehdi 等开发了内皮细胞培养芯片以研究太空飞行或地面模拟微重力条件下血流动力学的改变情况。研究结果显示，内皮细胞在微流控芯片的微通道网络中流动培养并聚集，在生理相关剪切应力（0.4 Pa）下培养 96 h，内皮细胞沿血流方向伸长，形成长而厚的应力纤维。进一步降低剪切应力后，发现 1 h 内应力纤维紊乱，伴随外周肌动蛋白增加和细胞体增厚等现象的产生。这些结果表明在血管适应太空飞行条件后，微重力和改变血流的协同作用诱导内皮细胞的表型发生了变化。

费城儿童医院的研究人员设计了一种肺和骨髓组织芯片，用以研究地面和低地球轨道上独特微重力环境中的先天免疫系统对感染的反应。研究人员利用肺骨髓芯片检测中性粒细胞如何应对绿脓杆菌引起的肺部感染。图 3-26（a）所示为血管化骨髓组织芯片中中性粒细胞的扫描电镜图像。这样的研究可以揭示微重力环境对细菌菌株毒性的影响。

加州大学旧金山分校（UCSF）的研究小组利用微重力进行加速生理过程的模拟，利用组织芯片在 $1g$ 和模拟微重力环境中研究 CD8+效应记忆 T 细胞（TEMRA 细胞）的培养和分化，在 $1g$ 和模拟微重力环境中能更好地了解免疫衰老对特定干细胞再生能力的影响 [图 3-26（b）]。

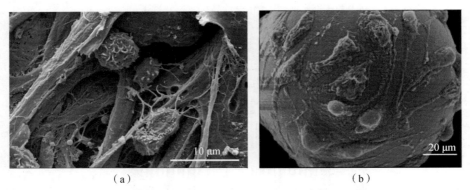

(a) (b)

图 3-26 来自不同项目和国际空间站工作人员进行实验的细胞培养的示例图像
(a) 血管化骨髓组织芯片中中性粒细胞的扫描电镜图像；(b) 模拟微重力环境 3 天后附着在微珠载体上的单个平滑肌细胞的电子显微镜图像

华盛顿大学在空间站中搭载肾脏近端和远端肾小管组织芯片，以研究微重力如何影响近端和远端肾小管上皮细胞的细胞极化，探究长期暴露于微重力下肾脏近端肾小管内维生素 D 的生物活性。通过提高细胞培养基中的血清水平建立了近端肾小管蛋白尿症的疾病模型并在远端肾小管组织芯片中模拟肾结石的形成，以期更好地了解微重力如何影响肾脏功能，为疾病机制的阐释提供新见解。

邓玉林教授课题组成功构建了人神经元 SH-SY5Y、神经胶质细胞 U87 MG 和单核细胞 THP-1 共培养细胞模型，设计了一种研究细胞间相互作用的共培养微流控芯片，为贴壁细胞和悬浮细胞提供了一种有效的动态共培养方法。该芯片由两个细胞室组成，细胞室由 PC 半透膜隔开，有利于对细胞施加的流动剪切应力的控制及对悬浮细胞的捕获（图 3-27）。邓玉林教授课题组还研制了空间细胞共培养与在线分析仪器，其包含细胞共培养模块、影像观测模块、蛋白质富集与检测模块、控制模块等功能模块。2017 年 4 月，载荷正样件经我国首艘货运飞船"天舟一号"送入太空，开展了为期两周的在轨科学试验，实现了长时间在轨细胞灌注培养、细胞形态与细胞迁移的实时动态观测、痕量细胞因子的在线富集与检测。

2. 辐射效应分析

随着核医学的发展和应用以及人类对外太空探索的发展，辐射对人类健康的影响越来越受到关注。电离辐射会对人体产生各种破坏性影响，如组织损伤、疾病和癌症。由于生物体对辐射反应十分复杂，目前缺乏能够模拟整个分子现象和各种细胞网络之间相互作用的可靠模型，所以针对辐射的研究是相对困难的。微流控芯片技术可将复杂的生物测定集成到自动化的、用户友好的、

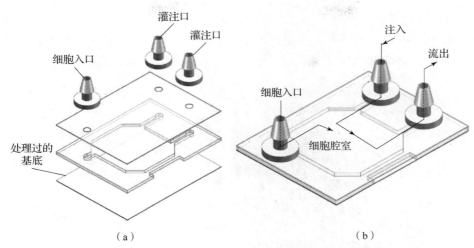

图 3-27 研究细胞间相互作用的共培养微流控芯片
(a) 结构；(b) 细胞腔室

可重复和敏感的分析中，微流控芯片技术具有维持细胞活性和功能性组织活检的能力，新兴的"器官芯片"技术也可用来模拟器官的自然生理反应。目前人们已经发展了系列微流控装置用于研究细胞、组织和全身的辐射效应。

Sasan 等构建了人体肠道芯片微流控培养装置（图 3-28），实现了人体肠道上皮细胞和人体血管内皮细胞的培养。将人体肠道芯片暴露于 γ 射线下，结果显示人体肠道芯片可用于研究辐射对离体绒毛形态、屏障功能、细胞-细胞连接、细胞毒性、细胞凋亡、活性氧（ROS）生成和 DNA 断裂等的影响。另外，潜在的预防性抗辐射药物二甲基草酰甘氨酸（DMOG）预处理能显著抑制上述损伤反应。因此，除了筛选新的抗辐射药物之外，人体肠道芯片还可以作为研究辐射诱导细胞死亡和相关胃肠道急性综合征的体外平台。

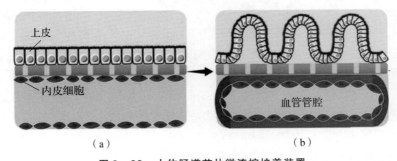

图 3-28 人体肠道芯片微流控培养装置
(a) 双通道微流控装置内的人类肠上皮和内皮细胞的位置示意；(b) 在顶部通道形成绒毛上皮，与底部通道形成管腔的平面内皮连接

Huang 等设计并制作了一个生物相容性细胞培养芯片,通过使用浓度梯度发生结构,在紫外光照射时可使培养的细胞获得 5 种不同的紫外光剂量,用于研究紫外辐射剂量对 NIH/3T3 成纤维细胞形态的影响(图 3 - 29)。

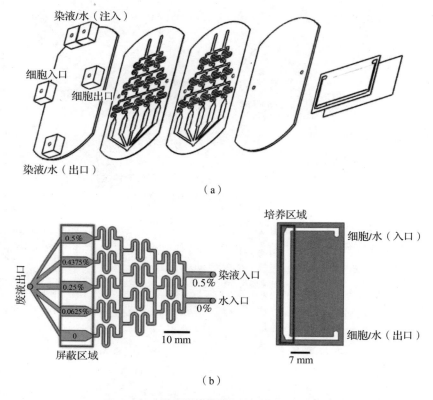

图 3 - 29　微流控芯片用于紫外辐射损伤研究

Torisawa 等人设计加工了骨芯片,成功在体外培养出了具有造血功能的骨髓细胞,细胞活性可以维持一周。他们模拟了骨辐射毒性反应,研究辐射对抗药物的保护作用。将培养 4 天后的骨髓细胞和新鲜采集的自然小鼠股骨骨髓移植到含致死性辐射剂量的小鼠体内(图 3 - 30),他们发现,在移植后 6 周和 16 周后,两个样本中所有分化血细胞系的移植和再增殖率相似,这表明在微流控装置中培养 4 天的骨髓细胞仍保持功能性和多能性。

总之,利用空间微流控细胞培养平台研究空间微重力和辐射效应,为更好地了解人类健康和疾病以及开发和测试预防和治疗疾病的新模式(如心血管疾病、免疫系统功能障碍、衰老、骨丢失和肌肉萎缩)开辟了道路。

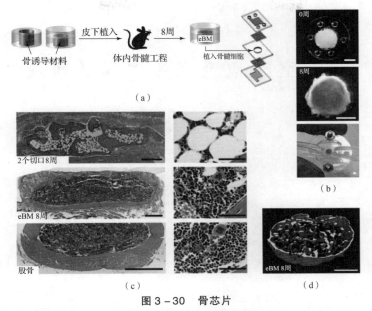

图 3-30 骨芯片

（a）骨芯片的加工流程，其中骨髓细胞在体内形成然后在骨芯片上培养；（b）PDMS 装置俯视图，其中含有骨诱导材料；（c）正常成年小鼠股骨（下）的骨髓横截面与植入 PDMS 装置 8 周后的骨髓细胞视图；（d）植入 8 周后的骨髓细胞 CT 三维重建图

第 4 章
空间微流控芯片样品前处理技术

自20世纪四五十年代人类便开始对空间生物学进行探索，不断研究宇宙环境中的生命现象及其规律。随着航天技术的发展、空间站的建立，人类在宇宙空间环境中长期活动成为可能，空间生命科学的研究从理论进入了实践阶段，人类也由此进入空间时代。空间生命科学研究人员在生物学、生理学、医学以及生物过程学领域展开研究时，因目前空间舱内特殊的试验环境——有限的物理空间、有限的能源供给、设备重力限制，而不能对珍贵的生物样本在空间环境中进行及时的处理分析，必须在返回地面后进行分析，从而丧失了获得第一手准确信息的机会。面对上述问题，科学家们将希望寄托于微流控芯片技术，期望凭借该技术高效、快速、自动、低能耗等优势，在空间环境条件下对生物样品进行实时检测分析。在生命科学研究中生物样品的前处理过程是一个重要环节，基于样品富集和提取技术，获得一定纯度和浓度的待检分子，是下游高精度、高准确度检测分析的保障。因此，在空间环境中实现样品前处理对空间生命科学研究的开展具有重要意义。

4.1 微流控芯片样品富集技术

生物样品(以下简称"样品")具有种类多、成分复杂及含量低的特点。为了实现样品的检测,一方面可以采用高灵敏的检测仪器,另一方面可以对样品进行富集浓缩,提高样品的浓度。由于前者需要对光路、检测器及激发器等多种因素进行改进,技术难度较大,所以多数研究者都采用对样品进行富集浓缩的方法,即在检测前对样品进行预处理,提高目标物的浓度或从混合物中将目标物纯化、分离出来,这样就可以大大降低对检测设备的要求。因此,实现生物样品中目标物的富集和分离是目标物后续检测的重要前提。

基于微流控芯片的样品富集和分离是一种简单、能有效提高分析灵敏度,并大大降低对后续检测器需求的技术和方法。目前,常用的微流控芯片样品富集技术主要分为四类:①基于固相萃取的富集技术;②基于多孔滤膜的富集技术;③基于电驱动的富集技术;④基于温度敏感硼酸亲和材料的富集技术。

4.1.1 基于固相萃取的富集技术

基于固相萃取的富集技术的原理是:在色谱的固定相表面接枝聚合物,利用聚合物将目标物捕获并固定在色谱柱中,然后采用相应的洗脱剂洗脱目标物,这种方法对目标物具有富集浓缩的作用。早期芯片固相萃取技术是利用具有一定特性的试剂对微通道表面进行处理,稳定性强,但是固相萃取的柱容量受限于微通道的表面积,因此目前通常在微通道内直接填塞固定相。Broyles 等构建了一个集成过滤、固相萃取和色谱分离的微流控芯片,芯片进样口设计了 7 个阵列通道用于样品过滤,样品过滤后流入已经填充 C_{18} 固定相的富集分离区,并设计线性梯度通道实现样品快速洗脱。基于上述微流控芯片的固相萃取在 50 s 内实现了多环芳香族化合物的快速收集与检测。Oleschuk 等基于微流控系统中常用的电迁移泵,在玻璃基片上构建了一个 330 pL 体积的色谱芯片。芯片腔室中放置了十八烷基硅烷键合硅胶填料(Octadecylsilyl,ODS)涂层的硅胶颗粒,通过电渗流控制腔室内的 ODS 涂层的硅胶颗粒,实现了腔室中的硅胶颗粒反复交换。该方法具有操作简单、减小死体积和提高反应效率的特点。Foote 等利用构建在临近微通道之间的多孔硅质渗透膜对 FITC 标记的蛋白质(包括胰蛋白酶抑制剂、碳酸酐酶、牛血清蛋白、半乳糖苷酶以及肌球蛋白)进行了电泳富集,该多孔硅质渗透膜可以使缓冲液离子通过而将蛋白质大分子排斥在外,芯片预富集使下游检测信号增强了近 600 倍,其结构示意如图 4 - 1 所示。

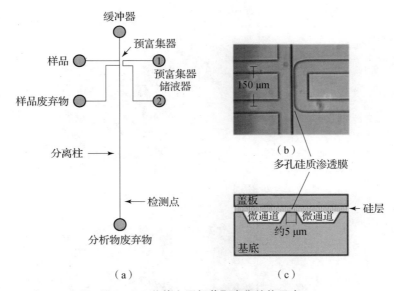

图 4 - 1 芯片上固相萃取富集结构示意

(a) 芯片设计图;(b) 芯片微通道结构示意;(c) 进样和预富集通道的横截面结构示意

4.1.2 基于多孔滤膜的富集技术

基于多孔滤膜的富集技术对待富集的样品分子大小具有选择性,它有别于其他富集技术的一点是其富集作用只针对某一类特定尺寸的样品分子。Kirby

等报道了一种在芯片上利用激光技术加工而成的用于蛋白质富集的纳米多孔滤膜,其结构如图4-2所示。他们利用波长为355 nm的激光束对含有聚合物单体的溶液进行光催化,使芯片通道内特定部位形成一层聚合物薄膜,该薄膜通过共价键与丙烯酸酯功能化的硅通道表面连接固定。通过调节狭缝及切换不同的光学滤镜,可以改变聚合物薄膜的位置及覆盖区域。最后形成的两性离子膜大约为50 μm厚。在施加电场之后,带电荷的蛋白质样品在电泳过程中逐渐富集在薄膜区域,其原理是缓冲液离子可以轻易通过薄膜,而分子量大于薄膜截止分子量(>5 700)的蛋白质分子则被薄膜阻挡从而得以富集。该薄膜可以反复使用,且对系统总电阻没有影响。结果表明蛋白质样品的局部浓度和空间整体平均浓度分别获得了4个数量级和2个数量级的富集效果,且富集倍数仅受蛋白质溶解度的限制。Wu等报道了一种快速高效的蛋白质富集芯片,该芯片以PDMS为制作材质,在两层PDMS之间整合了一层孔径为10 nm的PC纳米多孔滤膜,用于蛋白质的芯片富集试验。利用电动富集作为驱动力,他们成功实现了FITC标记的人血清蛋白的芯片快速预富集,在200 s内即可达到$10^5 \sim 10^6$倍的富集效果,对于极低浓度的样品(0.3 pM)亦能获得类似效果。

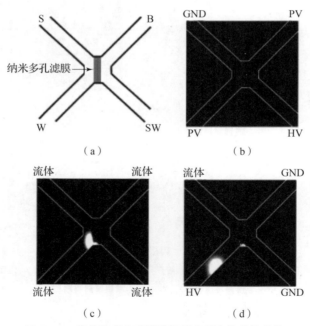

图4-2 基于纳米多孔滤膜的蛋白质富集芯片结构

4.1.3 基于电驱动的富集技术

基于电驱动的富集技术指带电粒子在电场作用下在介质中定向迁移,其基本原理是缓冲液在空间内的不均一性导致了电场分布的不均匀,最终在电场作用下快速、高效地完成复杂样品的富集与分离。目前已有一些预富集模式成功应用在微流控芯片上,如等速电泳(isotachophoresis,ITP)以及电动俘获(electrokinetictrapping)等。

等速电泳下,样品被先导电解质和尾随电解质以"三明治"的形式夹在中间。先导电解质具有比其他组分更高的电泳迁移率,类似的后继电解质具有比其他组分更低的电泳迁移率。在施加电场使电泳进行一段时间后,即可达到一种平衡态,各组分区带内电场的自调节作用使各组分区带具有相同的迁移率,不同组分区带之间呈现稳定且清晰的界面。Hirokawa 等构建了基于电动增压(瞬时等速电泳的电动进样)技术的芯片凝胶电泳,在一个单通道芯片上对磷酸化酶 b、碳酸酐酶、胰蛋白酶抑制剂以及白蛋白、卵清蛋白、乳清蛋白进行了分析。利用紫外检测器,这些蛋白质样品的平均检测限约为 $0.27~\mu g/mL$,相对于没有整合预富集单元的传统芯片凝胶电泳提高了 30 倍。Lin 等研制了一种微流控芯片,将等速电泳预富集整合入凝胶电泳分离过程,以提高系统对蛋白质样品的检测灵敏度。他们将进样通道延长以增加进样量,并采用不连续的等速电泳缓冲液将样品堆积富集在一个狭窄的区域内,以碳酸酐酶、卵清蛋白、牛血清蛋白以及伴清蛋白混合物为样品,在不损失分离度的情况下,将系统检测灵敏度提高了 40 倍。

电动俘获可用于任何带电荷的生物分子,一般而言,该技术需要利用纳米多孔离子选择性透过膜。Wang 等研发了一种基于纳流过滤装置的电动俘获芯片,其结构如图 4-3 所示。该芯片的两条微通道间有一条狭窄的纳流通道连接,这种纳流通道的高度一般在 50 nm 以下。纳流通道内的电场用于形成离子耗尽区域以及扩大用于俘获生物分子的电荷层;而微通道内阳极端的切向电场用于产生电渗流驱动样品分子从蓄液池进入俘获区域。电渗流的显著特性之一是其流速为电场的非线性函数,因此在微通道内可以产生比一般情况下(即由表面 Debye 层的电荷所产生)强得多的电渗流速度。该系统可长时间实现对蛋白质样品的俘获和收集、过滤,对牛血清蛋白和绿色荧光蛋白样品的富集因子高达 $10^6 \sim 10^8$ 倍。

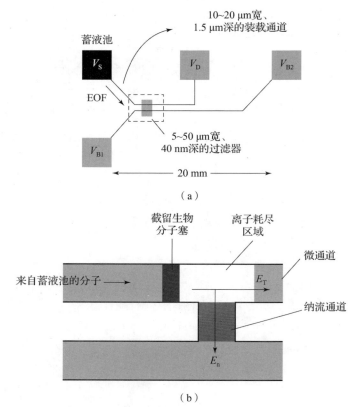

图 4-3 基于纳流过滤装置的电动俘获芯片
（a）基于纳流过滤装置的电动俘获芯片功能设计；
（b）基于纳流过滤装置的电动俘获芯片功能实现原理示意

4.1.4 基于温度敏感硼酸亲和材料的富集技术

聚 N-异丙基丙烯酰胺（Poly（N-isopropylacrylamide），PNIPAAm）是一种典型的热响应型聚合物，其在临界温度（≈32 ℃）附近时具有可逆、快速的亲水-疏水相转变的性质。当温度低于临界温度时，聚合物中的氨基酸基团与水分子形成氢键，此时聚合物呈现亲水性；当温度高于临界温度时，氢键不稳定，聚合物呈疏水性。PNIPAAm 的亲水-疏水相转变体现为聚合物链的伸展和卷曲，将 PNIPAAm 修饰的硅胶颗粒转载至色谱柱中，改变色谱柱温度可以改变 PNIPAAm 的亲水-疏水性能从而实现样品的富集和分离，因此 PNIPAAm 可以作为一种新型材料应用于样品富集。

Tanaka 等在 1981 年首次报道了 PNIPAAm 的亲水-疏水性能，随后 PNIPAAm 的这种性能被许多研究人员应用在新的领域中。Li 等利用 PNIPAAm

的热响应特点，将PNIPAAm作为温度驱动阀与微流控芯片结合，通过对温度的控制对芯片内的流体进行控制，实现样品的自动化、一体化进样与浓缩分离，具有十分重要的应用潜力。Ebara等使用紫外诱导的接枝共聚合反应，将PNIPAAm接枝在PDMS芯片的表面，通过调整温度实现PNIPAAm涂层微珠的捕获和释放，该系统可用于特定目标物的分离，分离后的产物可适配下游的免疫检测。

将苯硼酸（PBA）与NIPAAm结合形成共聚物P（NIPAAM–PBA），该共聚物不仅可以识别含顺式二羟基官能团的分子，还能通过调整温度改变结构，目前P（NIPAAM–PBA）接枝在固定基质中已经成功应用于生物医学领域。Wang等人构建了一个P（NIPAAM–PBA）响应型微凝胶结构，将该微凝胶结构作为捕获载体，可以快速完成样本中葡萄糖分子的浓缩与检测。将P（NIPAAm–PBA）与微流控芯片结合，利用P（NIPAAm–PBA）的温度响应与对特定分子特异捕获的特点，可以实现样品分析自动化、一体化。Man等开发了一种在PDMS芯片上接枝P（NIPAAm–PBA）的方法，通过UV诱导在芯片中接枝P（NIPAAm–co–AAPBA），得到了一种温度敏感硼酸亲和的微流控芯片反应平台，成功用于含顺式二羟基的生物分子腺苷的捕获和释放。该团队同时开发了将P（NIPAAm–PBA）接枝在玻璃微流控芯片上的方法，即利用表面引发原子自由基聚合反应，制备了一种温度敏感硼酸亲和的玻璃微流控芯片。通过将温度从4 ℃调节到55 ℃，成功实现从腺苷和脱氧腺苷的混合物中快速、特异地捕获和释放腺苷，该微流控芯片反应平台具备应用于其他含有顺式二羟基结构的生物分子（如糖蛋白、碳水化合物、糖基化肽段、核酸等）富集的潜力。

4.2 微流控芯片样本提取技术

样本前处理的目的是为下游提供高纯度与高浓度的靶标分子。样本经过富集浓缩后，靶标分子浓度大大提高。为了进一步获得高纯度靶标，需要结合样本提取技术，从浓缩的复杂体系中分离纯化靶标分子。本节围绕核酸与蛋白质两类常见的靶标分子，介绍相关的微流控芯片样本提取技术。

4.2.1 基于微流控芯片的核酸提取

核酸提取是分子诊断和核酸检测研究应用的"第一步"，决定了下游核酸检测的准确性和灵敏度。为了从样品中提取核酸，首先进行细胞裂解以释放细胞内的裂解物，然后进行提取和纯化。核酸的提取通常指从含有蛋白质、多糖、脂肪等生物大分子的复杂体系中分离核酸。核酸分子一级结构的完整性、核酸分子纯度、样品溶解率与核酸吸附效率皆可以作为评估核酸提取效率的指标。

核酸提取方法主要分为液相萃取与固相萃取两大类。液相萃取依赖核酸样本在两种液相中理化性质的改变，配合设备与仪器的使用进行核酸的分离与纯化，其通用步骤主要包括：①通过物理或化学方法进行细胞裂解，如离心、超声、研磨、加热或添加裂解液；②去除核蛋白复合物和其他大分子，如膜脂和多糖等；③使用乙醇或异丙醇等回收核酸样本，方法主要有碱性萃取法、十六烷基三甲基溴化铵（CTAB）提取法、苯酚-氯仿-异戊醇的有机萃取法与氯化铯（CsCl）梯度离心法等。以上方法中样本与试剂消耗过多，需要专业人员操作以及相关仪器设备的支持。针对不同种类的核酸，该方法的提取效率不同，部分溶解试剂本身对核酸具有解离作用并且污染环境，不利于后续核酸的进一步扩增检测。

随着分子生物学与高分子材料技术的发展，以液相萃取相关研究为基础的固相萃取技术得到了广泛应用。与液相萃取不同的是，固相萃取基于混合体系内分子间亲和力与物理和化学性质，利用固定相提取流动相内的核酸分子，最终在洗脱液的作用下获得目标核酸。常见的核酸固相萃取的方法主要有二氧化硅萃取法、离子交换法与磁珠分离法等。二氧化硅萃取法利用二氧化硅作为吸附剂，在高离子强度的盐溶液中吸附核酸分子以达到分离的目的，该方法简便且快速，但可能对下游应用产生内毒素污染。离子交换法基于离子交换色谱原理从溶液中提取和纯化高分子量核酸，该方法提取样本纯度高且不会对下游造成污染，但不适用于低分子量核酸的提取。磁珠分离法相比于以上两种方法更加快速、有效与简单，该方法通过利用磁性材料制作的固体吸附核酸以达到分离效果，如氧化锆磁珠和二氧化硅磁珠。磁珠具有比表面积大、生物相容性好、表面固定能力强等优点，对核酸特定结构亲和力强，可以更加有效地提取和纯化核酸。磁珠分离法需要使用自动化的专用设备，最终洗脱中存在的化学试剂可能对下游应用造成影响。

已有的核酸提取方法依赖诊断技术、分子生物学与材料学等领域的发展，需要专业的人员、设备与场地的支持，不符合当前阶段的生物医学检测现状提出的要求。但是，研究人员在方法学改进过程中，为当前结合微流控系统实现高通量、高精度、自动化的核酸提取技术提供了更多的选择，在此基础上研制出基于微流控系统的核酸提取体系。

1. 基于磁珠分离法的微流控核酸提取

磁珠的基本结构以 Fe_3O_4 为核，外部修饰活性基团。磁珠在磁铁的作用下得到固定，并通过活性基团吸附体系中的核酸达到分离的效果。通过调节反应体系的 pH 与盐浓度可以影响磁珠与核酸的结合。磁珠本身体积较小、制作成本低、表面化学性质易加工、结合效率高，因此基于磁珠的核酸标志物分离分析可应用于即时检验中。磁珠在微流控芯片中应用的方法主要有三种。

（1）利用磁铁在特定区域固定磁珠，通过流体的运动使核酸与磁珠结合，去除磁场，将磁珠混合到新的溶液中，并重复这个分离过程直到达到下游应用要求。Zhu 等在微流控芯片腔室中预置混有软磁铁的铁粉，通过外部施加磁场控制芯片内软磁铁的分布，在腔室中搭建了基于磁珠的分子捕获平台，如图 4-4 所示，该系统可应用于一定流速流体中的核酸提取。

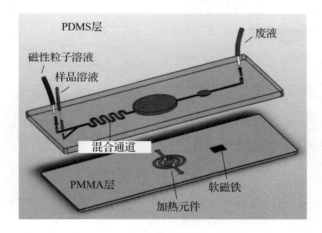

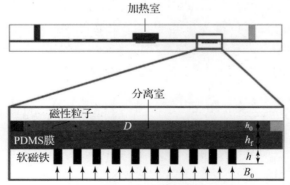

图 4-4　基于磁珠的微流控生物分离芯片结构

（2）保持芯片内液体处于静止状态，磁珠在芯片腔室运动的同时，与目标核酸分子结合，完成提取过程。该方法的优点是减少了人工操作步骤，消除了对芯片液体流动控制的要求，并允许简单的自动化操作。然而，这种方法的挑战在于如何最大限度地控制磁珠，以便在芯片内溶液之间的流体界面上有效地传递磁珠，同时最大限度地减少磁珠的损耗。

（3）在芯片内部设计特殊的芯片预置区域，通过磁场的作用将磁珠固定在该区域壁上，同时结合高鲁棒性的磁珠捕获和保留方法，实现目标核酸分子的捕获。该方法可在一定范围内提高核酸提取效率，但对外部提供磁场具有一定的要求。Pearlman 等开发了一种简单、低成本的核酸提取方法，适用于样品中核酸的分离和浓缩。该方法使用磁珠、移液管、钢棉和外部磁铁实现高梯度磁分离（HGMS），如图 4-5 所示，将核酸-磁珠复合物保留在设备的钢棉基体中，用于后续的核酸样品捕捉。

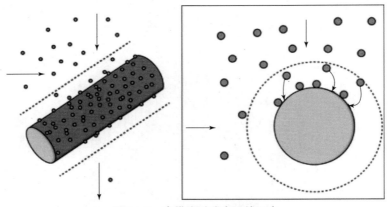

图 4-5　高梯度磁分离系统示意

除了磁珠的应用方法外，磁珠表面的磁力、外部磁场梯度的强度以及磁珠与核酸结合能力对磁珠的提取效率也有一定的影响。Shi 等提出了一种用于 RNA 纯化的全 RNA 提取液滴阵列系统，并使用磁铁控制液滴之间磁珠的运动，如图 4-6 所示。此方法可以在不到 5 min 的时间内从低细胞浓度的培养基中提取总 RNA。

表面张力是微流控芯片中磁珠应用的一个重要参数，Mosley 等人利用表面张力这一性质对试剂进行分离，并利用外部磁场控制磁珠的移动，从而在粪便样本中提取 DNA。研究中使用具有较好生物相容性的矿物油来分离不同的组分，并选择合适的裂解缓冲液（5 M 盐酸胍）来优化磁珠的用量，以有效地提取核酸。

第4章 空间微流控芯片样品前处理技术

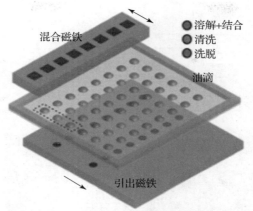

图4-6 全RNA提取液滴阵列系统示意（附彩插）

利用磁珠分离法的基本原理与微流控平台集成可实现高效的核酸提取，并在自动提取中具有一定的发展前景，目前最大的难题是对磁珠的精确控制，需要复杂的控制系统才能实现自动化提取，目前已有的商用化提取仪体积较大、成本较高，限制了其在即时检验领域中的应用。

2. 基于二氧化硅基的微流控核酸提取

二氧化硅具有稳定性好、生物相容性好以及易改性等优点，是一种重要的样品预处理和富集材料，其在基于固相萃取的核酸提取中得到了广泛的应用。基于二氧化硅基的核酸提取的基本原理为把核酸分子与在高盐浓度下修饰在微流控芯片上的二氧化硅基材料结合，随后核酸通过稀释的乙醇或异丙醇进行洗脱，完成核酸提取。Christel 等证明二氧化硅基微流控芯片可以用于 DNA 提取。Petralia 等利用微流控芯片上固定的阵列二氧化硅涂层柱（硅柱）实现 DNA 的提取，并发现洗脱效率依赖硅柱的几何尺寸，效率随着表面积/体积比的增加而增加的结论，如图 4-7（a）所示。Park 等开发了一个离心驱动的盘式微流控系统，其芯片结构如图 4-7（b）所示。该系统利用具有一定深度的内部腔室将反应液存储在芯片中，通过对微流控系统的精确设计和转速控制，保证每一步的顺利进行。基于这种方法，他们将 DNA 提取和扩增步骤集成到盘式芯片中，在 80 min 内完成病原体核酸的提取与分析，检测限为 50 个菌落形成单位（CFU）。

微流控芯片与基于二氧化硅基的固相萃取技术整合，不仅降低了核酸分析的复杂度、缩短了所需时间，而且促进了分析仪器向集成化和小型化方向发展。但是，在基于该方法提取核酸的过程中会产生较多废液，必须在微流控芯片上设计合适的废液存储区，以防止或减少污染。此外，基于该方法的核酸提取需要相对复杂的设备。

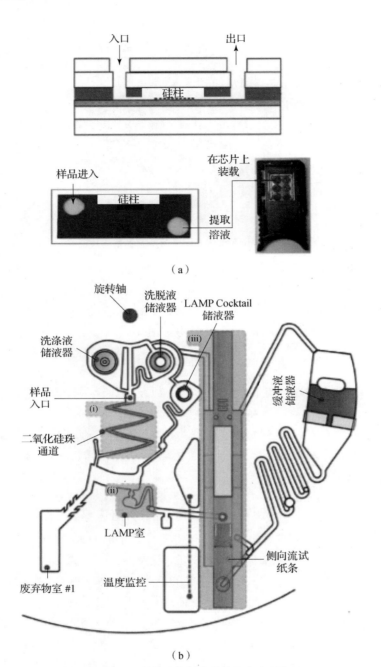

图 4-7 两种硅柱型核酸提取方法示意

(a) 利用微流控芯片上固定的阵列二氧化硅涂层柱（硅柱）实现 DNA 提取的原理；(b) 离心驱动的盘式微流控系统芯片结构

3. 基于纸基微流控芯片的核酸提取

纸基微流控芯片具有生物相容性好、比表面积大、吸附性好等优点，是一种低成本的核酸提取平台。目前商用滤纸 FTATM 或 Fusion 5 已经被证实可用于核酸的过滤分离和提取，滤纸的孔隙影响核酸的结合和后续核酸扩增的效率和稳定性等，因此孔隙是纸基芯片选择的一个关键因素。

基于纸基微流控芯片提取核酸的常用方法之一是在储液模块中使用裂解缓冲液和提取缓冲液。Liu 等提出了一种利用壳聚糖修饰的融合滤纸进行 DNA 提取的方法，该方法利用了 DNA 与纸纤维的缠结以及 DNA 在壳聚糖聚合物上的静电吸附原理进行核酸提取，可以在 30 s 内以非常低的成本从植物、动物和微生物中快速提取和纯化核酸。Chen 等开发了一种结构简单、成本低、高集成的基因突变检测纸芯片，将 DNA 提取、纯化、扩增和检测整合到同一芯片上，同时结合侧向流层析技术（试纸条），在 90 min 内成功完成肺腺癌细胞表皮生长因子受体基因突变的检测，反应原理如图 4-8 所示。基于纸基的核酸提取通常在开放的环境中进行，易受污染，因此，将该方法与微流控芯片技术结合可以避免上述情况，并拓宽基于纸基的核酸提取方法的应用范围。

4. 基于其他方法的微流控核酸提取

基于表面张力辅助的不混溶相过滤法（IFAST）的核酸提取最初由 K. Sur 等提出。IFAST 利用界面张力的特点，与传统磁珠分离法相比，IFAST 降低了试剂使用的成本，简化了核酸提取步骤，缩短了所需的提取时间。Hu 等开发了一种基于 IFAST 和数字等温检测相结合的快速核酸提取检测芯片，实现了 60 min 内高灵敏度即时检验，如图 4-9 所示。同时，基于界面理论，他们研究了影响快速核酸提取过程界面稳定性的因素，优化了快速核酸提取条件，将核酸提取回收率提高到 75%。

对现有材料进行适当的加工和改性后，可以使相关材料具有应用于核酸提取系统的潜力。Yin 等提出了一种基于聚四氟乙烯（PTFE）的核酸提取系统，该系统能够实现微样本的全封闭式提取，并能够与数字 PCR 芯片完美结合。该系统采用内径为 1 mm 的 PTFE 管进行试剂加载，利用超顺磁颗粒（PMP）提取核酸分子，在 5 min 内完成细胞和血液样本的核酸提取。Fu 等在毛细管内壁修饰带正电的季铵盐基团的聚二烯丙基二甲基氯化铵（PDDA），使其能够吸附带负电的核酸，实现核酸提取。

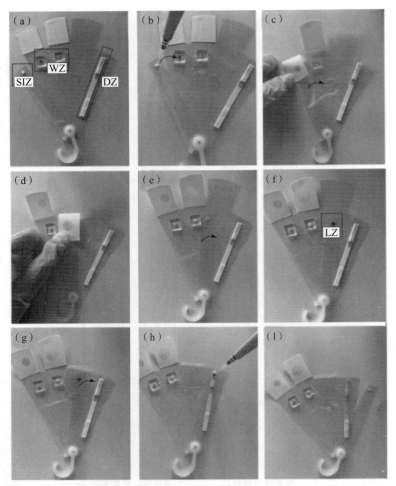

图 4-8 应用于肺腺癌细胞表皮生长因子受体基因突变检测芯片的反应原理

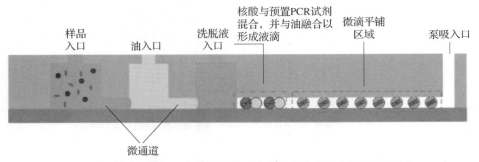

图 4-9 基于 IFAST 和数字等温检测相结合的快速核酸提取检测芯片

上述利用微流控系统提取核酸的方法具有不同的优势，它们的提取效率、经济性、安全性和简单性需要进一步优化，以获得更广泛的应用前景。其中需要改进的关键过程是实现核酸提取与下游反应的整合，进而实现一体化的核酸扩增分析系统，在生物医学检测领域发挥重大作用。

4.2.2 基于微流控芯片的蛋白质分离

电泳技术是基于微流控芯片的蛋白质分离的核心技术。当前，芯片电泳分离蛋白质主要采用毛细管区带电泳、毛细管凝胶电泳、等电聚焦、胶束电动毛细管电泳、二维电泳及自由流电泳。

1. 芯片毛细管区带电泳分离蛋白质

芯片毛细管区带电泳是芯片毛细管电泳分离蛋白质的一种最基本的模式。其基本原理是通过蛋白质分子在电场中迁移速率的不同实现样品分离。Colyer 等利用芯片毛细管区带电泳实现了对 IgG、转铁蛋白、α-1-抗胰蛋白酶和白蛋白混合样品的分离。Xiao 等采用芯片毛细管区带电泳，以 50 mM 的磷酸盐缓冲液（pH = 2.15），在微通道宽度为 30 μm 的 PDMS 芯片中实现了溶菌酶和细胞色素 C 的分离。当前毛细管电泳研究的热点是将其与质谱技术联用，以提升系统对复杂样品的分离分析能力。例如，Dodge 等采用芯片毛细管区带电泳对牛血清白蛋白和肌红蛋白进行分离，并将分离后的组分通过阀门分别引入酶解器，对产物进行质谱分析。

2. 芯片毛细管凝胶电泳分离蛋白质

在蛋白质分离研究中，毛细管凝胶电泳是广泛使用的分离技术。它是以不同分子体积的蛋白质通过凝胶介质能力的不同进行分离。一般来说，芯片毛细管凝胶电泳的分离效率要高于同质的普通凝胶电泳。芯片毛细管凝胶电泳中的筛分介质主要包括凝胶筛分介质和非胶筛分介质两种。

聚丙烯酰胺凝胶是广泛使用的一种凝胶筛分介质。Herr 等采用光聚合的方法在芯片微通道内制备浓度为 6% 的凝胶，在 30 s 的时间内对相对分子质量为 6 500~39 000 的 5 种蛋白质进行分离。该研究组后期又在微通道内制备了浓度为 8% 的凝胶介质，实现了更高分子量区间的蛋白质分离。这也是 SDS -聚丙烯酰胺凝胶电泳（SDS - PAGE）分离方法在芯片中的首次应用。

凝胶制备过程相对复杂，使用起来也不是十分方便。因此，无须聚合的非胶筛分介质［如聚丙烯胺（PLA）、PEG、聚氧化乙烯（PEO）等］在芯片毛细管凝胶电泳中的应用更为广泛。Yao 等采用 SDS 14 - 200 凝胶缓冲液

(Beckman Coulter)在玻璃芯片上于 35 s 内分离了相对分子质量为 9 000~116 000 的 6 种蛋白质。Giordano 等将 NanoOrange 染料加入样品和缓冲液进行蛋白质的动态标记,并对分离缓冲液体系进行了优化,最终选择 5% 的 PEO 作为筛分介质。该系统对牛血清白蛋白的检出限为 500 ng/mL,并完成了对实际人血清样品的分离分析。

3. 芯片等电聚焦分离蛋白质

芯片等电聚焦分离蛋白质的原理与常规毛细管等电聚焦基本相同,都是根据蛋白质的等电点不同进行分离。Hofmann 等首次将毛细管等电聚焦技术移植于玻璃芯片,并应用于蛋白质分离分析研究。Li 等采用等电聚焦模式在 PDMS 芯片和 PC 芯片上成功分离出增强型绿色荧光蛋白(EGFP)和牛血清白蛋白。Das 等采用等电聚焦电泳模式,优化了分离长度及电压条件,最终使用 500 V 的分离电压,在高聚物芯片长 1.9 cm 的微通道内于 15 min 内分离了绿色荧光蛋白和 R 藻红蛋白。Cui 等采用等电聚焦分离模式在 PDMS 芯片上成功分离了重组绿色荧光蛋白、藻红蛋白和异藻青蛋白,同时发现可以通过在样品和分离介质中添加不同浓度的甲基纤维素,改变实现蛋白质分离所需要的微通道距离。Kohlheyer 等利用毛细管区带电泳实现等电点标准物的分离,并对分离条件进行优化,通过鞘流的方式添加预分离两性电解质缓冲液,缩短了电流与聚焦时间,实现 7 种等电点标志物的快速聚焦和分离,并在 pH 为 3~10 范围内实现人血清白蛋白与等电点标准物的分离,结果如图 4-10 所示。

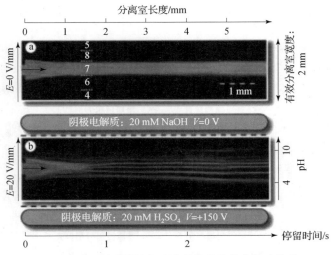

图 4-10　7 种等电点标志物的快速聚焦和分离结果

4. 芯片胶束电动毛细管电泳分离蛋白质

芯片胶束电动毛细管电泳是将毛细管区带电泳与胶束增溶色谱结合，在装有胶束溶液的微通道内，溶质组分在电场力的作用下根据其在胶束相和水相之间的分配不同而产生分离。Jin 等采用胶束电动毛细管电泳的分离模式，在玻璃芯片上采用 Bio-Rad 公司的 CE-SDS 缓冲液作为分离介质，成功实现了相对分子质量为 14 400~200 000 的 8 种蛋白质的分离。Dou 等采用胶束电动毛细管电泳的分离模式，在芯片上实现了肌红蛋白和葡萄糖氧化酶的有效分离，该芯片在 pH 2~6 范围内可显著减少蛋白质大分子的吸附，缩短蛋白质在检测过程中所耗费的冲洗时间，从而提高蛋白质的分离效率。Huang 等采用 0.1% 十二烷基麦芽糖（DDM）和 0.03% SDS 作为混合胶束，对 PDMS 芯片微通道进行动态修饰，有效地避免了蛋白质的吸附，控制了芯片中电渗流的影响，实现了蛋白质在非变性条件下的有效分离。

5. 芯片二维电泳分离蛋白质

高速高效的芯片二维电泳技术的发展得益于芯片毛细管区带电泳的成功应用。传统的芯片一维电泳分离方法通常无法满足分离多组分复杂蛋白质样品的需要，芯片二维电泳分离技术则可以有效提高分离效率，增加峰容量。与传统毛细管区带电泳系统相比，芯片二维电泳分离方法可以通过对芯片微通道结构的设计，实现微通道的直接交叉或连通，从而避免了毛细管电泳设计复杂和因接口处存在死体积而造成的谱带扩展现象。

芯片二维电泳分离系统广泛应用于蛋白质的分离分析，通常第一维分离模式采用等电聚焦模式。Whitesides 等是最先开展芯片毛细管电泳研究的团队之一。他们基于 PDMS 开发了多种片上毛细管电泳技术，设计了一款基于等电聚焦和毛细管凝胶电泳的芯片二维电泳分离技术（其原理如图 4-11 所示），成功实现了荧光素标记的牛血清白蛋白（BSA）和得克萨斯红（TexasRed）标记的卵清蛋白的有效分离。

Chen 等制作的二维电泳 PDMS 芯片在第一维采用等电聚焦模式，在第二维采用毛细管凝胶电泳模式，可实现对荧光标记的牛血清白蛋白和碳酸酐酶以及德科萨斯红标记的卵清蛋白的分离分析。Li 等设计的二维分离高聚物芯片采用等电聚焦和毛细管凝胶电泳联用的模式，具有多个并行微通道，蛋白质样品在完成第一维的等电聚焦分离后，接着完成第二维的毛细管凝胶电泳分离，该芯片对蛋白质样品的整体分离过程短于 10 min，峰容量可达到 1 700。

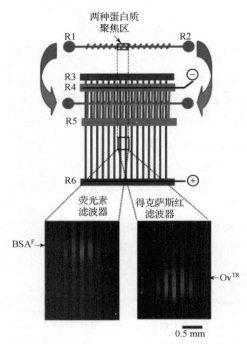

图4-11 基于等电聚焦和毛细管凝胶电泳的芯片二维电泳分离技术（附彩插）

此外，芯片二维电泳分离系统还可以应用于蛋白质酶解产物的分离分析，通常第一维分离采用毛细管电色谱或胶束电动毛细管电泳模式，第二维分离采用毛细管区带电泳模式。Ramsey等于2000年首次建立了结合胶束电动毛细管电泳（第一维）与毛细管区带电泳（第二维）的芯片二维电泳分离系统，应用于核糖核酸酶、细胞色素C、α-乳白蛋白等的胰蛋白酶降解产物的分离，并通过加长第一维电泳通道的长度，采用细径转角通道来降低扩散的方法对系统进行改进，在15 min内实现了对牛血清白蛋白酶解产物的分离，峰容量达到4 200；随后于2001年研制了结合开管电色谱和毛细管区带电泳技术的芯片二维电泳分离系统，其电色谱分离部分采用长25 cm的具有十八烷基三甲氧基硅烷涂层的环状通道，毛细管区带电泳部分则采用长1.2 cm的直形通道，可在13 min内分离酪蛋白的胰蛋白酶解产物。

芯片二维电泳分离系统相对于芯片一维电泳分离系统具有更高的分离效率和峰容量，在复杂蛋白质样品的分离上产生更广泛的应用。

6. 芯片自由流电泳分离蛋白质

芯片自由流电泳技术（free flow electrophoresis，FFE）是在20世纪60年代被提出的一种半制备型分离技术，具有分离条件温和、分离模式多样、可连续分离以及无固体支持介质等特点，在生物和化学领域被广泛用于分析和制备细胞、蛋白质、无机物和有机物等。因为该技术在生命科学中的应用优势，我国也自行研发了小型化无人操作的自由流电泳设备，并在"神舟四号"飞船上进行了探索性试验，希望通过对该技术的研究为空间生命科学搭建一个分离制备的平台，提出对自由流电泳技术在微流控芯片上实现的要求，并使其满足在空间生命科学研究中的应用需求。

芯片自由流电泳是指在芯片中通过外加电场使样品在随缓冲液连续流动的同时沿电场方向进行电迁移，从而按照电泳淌度的不同实现分离的电泳分离模式，它同样被广泛应用于蛋白质分离中。Raymond 等采用芯片自由流电泳模式实现了缓激肽、人血清蛋白和核糖核酸酶 A 的分离，分离长度为 3.1 cm，流出时间为 62 s。Kobayashi 等采用芯片自由流电泳模式，设计了一个体积为 56.5 mm×35 mm×30 mm 的微分离室（60 μL），并用羟丙基甲基纤维素涂覆来抑制蛋白质吸附，在 25 min 内有效实现了细胞色素 C 和肌红蛋白的分离，其原理如图 4－12 所示。

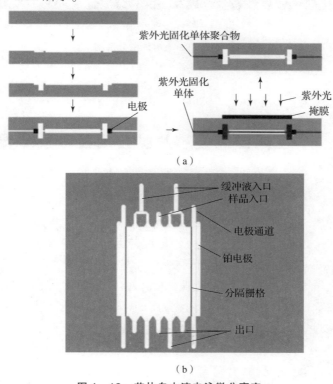

图 4－12　芯片自由流电泳微分离室
（a）芯片加工流程；（b）芯片结构

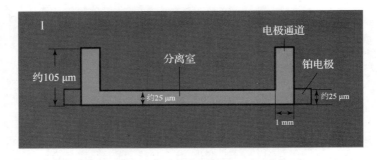

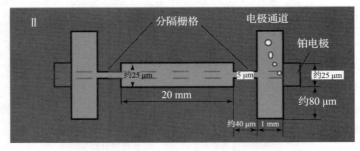

（c）

图 4-12　芯片自由流电泳微分离室（续）

（c）芯片横切面结构

4.3　空间微流控芯片类分离技术及装置

对于空间环境中的生物样品处理，特别针对细胞样品的在线处理及细胞内物质的分离提取方面，目前国内外还没有一套系统的、完整的装置能够独立承担并系统完成。生物样品对整个生命科学研究工作极其重要，但生物样品难以往返于地球与太空间之间进行分析研究，这决定了空间生物在轨分析的必要性，同时对仪器开发的自动化、集成化提出了更高的要求。针对这一研究需求，发展集细胞在线预处理、细胞内物质自动化分离提取于一体的空间生物样品处理仪器成为当务之急。

邓玉林教授课题组研制了一种能应用于空间生物样品处理的装置，该装置通过细胞的在线清洗、裂解，完成细胞内容物的释放，并通过膜分离技术、自由流电泳芯片技术和温度敏感硼酸亲和色谱技术分别对蛋白、DNA、RNA 等分子进行分离收集。具体流程为：将空间培养的细胞在线裂解，采用样品捕集柱将目标物从复杂的样品中分离出来；通过膜分离技术将生物大分子与小分子物质分离；通过自由流电泳芯片装置和电浓缩技术将核酸与蛋白质分离；基于以温度敏感硼酸亲和材料为固定相的固液萃取技术，使 DNA 和 RNA 得到分离，并分别对目标蛋白和核酸进行衍生化，使之具有荧光特性，完全实现无人干预的自动化控制。

4.3.1 空间生物样品处理装置设计原理与功能

该装置应用新技术、新方法，在仪器设备小型化、自动化、集成化、低功耗和多功能方面进行创新性研究，同时针对空间特殊环境对试验仪器提出的各种环境适应性要求，在概念、原理和技术上进行空间科学仪器设备创新。在该装置的设计中，为了不受空间环境（如微重力）的影响，液体供给靠微泵提供的压力进行传导，样品处理过程也不涉及重力因素，因此，该装置在原理上能够满足空间环境的适应性要求。

在功能实现上，该装置采用一定的细胞预处理方法，将上游培养的细胞引入细胞处理池进行在线清洗、裂解、除杂，有效释放出待提取的裂解产物；通过超滤分离模块将生物大分子与小分子物质分离；通过自由流电泳芯片模块将核酸与蛋白质分离；通过以硼酸材料为固定相的温度敏感色谱柱分离 DNA 与 RNA，实现中间过程无人干预的自动化控制。空间生物样品处理装置总体设计如图 4-13 所示。

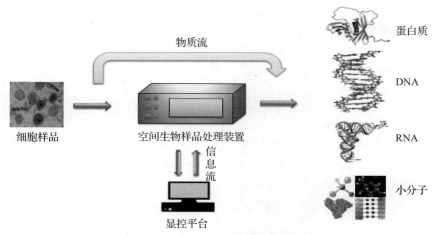

图 4-13　空间生物样品处理装置总体设计

空间生物样品处理装置可分为三个主体系统，分别是硬件系统、软件系统和关键技术系统。硬件系统主要是指各模块及其零部件装置，包括机箱箱体、内部搭建设备、管路、接口等，是整个装置的"躯干"。软件系统主要是指通信控制系统，用于控制数据处理信息与信息流通信等，是整个装置的"大脑"。关键技术系统则是技术原理部分的内容，是整个装置的"心脏"，也是保障装置各种功能实现的基础与前提。

空间生物样品处理装置系统可以分为五大模块，如图 4-14 所示，分别是细胞预处理模块、生物大分子与小分子分离模块（膜分离模块）、蛋白质与核酸分离模块（芯片模块）、DNA 与 RNA 分离模块（硼基柱模块）、电路通信控制模块。其中，前四个模块属于物质流单元，电路通信控制模块属于信息流单元。物质流单元根据各模块的原理进行关键技术研究；信息流单元则根据系统集成提供的通信协议，以总线的方式连接各模块，传输系统的控制命令到各模块，并返回各模块的运行状态到系统总控。

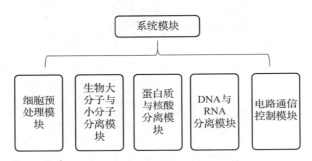

图 4-14 空间生物样品处理装置系统五大模块

4.3.2 模块单元设计

1. 细胞预处理模块

细胞预处理模块的任务是将上游提供的细胞样品在细胞处理池中完成清洗、裂解、除杂。细胞的清洗是对细胞表面的培养液等进行清除；裂解是选择一定的条件和方式将细胞内的物质进行有效释放；除杂过程主要是对裂解产物中的一些细胞碎片进行过滤去除。细胞预处理完成后，将溶解有细胞内容物（细胞内全蛋白、核酸和小分子）的液体体系一起通过液泵输送至下一级模块，即生物大分子与小分子分离模块。

细胞预处理模块的硬件主要由细胞处理池、除杂池及其固定件组成。其中，细胞处理池是细胞预处理模块的核心，主要的处理过程在细胞处理池内完成。其中，液体流路的供给、转换、裂解方式的调控均由微型液体泵和电磁阀协同完成。细胞预处理模块的过程设计如图 4-15 所示，具体步骤如下。

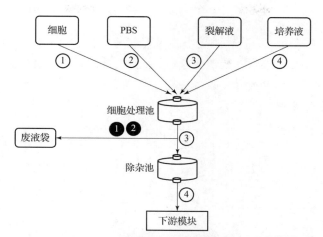

图 4-15 细胞预处理模块的过程设计

（1）细胞进样：细胞连同培养液一起泵入细胞处理池后，细胞样品被微滤膜截留，培养液透过微滤膜泵入废液袋。

（2）细胞清洗：利用微型液体泵和电磁阀进行流路的切换，使清洗液接入细胞处理池，对细胞样品进行反复清洗，清洗液则通过微滤膜进入废液袋。

（3）细胞裂解：清洗结束后，切换流路将裂解液泵入细胞处理池，这一步是细胞预处理的核心与关键，裂解效率的高低直接影响后续操作的实现。为了提高细胞裂解效率，提前对裂解体系进行了考察与优化，根据优化结果对裂解过程进行设计。利用微型液体泵运转方向的改变实现液体流向的改变，从而在细胞处理池内微滤膜表面产生振动体系。此设计不仅增加了细胞与裂解液的充分接触，同时提高了细胞内容物的溶解，防止膜孔径堵塞。

（4）细胞碎片的除杂：裂解完成后，切换流路选择溶解缓冲液进入细胞处理池，将裂解产物进行溶解并输送至除杂池，通过除杂池内的微滤膜除去细胞碎片等颗粒杂质。此时，胞内释放物中的生物大分子与小分子溶解在缓冲液中随滤液进入下游的生物大分子与小分子分离模块。

2. 生物大分子与小分子分离模块

生物大分子与小分子分离模块的功能是将细胞裂解产物通过超滤膜进行生物大分子与小分子的分离与收集。超滤膜能有效拦截一定分子量的大分子物质，如蛋白质与核酸，从而将小分子物质过滤收集。超滤分离过程以膜两侧的压力差为驱动力，由微型柱塞泵完成。当大分子物质被截留在超滤膜表面后，通过反冲溶解作用可将含有大分子物质的溶液输送至收集袋中，以供下游模块进一步处理。这种分离装置具有系统简单，操作方便，易实现微型化、自动化等特点。

生物大分子与小分子分离主要涉及两个过程，如图 4-16 所示。首先将上游的裂解产物泵入超滤池进行超滤分离，此时小分子物质通过超滤膜进入小分子收集袋，然后用缓冲液反冲截留在超滤膜表面的大分子物质，使其溶解，并输送至大分子收集袋中保存备用。

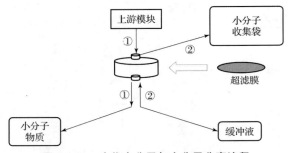

图 4-16　生物大分子与小分子分离流程

细胞裂解产物引入超滤池进行超滤分离后，将收集到的蛋白质与核酸样本分别进行定量检测，以便根据检测结果对试验条件进行实时优化。为了有效防止膜污染与膜堵塞，超滤膜在多次使用后，需要进行更换，以便更高效地完成生物大分子与小分子的分离。

3. 蛋白质与核酸分离模块

蛋白质核酸分离模块的功能主要是将生物大分子与小分子分离模块得到的大分子物质混合物进行有效分离，分别得到蛋白质与核酸样本，该模块的核心部件是自由流电泳芯片。通过对分离原理、应用条件等的考察优化，获得分离的最优参数条件。以此为基础，对芯片模块进行更加深入细致的设计。其中，高压模块电源是芯片模块中最重要的功能部件，它直接为芯片装置中的金属电极提供电场作用。根据自由流电泳芯片自身的需求，高压模块需要在 0~500 V 范围内进行电压调节，以满足试验条件。高压模块电源功能调节方式如图 4-17 所示。

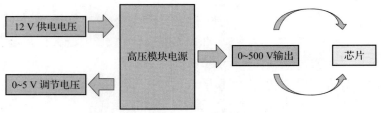

图 4-17　高压模块电源功能调节方式

自由流电泳芯片的运行流程大体上分为3个过程，即进样、分离和收集。首先，在泵的作用下，以一定的流速用缓冲液对芯片的微通道进行冲洗，缓冲液流入废液收集袋；然后，将电压调到预先设置的参数后，开始进样；最后，在泵的驱动下，完成对分离样品的收集与存储。收集样品时泵的流速需与进样时的流速一致，以防止流速的不同导致微通道内产生气泡。

自由流电泳芯片基材是一种商品化匀胶铬版，这种匀胶铬版由玻璃基体层、铬层和正光胶层组成，具有感光敏感性高、分辨率高、耐磨性良好和易于清洁处理等特点。利用该材料制作芯片时，需要进行紫外光光刻、湿法蚀刻、键合及与外界的连接等步骤，具体如下：①匀胶铬版经光刻、显影、定影后，将光刻掩膜上的图案转移至匀胶铬版；②在湿法蚀刻后，匀胶铬版上呈现所需要深度的微通道结构；③将已除去正光胶层和铬层的基片与另一种基片含有相同结构的盖片通过光胶法键合（图4-18）。这种加工方法简单快速，已经发展成为一种成熟的玻璃基微流控芯片的加工工艺。

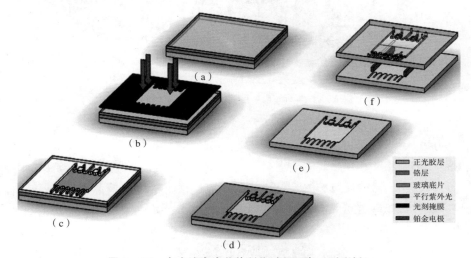

图4-18 自由流电泳芯片制作过程示意（附彩插）

（a）匀胶铬版；（b）光刻；（c）已转移图案的匀胶铬版；（d）湿法蚀刻后，匀胶版呈现所需深度的微通道结构；（e）已除去正光胶层和铬层的基片；（f）键合后的芯片分解结构

自由流电泳芯片试验平台由5部分组成：供电系统、进样系统、分离系统、现象观测与数据采集系统和样品收集系统，实物如图4-19所示。供电系统由直流高压电源组成，通过导线与芯片的电极相连，为样品在芯片中的分离提供电压。进样系统包括2个注射泵控制器、5个注射泵执行单元和1个1 mL注射器、4个10 mL注射器。装有样品的注射器固定在注射泵执行单元上，通过预先设置好工作参数的注射泵控制器控制样品流速。分离系统即自由流电泳

芯片，它为混合样品的分离提供操作平台。现象观测与数据采集系统由体式荧光显微镜、CCD 和计算机组成。试验时，将芯片分离腔室固定在体式荧光显微镜的物镜正下方处，调节物镜至最大放大倍数，激光发生器产生的光源通过 GFP 型滤色片过滤，投射到分离腔室。此时，荧光电泳图像通过 CCD 输送到计算机的成像软件（DP2 – BSW）中被记录下来。为了获得清晰的荧光图像，可根据荧光信号强度调节成像软件中的感光度（ISO）与曝光时间（通常，ISO 设为 800，曝光时间设为 5 s）；也可以根据需要选择在明场或暗场或二者结合的情况下进行试验。样品收集系统由放置在离心管架子上的 7 个离心管组成，主要起到收集纯化后样品供后续离线检测的作用。

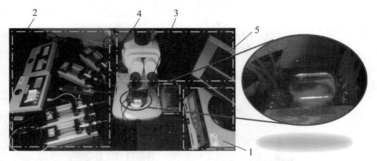

1—供电系统；2—进样系统；3—分离系统；
4—现象观测与数据采集系统；5—样品收集系统
图 4 – 19 自由流电泳芯片试验平台实物

利用自由流电泳芯片试验平台分别对溶菌酶和小牛胸腺 DNA 二元混合物以及 BSA、溶菌酶和小牛胸腺 DNA 三元混合物进行分离，所得结果如图 4 – 20 所示。可以看出，蛋白质与核酸混合样品在芯片中有较好的分离效果，这证明自由流电泳芯片试验平台可以实现蛋白质与核酸的快速、准确分离。

1—FITC – 溶菌酶；2—SYBR – 小牛胸腺 DNA；3—FITC – BSA
图 4 – 20 标准蛋白质和 DNA 在自由流电泳芯片上的分离

4. DNA 与 RNA 分离模块

从自由流电泳芯片中分离得到的核酸样品中包含 DNA 和 RNA，利用温度敏感硼酸亲和色谱柱实现两种分子的分离。在功能设计时，如何有效地保证色谱柱柱温的调节及温度的精确稳定是功能实现的关键所在。DNA 与 RNA 分离模块的流程主要包括色谱柱的平衡、柱温 10 ℃调节、进样、洗脱收集馏分、快速升温、洗脱收集馏分、冲洗色谱柱。整个过程中液体的传输都是在泵的作用下完成，因此不受空间失重环境的影响。在离线收集不同温度下洗脱的馏分时，需预先设定好流速及温度调节程序。

温度敏感硼酸亲和色谱固定相的制备过程如图 4-21 所示。首先将氨基硅胶与 2-溴异丁酰溴进行亲和取代反应，完成氨基硅胶的溴化掩蔽；然后在催化剂 CuCl 及配体 N，N，N，N"，N"-五甲基二乙烯基三胺（PMDETA）的作用下，通过 ATRP 反应将 N-异丙基丙烯酰胺（NIPAAm）与 4-乙烯基苯硼酸（VPBA）共聚接枝到硅胶表面，制备得到温度敏感硼酸亲和色谱固定相 Silica@ P（NIPAAm-co-VPBA）；最后进行装柱制得色谱柱。

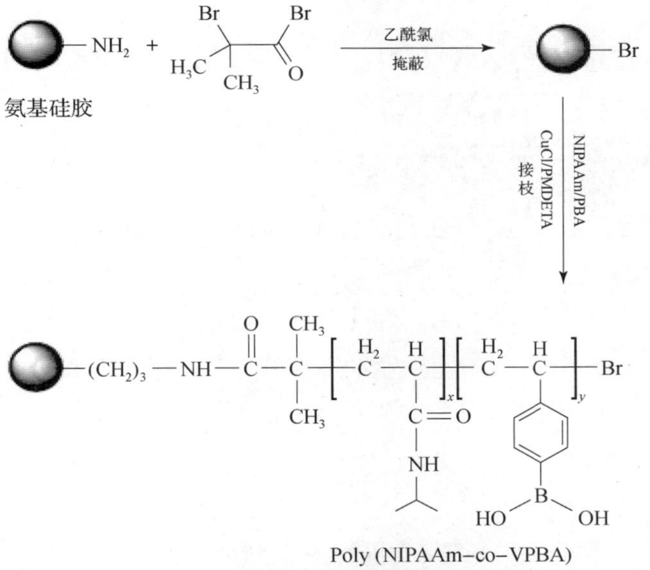

图 4-21 温度敏感硼酸亲和色谱固定相的制备过程

填充色谱柱的性能直接影响 DNA 和 RNA 的分离效率，因此，需要对制备好的温度敏感硼酸亲和色谱固定相进行表征，主要的表征手段有红外光谱、热失重分析与 X 射线光电子能谱分析（XPS）。温度敏感硼酸亲和色谱固定相制备是否成功，首先可利用红外光图谱进行表征，分别对未经接枝聚合物的

Silica – NH_2 和 Silica – Br 及接枝了 Poly（NIPAAm – co – VPBA）的硅胶进行红外检测，如图 4 – 22（a）所示，在波数 1 649.00 cm^{-1} 与 1 537.98 cm^{-1} 处存在明显的特征吸收峰，这证明温敏材料 NIPAAm 已被成功地接枝到硅胶材料表面。随后进行 XPS 分析，根据 XPS 能谱中显示的特征谱线位置进行元素定性分析，以此确定制备的固定相材料是否存在硼元素，从而证明硼酸基团（VPBA）是否接枝成功，如图 4 – 22（b）所示，不同粒径的硅胶表面均能观察到硼元素的特征谱线，表明成功将 PNIPAAm 和 VPBA 被成功接枝到硅胶材料表面。热失重分析是指在程序控制温度下，测量待测样品的质量与温度变化关系的一种热分析技术。对氨基化、溴化修饰、聚（NIPAAm – co – VPBA）接枝的不同粒径的无定形硅胶分别进行分析，结果如图 4 – 22（c）所示。不同粒径的硅胶分别被氨基、2 – 溴异丁酰基和聚（NIPAAm – co – VPBA）修饰或接枝后，残留率随温度的上升明显降低，证明接枝成功，同时为后续硅胶的选择提供了数据支持。

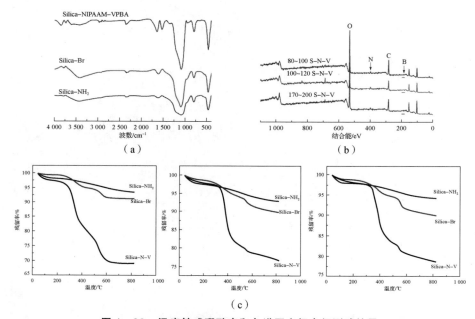

图 4 – 22　温度敏感硼酸亲和色谱固定相表征测试结果
（a）红外光谱测试结果；（b）XPS 测试结果；（c）热失重分析测试结果

完成色谱柱的制备和表征，如何利用色谱柱进行 DNA 和 RNA 的分离与检测决定该系统能否实现核酸分子的精准分析。参考腺苷和脱氧腺苷的分离条件，利用微型液泵的压力驱动，通过离线色谱分离系统进行分离产物的收集。反应前分别对泵、PEEK 管路、色谱柱等进行 RNA 酶灭活处理，通过柱温箱对色谱柱进行温度控制，在色谱柱的出口端收集不同时间段的组分，并在核酸自动分析仪上进行检测。

  邓玉林教授课题组研制的空间生物样品处理装置，针对空间特殊环境对试验仪器提出的各种环境适应性要求，围绕仪器设备小型化、自动化、集成化、低功耗和多功能方面进行创新性研究，实现了细胞的在线清洗、裂解，完成了细胞内容物的释放，并通过膜分离技术、自由流电泳芯片技术和温度敏感硼酸亲和色谱技术分别对蛋白质、DNA、RNA等分子进行了分离收集。该装置可用于空间条件下的生物样品分析，可服务于载人航天及深空探测等国家重大科技工程，具有十分重要的研究意义和应用价值。

第 5 章
空间微流控芯片核酸扩增及检测技术

核酸是由核苷酸单体聚合成的生物大分子化合物,为生命的最基本物质之一。核酸可用作诸如癌症、神经退行性疾病和传染性疾病等的生物标志物,同时基于核酸生物标志物的分析检测技术在诊断疾病、选择治疗方法和确定疾病严重程度上具有临床应用价值。目前可用于核酸检测分析的核酸生物标志物大体分为三类:DNA、RNA 与表观遗传修饰相关产物。

DNA生物标志物包括基因插入、缺失、单核苷酸多态性（SNP）、短串联重复序列、线粒体DNA等。检测对象通常为细胞裂解后的产物游离DNA（cell-free DNA，cfDNA），cfDNA通常通过细胞凋亡和坏死进入体液，体液中的cfDNA会被高度稀释而含量极低，通常血浆中总量小于10 ng/mL。RNA生物标志物包括信使RNA（mRNA）、microRNA和长链非编码RNA（lncRNA）。相关研究表明，基因表达水平的变化在一定程度上可以作为疾病检测和预后的指标，针对异质性样本准确定量，mRNA有助于基因表达水平的分析。microRNA为17~25个核苷酸长的短链RNA，microRNA水平的升高或降低已被证明与病理过程相关。lncRNA为长度大于200个核苷酸的非编码RNA，通常可用于调节转录、细胞间转运、染色体重塑和其他细胞过程。表观遗传修饰相关产物如甲基化和羟甲基化的DNA在基因表达调控中发挥着重要作用。启动子的高甲基化可导致基因沉默，而启动子的低甲基化可导致基因过表达。多项研究表明，DNA甲基化模式的变化与癌症存在很强的相关性，许多肿瘤抑制基因显示出高甲基化的特点，而许多癌基因显示出低甲基化的特点。针对这一标志物的最大困难为检测样本中核酸信号弱，在进行核酸扩增过程中无法保留表观遗传修饰产生的化学基团。

上述核酸生物标志物可以在一定程度上反映机体生理情况，具有重要的临床应用价值，局限在于其浓度通常较低，需要结合高灵敏的分子检测技术才能进一步得以应用。

5.1 核酸生物标志物检测方法

核酸生物标志物检测方法大致可以分为三大类。第一大类为使用标签标记核酸进行检测，如核酸结合染料与荧光标记探针。基于核酸结合染料的核酸分析方法依赖染料与核酸分子进行结合，再通过染料检测方法进行识别。例如，基于琼脂糖凝胶电泳的定性检测与基于荧光检测仪的定量检测，该方法简单、快速且成本低；基于探针的核酸检测则是将标记的探针与目标序列杂交，然后进行检测，常用的方法包括 Southern 和 Northern 印迹杂交方法、核酸微阵列方法及荧光原位杂交方法，其中 Southern 和 Northern 印迹杂交方法发展成熟但耗时较长，核酸微阵列方法由于是通过探针序列与目标序列配对结合后进行检测，具有高通量检测的优点，但是容易在杂交过程中产生高背景值的干扰。第二大类为基于核酸序列信息水平进行测序，其中常用的测序技术包括 Sanger 测序、焦磷酸测序和二代测序技术（next generation sequencing，NGS），其中 NGS 是基础研究中应用最广泛的技术之一，能够以较低的成本对 DNA 序列进行高通量分析。NGS 也常用于临床，以确定癌症的突变和检测病原体相关的传染病。第三大类为基于核酸的物理特性进行检测，如紫外吸收光谱、X 射线晶体学、核磁共振等。

核酸生物标志物检测方法也可以分为核酸体外检测方法与核酸原位检测方法两大类。核酸体外检测方法包括微滴数字 PCR（droplet digital PCR，ddPCR）

等核酸扩增方法、单分子阵列（single-molecule arrays，Simoa）方法、荧光条形码单分子标记（nano stringn counter，optical DNA mapping）方法、平衡泊松采样的单分子识别（single-molecule recognition through equilibrium Poisson sampling，SiMREPS）方法、单分子荧光光谱方法及基于单分子测序的方法等。

核酸扩增方法只针对核酸的特定区域序列信息，在引物和酶的作用下对核酸信号进行指数放大，并结合荧光染料或荧光探针实现核酸分子的检测分析。ddPCR 是唯一能够实现核酸绝对定量的检测方法，其原理为将单个核酸分子分离到单个反应腔室中，因此每个反应腔室中只有 1 个或 0 个分子。随后使用可嵌入核酸的荧光染料或与序列互补的荧光探针，存在靶标分子的腔室会产生荧光信号，统计发生反应的腔室数量，基于泊松分布对数据进行校正和分析，实现靶标核酸的扩增与检测。

单分子阵列方法与 ddPCR 相似，是将涂有捕获探针的磁珠添加到含有低浓度目标核酸分子的样品中，在目标分子存在的情况下，单个小珠结合 1 个或 0 个核酸分子，数据遵循泊松分布，最终得到核酸定量检测结果。

荧光条形码单分子标记方法指的是目标核酸序列首先与捕获探针和报告探针杂交，捕获探针被设计成具有与靶核苷酸互补的序列，报告探针被设计为具有与靶核苷酸和含报告基因的荧光条形码区域互补的序列，形成靶标探针复合物后，利用已经修饰上与捕获探针和报告探针上的序列互补的寡核苷酸的磁珠，通过两步测定法纯化复合物，通过对复合物信号的检测，完成核酸分子检测。

平衡泊松采样的单分子识别是一种无扩增的单分子检测方法，它通过在纳米尺度区域中成像的点累积实现短链核酸检测。反应过程中荧光标记的探针连续结合靶分子并立即解离，实现荧光信号从产生到消失的瞬时"闪烁"，这一"闪烁"信号可以通过随机超分辨率显微镜检测。这种方法可以在含有 100 万个野生型分子的样本中检测到一个核酸分子中的一个碱基突变。

单分子荧光光谱方法通过荧光染料标记目标分子的特定序列进行检测，如离散脉冲分析和荧光相关光谱（FCS），并且可以利用荧光强度、荧光寿命、FRET 效率和荧光时间波动等多个参数对核酸分子进行分析和分类。基于单分子测序的方法主要为单分子实时测序（SMRT），该方法通过将发夹适配体连接到靶标双链 DNA 的两端，形成环状单链 DNA 模板文库，将温度调整到引物退火温度后，将文库转移到包含 100 万个纳米孔的流动区域中，单个 DNA 模板-聚合酶复合物固定在区域底部，4 种核苷酸分别使用不同的荧光基团进行标记，实时记录颜色和发射持续时间，实现对核酸的实时测序。SMRT 的主要优点是能够提供靶标的实时测序结果。

空间微流控芯片技术

核酸原位检测包括单分子 RNA 荧光原位杂交（single-molecule RNA fluorescence in situ hybridization，smFISH）与荧光原位测序。smFISH 是一种用于检测细胞中单个特定 RNA 分子的技术，它使用一个或多个荧光基团的几种互补探针标记靶 mRNA 上的相邻序列，以使每个分子在成像时均显示为明亮的衍射极限点，使用不同焦平面的图像来绘制细胞中的 mRNA 分子图，并计算用于基因表达谱分析的分子数。该方法目前的挑战主要为荧光光谱分离的限制导致该方法无法同时检测大量不同的核酸分子。荧光原位测序是一种可以提供细胞内 mRNA 定位的可视化表达方法。在这种方法中，目标 RNA 通过逆转录形成 cDNA，随后通过 RCA 进行信号放大。它通过原位交联锁定局部蛋白质基质，从而使扩增的 DNA 被定位而用于测序。该方法最大的局限为仅适用于信使 RNA，缺少普适性。

除了上述方法以外，相关研究人员还开发出了几种核酸高灵敏度检测方法，其中包括基于成簇的规律间隔短回文重复序列（clustered regularly interspaced short palindromic repeats，CRISPR）、DNA 纳米开关（DNA nanoswitch）、表面等离子体共振（surface plasmon resonance，SPR）、表面增强拉曼光谱（surface enhanced raman spectroscopy，SERS）等方法，可以实现微浓度核酸分子检测。

CRISPR 作为一种基因组编辑技术，在分子生物学的研究中被广泛应用。该方法主要依靠引导 RNA 和 CRISPR 相关的核酸内切酶（Cas 蛋白）识别特定的靶核苷酸序列，一旦靶核苷酸序列被 Cas 蛋白-引导 RNA 复合物结合，Cas 蛋白就会显示核酸酶活性。在体系中引入荧光基团和淬灭基团标记的报告探针，该报告探针仅在特定序列激活 Cas 蛋白后被切割，随后才会产生荧光信号。基于 CRISPR 开发的特异性高灵敏度酶促报告基因解锁系统（specific high-sensitivity enzymatic reporter un-LOCKing，SHERLOCK）和 DNA 核酸内切酶介导的 CRISPR Trans 报告基因（DNA endonuclease-targeted CRISPR trans reporter，DETECTR），已被用于检测血液和其他生物样本中的低浓度病毒和细菌核酸。DNA 纳米开关指的是一类具有特殊功能的线性 DNA，该类 DNA 序列上存在与目标序列结合的互补序列探针，两者结合会改变 DNA 空间构象，使 DNA 空间构象从线性变为环状，通过观察环状 DNA 的凝胶电泳条带结果，实现对短链核苷酸 MicroRNAs 信号的识别。表面等离子体共振是一种无标记的核酸检测方法，指的是当金属表面的导电电子曝光时发生振荡的现象。基于 SPR 的核酸检测是将互补探针固定在金属表面，这些探针特异性地结合目标序列引起光折射率发生变化，通过对该变化信号的识别即可达到检测的目的。SERS 方法也是通过金属表面结合的靶核苷酸序列与目标序列结合后引起的光学信号改变来实现核酸检测的。在大多数情况下，由于拉曼信号微弱，仅靠拉曼光谱不能检测核酸分子，因此可以使用 SERS 进行信号放大。在 SERS 中，由金或银组成的金属表面可以增强拉曼光谱，由具有强拉曼散射的拉曼报告分子组成的金属纳米颗粒可用于增强检测灵敏度。

上述三种方法可以对微浓度的核酸分子进行检测，并且具有高灵敏度的特点，可以结合便携化平台实现核酸分子检测，具有重要的应用前景。微流体学是在 20 世纪 90 年代初出现的一门科学和技术，它通过对体积在微升到纳升的液体样品进行精确操作来分析少量样品；同时，通过平行液体处理和反应小型化实现了高通量和低成本的分析。基于微流体学的微流控芯片结合了生物技术、生物化学、工程、纳米技术、物理和化学等各个领域，根据科研工作者特定的实际应用而设计，其可利用微量的液体完成自动化、高通量的流体试验。微流控芯片是当前芯片实验室的重点研究领域。微流控芯片分析以微流控芯片为操作平台，以分析化学为基础，以微机电加工技术为依托，以微通道网络为结构特征，以生命科学为目前主要应用对象。目前基于玻璃、硅、PDMS 或 PMMA 制作的微流控芯片已经显示出提供灵敏、准确的核酸分析平台的潜力，完全密封的微流控芯片不仅具有减少人工干预、节省时间和成本的优势，而且实现了生物安全的改善，避免了交叉污染，最大限度地减少了环境污染，提高了核酸检测性能。

基于微流控芯片的核酸检测技术的发展，大大提高了对各种疾病的诊断效率和准确性。基于微流控芯片的核酸检测具有灵敏度高、特异性强的优点，同时为用户提供了方便、友好的工作流程，具有良好的定性和定量检测潜力。与微流控芯片技术在即时检验和临床诊断中的应用结合开发的核酸提取、扩增和检测系统有效的证明了上述观点，该系统可用于样品制备、核酸信号放大与定量检测，实现了"样品进－结果出"一体化检测过程，并且整个过程在一个封闭的芯片平台上进行，减少了操作过程带来的系列问题，并解决了时间和空间导致快速检测受限的难题。

5.2 基于微流控芯片的核酸扩增

微流控芯片为核酸扩增提供了一个理想的平台，在微流控芯片上进行核酸扩增具有扩增速度高、检测限低、样品要求高、检测准确等优点。基于微流控芯片的核酸扩增方法主要分为核酸变温扩增与核酸等温扩增。其中，核酸变温扩增主要基于 PCR 开发出的实时荧光定量 PCR（quantitative real－time PCR，

RT – qPCR）、数字 PCR（digital PCR，dPCR）与微滴式数字 PCR（droplet digital PCR，ddPCR）等方法；核酸等温扩增主要基于环介导等温扩增（loop – mediated isothermal amplification，LAMP）和英国 TwistDx 公司研发的重组酶聚合酶扩增（recombinase polymerase amplification，RPA）技术，其中部分技术已经被用于空间微生物检测以确保航天员的生命健康，以及太空中微重力或宇宙辐射导致人体各类调控机制变化的研究。

5.2.1 基于微流控芯片技术的核酸变温扩增

PCR 是最典型的核酸变温扩增技术，它以 DNA 半保留复制机制为基础，通过不断循环"变性—退火—延伸"步骤，在体外实现核酸的快速扩增，但仅停留在核酸的定性分析层面。qPCR 是在 PCR 的基础上额外引入荧光染料或者荧光探针，利用荧光信号监测核酸扩增过程，目前 qPCR 技术是诊断传染病的金标准。然而，qPCR 只能实现核酸的相对定量，并且靶标核酸浓度较低、引物效率和模板浓度存在差异等问题会影响检测的灵敏度和准确性。dPCR 是第三代 PCR 技术，它可以直接定量核酸而不依赖任何标准品。dPCR 的概念是由 Sykes 等首先提出的。1999 年，Vogelstein 和 Kinzler 首次使用微孔板进行了 dPCR，这种方法需多次稀释和分离样本，直到每个样品中待检测的分子数量不超过 1 个，在相同的条件下对所有样品进行 PCR 扩增，含目标分子的样品产生荧光信号，统计样品数和微孔数，利用泊松分布预测目标序列的初始浓度。与传统的 PCR 方法相比，微流控芯片技术与 dPCR 结合具有高通量、高灵敏度与高准确度的优点。

基于微流控芯片的核酸变温扩增可以从时间与空间角度上进行区分。时间域 PCR 系统通过固定样品反应室中的温度变化实现。Northrup 开发了第一个时间域 PCR 芯片，即利用 RT – PCR 集成手持式实时 PCR 设备实现埃博拉病毒 RNA 的检测。该系统可同时进行 4 个腔室的 PCR，每个 PCR 的体系体积为 0.1 μL，整个反应过程时间为 37 min。第一个时间域 PCR 芯片结构如图 5 – 1 所示。

空间域 PCR 芯片则是将样品通过不同的温度区来实现热循环。基于这一概念 Fern 等开发了一块用于检测埃博拉病毒的微流控芯片，该芯片内含有较长的微通道，微通道不同区域的加热温度不同，PCR 溶液在微通道中运动时经过不同温度区域，实现核酸扩增，核酸扩增产物通过荧光传感系统实现实时检测。

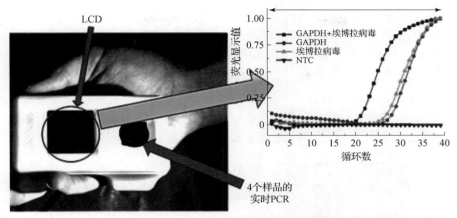

图 5-1　第一个时间域 PCR 芯片结构

随着 MEMS 和微流控芯片技术的发展,研究人员突破了许多技术瓶颈。Hansen 等开发了一种超高密度百万像素观测的 dPCR 芯片,该芯片上每平方厘米可分布 44 万个反应腔室,反应腔室尺寸为 20 μm × 20 μm × 25 μm,适配 dPCR 的应用需求。Xu 等开发了图 5-2 所示的可扩展分支网络结构的 dPCR 芯片,该芯片是一个完全封装的 dPCR 芯片,没有来自外部环境的废物或交叉污染,同时基于负压液体分离法,无须外部装置即可实现样品的均匀分散。该芯片更灵活,更适用于核酸快速分离与检测。

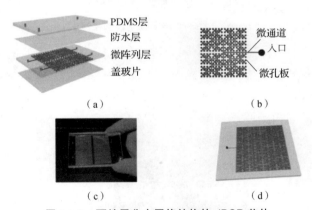

图 5-2　可扩展分支网络结构的 dPCR 芯片

5.2.2　基于微流控芯片技术的核酸等温扩增

核酸等温扩增是在恒定温度下进行的,通常为 37~65 ℃,这使核酸等温扩增系统的硬件设计比核酸变温扩增系统更简单。在核酸等温扩增技术中,LAMP 与 RPA 比其他技术具有更广泛的应用。

LAMP 的原理是在 65 ℃ 的温度下，利用 4 个引物（2 个外引物和 2 个内引物）和 DNA 聚合酶（Bst DNA 聚合酶）进行核酸链置换，在 15~60 min 内即可实现上亿倍的核酸扩增。Wang 等开发了一款基于实时 LAMP 的集成微流控芯片，该芯片可用于诊断包括甲型流感病毒 H1N1、H3N2、H5N1 和 H7N9 亚型的 cDNA，乙型流感病毒与人腺病毒多种呼吸道病毒，呼吸道病毒检测系统如图 5-3 所示。

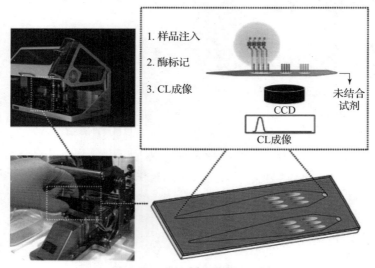

图 5-3 呼吸道病毒检测系统

Song 等开发了一种基于 LAMP 的微流控系统，其通过一步法实现 RT-LAMP 过程，进而实现寨卡病毒的分析检测，如图 5-4 所示。该系统通过化学反应放出的热量进行加热，无须外部电源即达到 RT-LAMP 所需的温度，使用无色紫罗兰色染料，可用肉眼直接观察扩增产物，具有便携、简单的特点。

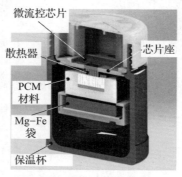

图 5-4 寨卡病毒检测系统

由于 LAMP 的产物中含有大量的焦磷酸和双链核酸,所以 LAMP 的产物比 PCR 的产物更易读出。近年来,荧光信号、电化学信号和可视化扩增产物检测已成功应用于微流控平台,促进了 LAMP 在病原体检测和临床诊断中的应用。基于微流控芯片技术的 LAMP 在实现快速检测和小型化检测方面取得了诸多成效,然而,由于 LAMP 反应条件的限制,需要通过引物设计、条件优化进一步提高检测的特异性。

RPA 是由多种酶和蛋白质参与的、在恒温条件下实现核酸指数扩增的技术。RPA 主要依赖单链核酸重组酶、单链结合蛋白质和链置换 DNA 聚合酶三种核心酶,其最佳反应温度为 37℃。RPA 的第一步是在重组酶和引物之间形成复合物,这种复合物与双链 DNA 中的同源序列互补结合,随后引物与同源序列发生链置换反应,并启动 DNA 合成,指数扩增靶标序列,置换后合成的 DNA 链与单链结合蛋白结合,以防止被置换。近年来,为了提高 RPA 的反应效率和准确度,一些研究人员将微流控芯片技术与 RPA 进行有机结合。Kunze 等基于微流控芯片与 RPA 反应,成功分离与检测人腺病毒和噬菌体中的 DNA,其系统结构如图 5-5 所示。Choi 等将微流控芯片与 RPA 技术结合,开发了一款盘式微流控芯片,基于该芯片可以在 30 min 内完成牛奶样本中沙门氏菌、大肠杆菌 O157∶H7 和副溶血性弧菌的同时检测,有效提高了检测通量。Shin 等提出了一种新型等温固态扩增检测技术,通过结合 RPA 技术与基于硅结构的固相材料,实现单基因突变的快速检测,该技术相比于 RPA 与 PCR,灵敏度提高了 100 倍。

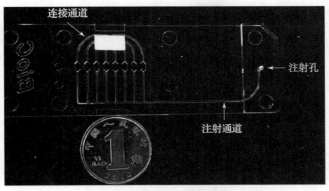

图 5-5　PhiX174 病毒检测分离与扩增系统结构

微流控系统主要采用实时荧光检测法识别 RPA 产物。近年来,基于微流控芯片技术的 RPA 发展迅速。由于 RPA 扩增效率较高,所以容易产生气溶胶污染,如何提高引物的特异性和避免扩增产物污染,将成为基于 RPA 的微流控芯片技术在未来 POCT 领域应用的关键问题。

5.3 基于微流控芯片的核酸检测

基于微流控芯片的核酸检测可归纳为微流控系统对反应完成后（终点检测）或反应进行时（实时检测）的核酸信号进行直接分析与识别，其方法主要包括基于光学、电化学、磁等信号的核酸检测。

5.3.1 基于光学信号的核酸检测

基于光学信号的微流控核酸检测主要分为比色法以及荧光检测法。比色法主要基于化学添加剂［如羟萘酚蓝（HNB）、钙蛋白酶］和特定空间中纳米颗粒放大过程中环境光颜色的变化实现核酸检测，具有重要的POC领域应用前景。HNB是LAMP技术的几种金属离子指示剂之一，在镁离子浓度降低时，LAMP反应发生后，体系由原来的紫色变为天蓝色。Ma等人利用HNB和钙黄绿素的混合染料显示LAMP反应发生过程中的颜色变化，通过对核酸染料和金纳米颗粒进行比色分析，实现H1N1病毒核酸的检测。Oh等人设计了一款可视化核酸扩增检测的盘式微流控系统，通过添加染料监测反应过程，通过肉眼可以直接观察反应的发生，其芯片结构如图5-6所示。荧光检测法是生物传感中最流行的光学检测策略，具有灵敏度高和特异性强的优点。Cai等人将标记与靶标RNA互补的分子信标在微流控芯片上进行预浓缩，随后在微流控芯片内进行LAMP反应，在体系中提前添加SYBR染料，对荧光信号进行读取，实现埃博拉病毒的定位检测分析，检测限为0.2 pfu/mL。

5.3.2 基于电化学信号的核酸检测

基于电化学信号的核酸检测是通过离子传感器实时检测核酸扩增过程中产生的氢离子，而氢离子的产生会导致溶液pH发生变化。Jogezai等设计了基于离子敏感场效应晶体管的检测探针，利用RT-LAMP扩增丙型肝炎病毒的核酸序列，利用检测探针监测核酸扩增过程中的pH变化，实现病毒的检测分析。

基于电化学传感器的电化学信号分析特点，可以开发便携式、高灵敏度、小型化的核酸POCT检测系统。Slouka等设计了集成核酸提取与预浓缩模块的微流控系统，并将阴离子交换膜传感器集成到该系统中，根据检测电流进化曲线的偏移，实现口腔癌相关的miRNA 146a的检测。

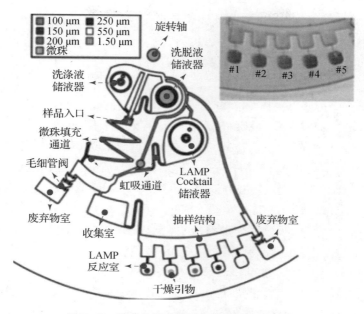

图 5-6 比色法核酸检测芯片结构（附彩插）

5.3.3 基于磁信号的核酸检测

磁信号具有背景值小、检测传感器易集成的特点，基于磁信号监测实现核酸检测具有一定的应用前景。Liong 等设计了集 PCR 扩增、样本混合和核磁共振检测单元于一体的便携式系统，该系统在微流控芯片外实现核酸提取，在微流控芯片上进行 PCR 扩增，利用微球捕获扩增产物，结合磁纳米探针和基于微线圈的核磁共振检测，实现痰标本中的结核杆菌耐药菌株的鉴定。Donolato 等通过在振荡磁场中测量磁珠的聚集状态，整合光磁技术与 RCA，在微流控芯片平台实现细菌 DNA 的定量检测。

5.4 基于微流控芯片的核酸提取、扩增与检测集成化系统

核酸提取、扩增与检测集成化（integrated nucleic acid extraction, amplification and detection，INEAD）系统是基于特定反应平台对核酸样本信号进行纯化、放

大与检测的一体化系统。基于微流控芯片的 INEAD 可以防止污染，减少样品损失，缩短检测时间，具有极大的发展潜力和广阔的应用前景。其中常见的 INEAD 系统包括离心式微流控芯片、纸基微流控芯片、基于毛细作用的微流控芯片以及商用产品。

离心式微流控芯片可以将核酸提取和扩增所需的试剂预先嵌入一个圆形芯片，依据离心力驱动芯片内液体流动。Jung 等人开发了一种集成了 RNA 提取和 RT – LAMP 技术的微流控芯片，用于提取流感病毒 RNA。该芯片包含 5 个储存腔室：病毒 RNA 样本腔室、洗涤腔室、洗脱腔室、废液腔室和 RT – LAMP 试剂腔室。通过控制芯片的转速，病毒 RNA 样品、洗涤液、洗脱液和 RT – LAMP 试剂依次通过微珠，实现核酸扩增产物吸附和后续洗涤、洗脱的控制。Zhang 等人报道了一种将核酸纯化与 LAMP 方法相结合的盘式芯片，该芯片可同时检测 6 种病原菌。近年来，许多基于离心力驱动的微流控反应平台的研究和商业应用已经实现，这表明该技术具有越来越广泛的应用。

如前文所述，纸基微流控芯片是另一种理想的集成平台，可以通过引入缓冲液、样品和试剂实现样本的处理与检测。Connelly 等开发了一个包含样品纯化和 LAMP 的集成系统，其结构如图 5 – 7 所示。该纸基微流控芯片具有多层结构，可在纸基内外滑动以添加样品和反应试剂。最后，通过使用手持紫外电源进行 LAMP 扩增产物的终点检测。Tang 等人设计了一个基于纸的 INEAD 系统，在该系统中，他们使用一个基于海绵的试剂储存区和一个基于纸的阀门实现核酸提取，提取后的核酸与预埋试剂混合进行等温反应。该系统可以在 1 h 内完成食品中伤寒沙门氏菌的检测，检测限为 $10^2 \sim 10^3$ CFU。

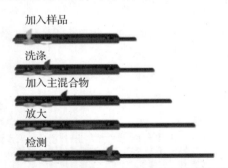

图 5 – 7　包含样品纯化和 LAMP 的集成系统结构

毛细管也是目前核酸提取、扩增和检测一体化整合的有效元件。Liu 等开发了一种集成毛细管阵列的微流控系统，其包括加热块、多通道注射器泵、双向磁力控制器和荧光检测模块，结构如图 5 – 8 所示。该系统采用毛细管阵列进行 DNA 提取和 LAMP 产物检测，可同时处理 10 个样品。

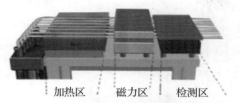

图 5-8　集成毛细管阵列的微流控系统结构

Loo 等开发了一种集成 DNA 提取、LAMP 反应和实时荧光检测的微流控系统,其结构如图 5-9 所示。该系统一个突出的特点是使用微球油脂被动阀控制流体储存和释放,每个溶液腔室采用不同压力阈值的微球油脂被动阀实现自动、分步固相 DNA 提取。该系统可在 2 h 内分别实现痰液和血液中结核分枝杆菌和鲍曼不动杆菌的检测,其检测限分别为 10^3 CFU 和 10^2 CFU。但是,该系统在吞吐量上存在局限,对单个样本只能检测一种靶标细菌。

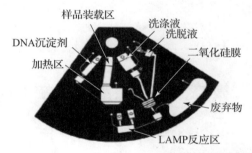

图 5-9　集成 DNA 提取、LAMP 反应和实时荧光检测的微流控系统结构

Choi 等报告了一种完全集成的微流控系统,该系统由一次性离心圆盘和分析装置组成。离心圆盘包含了双通道测试单元,可一次性分析 4 个样本;分析装置由热学、光学、机电系统构成。该系统可以在 50 min 内实现全血样本中疟疾的实时诊断,并且整合了智能手机对结果进行记录和读取,符合 POCT 的应用理念。Nguyen 等人开发了一种完全集成 POCT 基因分析仪,该仪器集成了细菌裂解、DNA 纯化、LAMP、紫外可见吸收光谱检测以及数据报告等功能。该仪器能够同时分析单个样品的 20 种细菌,整个反应过程在 1h 内完成,检测限为 10^2 cell/mL,具有检测通量高、速度快、灵敏度高的特点。

目前市面上已经推出了多款全自动核酸诊断产品,如 GeneXpert、Filmarray 和 Atlas Genetics io。GeneXpert 是由 Cepheid 公司开发的全自动分子诊断平台,它通过将样品制备步骤与 PCR 扩增和实时荧光检测集成在同一个墨盒中,减少了用户操作步骤。GeneXpert 墨盒可用于多样品的定量检测,但反应过程涉及核酸提取、扩增和检测,因此 GeneXpert 墨盒结构复杂且成本高昂。

Filmarray 是由 BioFire 公司开发的基于微流控芯片技术的全自动分子诊断平台，可实现靶标核酸的定性检测。该产品使用多重 PCR 分析技术，可在 1 h 内同一样品中 24 个目标的同时检测，非常适用于多种传染病的早期快速筛查。Atlas Genetics io 是由 Atlas Genetics 公司开发的一种基于微流控芯片的 POCT 产品，该产品采用电化学检测的方法，不需要复杂的光学仪器，且体积小，方便携带。2016 年，博辉公司成功研发出一款集样品处理、核酸扩增、高通量检测为一体的全自动人乳头瘤病毒基因分型检测芯片。该芯片的一个主要优点是只需 2 min 就可以完成样品处理和检测，只需一个芯片控制器，从核酸提取、PCR 扩增、反向杂交到结果分析，整个过程自动化。

集成微流控系统作为一种快速、准确检测核酸的工具，已经得到了广泛的认可和应用。集成微流控通过将反应过程进行高度集成，大大减少了试验人员的操作步骤，极大地提高反应过程的自动化、一体化程度，避免由缺少专业人员与检测场所导致的应用限制，构建适用于不同场景的便携式、小型化核酸检测分析系统，并为特殊环境下无人操作完成分析提供技术支持。

5.5 微流控芯片核酸检测技术在空间生命科学研究中的应用

航天员在太空飞行中面临严重的健康威胁，导致航天员生理机能障碍的两个主要因素是空间辐射和微重力。轨道带电粒子产生的重离子辐射可引起 DNA 破坏和基因突变。微重力还可以影响一系列细胞生理功能，包括细胞骨架重塑、DNA 修饰、分子之间的相互作用等。因此，空间生命科学研究亟须核酸检测技术来探索空间环境对人体内外核酸/基因的影响及应对方式。在空间应用中，基于核酸扩增方法的检测具有快速、应用范围广等优势。核酸扩增检测技术已部分被用于空间微生物检测以确保航天员的生命健康，以及太空中微重力或宇宙辐射导致的各类人体调控机制变化研究。

5.5.1 国际空间核酸检测技术

20 多年来，国际上空间生命科学领域对核酸的研究主要集中在宇宙空间环境中的强辐射、真空、紫外线等因素对体内或体外 DNA 或 RNA 产生的损伤或突变以及修复或进化等影响，希望明确空间环境中辐射等因素对生物造成损伤的具体机制。

2008 年，由 ESA 支持在国际空间站（International Space Station，ISS）上开展的 Expose – RSUBTIL 项目主要是将枯草芽孢杆菌的孢子暴露于开放空间环境中，对其质粒 DNA 的突变光谱进行检测，通过分析该生物在极端恶劣环境中发生的变化，研究宇宙中生命的起源、演化和分布。2006—2009 年，ISS 进行了芯片实验室应用开发便携式检测系统（lab – on – a – chip application development – portable test system，LOCAD – PTS）的测试。LOCAD – PTS 根据特定内毒素或细胞壁成分的存在，通过比色反应定量检测了革兰氏阴性、革兰氏阳性细菌和真菌。但是，该系统无法识别具体微生物种类。因此，ISS 部署了两个系统（water monitoring suite 和 wet lab RNA smartcycler），整合 RT – qPCR 实现特定靶标的检测。ISS 在 2016 年使用的水质监测套件（water monitoring suite）中包含的 RAZOR EX 模块采用 PCR 对目标微生物进行监测，可以在不到 1 h 的时间内定量检测目标微生物或细菌总数，确保长期太空任务中的供水安全性。NASA 艾姆斯研究中心研制的 wet lab RNA smartcycler 同样于 2016 年搭载至 ISS，通过在 ISS 实时对样品进行 PCR 扩增获取基因组实时数据，帮助研究人员更好地了解分子及细胞机制，如骨骼和肌肉损失、免疫受损、微生物毒力增强等。

同时，非靶向的核酸检测方法也被提出，如直接 DNA 测序。该类型方法具有明显的应用优势，因为所有微生物都可以通过数据库进行识别。由 NASA 约翰逊空间中心（Johnson space center）研制的生物分子测序仪（biomolecule sequencer，又称为"MinION"）于 2016 年进入 ISS，验证了 DNA 测序在轨道航天器中的可行性，为后续的机组人员健康诊断、微生物识别及地外生命探测提供可用的工具。2017 年，由 JAXA 支持的 ISS 项目利用非侵入式的液体活检方法对人的基因组和表观基因组进行研究。在试验过程中，采集航天飞行前和飞行期间机组人员的血液样本，对其中可测量且特异性高的生物标志物 cfDNA 和 RNA 分子利用超高通量测序方法直接测序。测序检测到的 DNA 突变可以作为正常 DNA 修复功能下人体空间辐射基因损伤的可靠指标。对于上述指标的有效分析将有助于科学家更好地了解太空飞行过程中发生的人体遗传水平变化，也将促进航天员健康监测和对策的发展。

由 NASA 在 2016 年支持的 ISS 项目 Genes in Space – 1、Genes in Space – 2 以及 Genes in Space – 3 利用 PCR 技术结合 miniPCR 设备（miniPCR – The DNA Discovery System™）进行了一系列空间环境中的体外核酸研究。该项目在应用 PCR 技术的基础上进行在轨 PCR 仪器的搭建，并完成不同基因的在轨扩增，证明了便携式实时 DNA 测序可用于航天员健康状况的评估检测，并分析微生物 DNA 水平的变化。另外，Genes in Space – 6 项目在完成 CRISPR/Cas9 诱导双链断裂及修复的细胞中提取 DNA 进行扩增测序的基础上，首次在空间环境中诱导两株酿酒酵母细胞 DNA 损伤并在 ISS 中使用 miniPCR 和生物分子测序工具在分子水平上评估太空中的整个过程突变和修复。

虽然国际上已经存在许多对空间核酸检测技术的研究，但基于空间微流控芯片的核酸检测技术却为数不多。2020 年发射的太空发射系统的首个探索任务（EM-1）中搭载了 BioSentinel 载荷。作为此次任务中唯一的生物学试验，BioSentinel 的主要目标是开发一种生物传感器，在暴露于低地球轨道（low earth orbit，LEO）之外的长途飞行中检测和测量空间辐射对生物的影响。它使用纳米卫星技术研究深空辐射下酿酒酵母细胞中的 DNA 损伤和修复。酵母细胞经过基因工程改造，只能在辐射引起的 DNA 双链断裂以及随后激活酵母 DNA 修复机制的情况下生长并分裂。这些酵母细胞在干燥状态下发射，并使用微流控卡片在太空中重新激活。BioSentinel 微流控卡片如图 5-10 所示。BioSentinel 微流控卡片将通过三色 LED 检测系统和代谢指示剂染料测量酵母细胞的生长和代谢活性，酵母细胞能将代谢指示剂染料的颜色从蓝色变为粉红色，因此粉红色的孔表示活跃生长的酵母细胞。

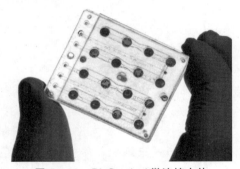

图 5-10　BioSentinel 微流控卡片

5.5.2　国内空间核酸检测技术

国内现有的核酸空间生命载荷研究方向主要集中在集成化的在轨微流控芯片方向，利用微流控芯片高集成、高通量、自动化的特点对核酸进行分离、扩增、检测等操作，助力基于空间微流控芯片的核酸检测技术的飞速发展。

北京理工大学在空间核酸微流控芯片技术研究中扮演了重要角色。王等对基于微流控芯片技术的空间核酸芯片分析系统的功能构建与应用展开研究。首先，根据空间核酸芯片分析系统开发过程中可依赖的各类技术条件，结合空间微重力的特殊环境，提出了空间核酸芯片分析系统构建的两种可行技术方案：一种方案是以核酸电泳技术为支撑的核酸电泳芯片分析系统；另一种方案是以核酸杂交技术为支撑的核酸杂交芯片分析系统。其次，根据两种技术方案搭建两套空间核酸芯片分析系统，实现对目标核酸片段特异性的快速检测，系统结构如图5-11（a）和（b）所示。秦等则针对空间站搭载要求，结合微流控芯片体积小，分析速度快，耗样量少，易于实现集成化、自动化、高通量等特点，研制了一套用于空间生命科学核酸研究的微流控芯片基因扩增装置。考虑到对DNA扩增高保真的要求，该研究采用变温PCR扩增技术进行基因扩增，重点攻克空间微流控芯片基因扩增的若干关键技术，如微流控芯片基因扩增DNA提取技术、细胞直接扩增技术、微流控芯片表面钝化技术以及温度改良技术等，为未来微流控芯片基因扩增装置在空间站的搭载及应用提供技术基础支持。在以空间搭载为目的的微流控芯片基因扩增装置研究的基础上，他们开展了民用化转化研究，研制了一套小型化微流控芯片基因扩增装置，推动空间技术在生命科学仪器及医疗器械领域的民用化应用研究。基因扩增装置结构如图5-11（c）和（d）所示。

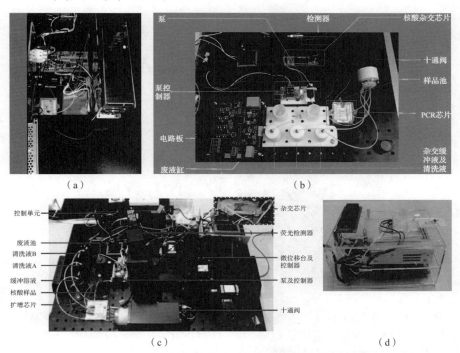

图5-11 空间核酸芯片分析系统和基因扩增装置结构

（a）核酸电泳芯片与PCR芯片功能一体机系统内部结构；（b）核酸杂交芯片与PCR芯片联用系统原理机；（c）空间微流控芯片基因扩增装置搭建结构；（d）第三代小型化基因扩增装置原理样机

2011年，北京理工大学邓玉林教授课题组在"神舟八号"飞船上搭载了一套微流控芯片基因扩增装置，完成了在轨PCR试验，该装置结构如图5-12（a）所示。该载荷试验目的在于研究航天环境中人类基因PCR过程中的错义突变情况，为阐明空间环境对生物体的繁殖、发育，以及航天员健康可能造成的影响提供重要的基础理论依据。该装置突破了微流控PCR芯片制备技术、极端条件下PCR扩增技术的瓶颈，集成了一种多通道微流控PCR芯片，其由光学黏合反应室和小型热循环仪组成，初步建立了具有空间适应性的自动化、集成化、连续化、系统化的微流控PCR芯片，实现了中国微流控芯片太空应用技术领域零的突破，这是中国首次在空间环境中开展基因试验并实现在轨检测。2017年6月搭乘美国"龙"货运飞船进入ISS的项目NanoRacks-BIT-1同样来自邓玉林教授课题组，其结构如图5-12（b）所示，其研究方向主要为暴露于空间环境的PCR反应过程中的DNA错配规律。邓玉林教授课题组开发了一种基于微流控PCR芯片的小型化自动反应装置，对在轨DNA扩增产物进行测序分析，并与地面对照组比较，分析DNA扩增产物突变的频率、位置和偏差的规律。该研究成功解决了太空条件下变温PCR扩增的分子生物学技术、空间多任务微流控扩增芯片研制、长时间放置条件下保持酶有效性等多个技术难题，并且此次搭载是国际上首次利用空间环境开展"微进化研究"，旨在了解辐射如何破坏不同类型的DNA，确定人类基因组中辐射风险的关键领域，有助于在长期太空旅行中保护航天员，并建立合理的预防机制。同时，此次搭载是中美两国30年来在空间领域的首次合作，具有"破冰"之意义，它通过商业合作模式为中美太空合作开辟了新的途径，开创了中美空间领域合作的新局面。

（a） （b）

图5-12 微流控芯片基因扩增装置结构和空间环境中生物微进化规律试验载荷结构
（a）微流控芯片基因扩增装置结构；（b）空间环境中生物微进化规律试验载荷

5.5.3 基于微流控芯片的核酸检测技术的未来发展趋势

1. 核酸提取

针对空间环境中样品制备易受环境污染的问题，基于微流控体系的核酸提取一体化检测设备是目前关注及研究的热点。将核酸提取的全过程设计在微流控芯片中，配套外部设备对微流控芯片执行自动化操作，通过在设计中避开重力作用，可以有效解决微重力下样品制备易受污染的问题；自动化设备无须人员操作且全程密封，可避开环境及人员造成的污染。虽然目前尚无核酸提取检测一体化设备在空间环境中的应用，但地面已有多套成熟系统。中国载人航天工程网于2020年1月发布的载人航天概念创新部分项目研究成果说明中，中国科学院上海技术物理研究所通过对空间生物样品的核酸释放、萃取和杂质去除技术、液体精确控制技术、符合空间应用的液体管理技术研究，提出了微重力条件下、密闭体系内核酸的自动提取方法，实现了提取后的核酸与核酸测序仪的有机结合，设计完成了核酸自动提取原理样机。该研究为空间测序提供了技术支持，该研究成果可应用于医院、生物学实验室、疾病检验检疫中心等需要采用核酸扩增检测技术对微生物进行鉴定的场所。此外，该研究成果可用于基因测序前的样品自动预处理，实现对不同种类样品的核酸提取。将现有核酸提取检测一体化技术集成到微流控芯片上，在空间环境中可以有效节省空间、时间、人力，并且能够避免污染，自动、快速、高效地进行核酸研究。

2. 即时检测

微流控芯片核酸检测技术已经应用在地面上的POCT中，特别是在资源受限的环境中。微流控芯片与传感器技术结合之后，可以将生物样品的制备、分析物的标记、富集、信号放大和检测等步骤集成在一个小型化的平台上，以有限的试剂高精度、自动地完成相应的反应。可以在几分钟内完成最少样品的预处理后进行临床化学分析，从而提供半定量或定量的结果。

相比于地面应用，用于太空环境中的POCT生物分析程序应尽可能简单或自动化，以减少人为错误，且结果必须简单易懂，对航天员来说尤其如此。用于太空飞行中的基于生物传感器的诊断设备还必须满足特定标准：资源消耗少、稳定性好、安全、灵活、受重力影响小。微流控芯片技术如果能够满足上述条件，则可以作为POCT的诊断设备应用于空间核酸检测中，它将是保障航天员生命健康的有力工具。但同时，微重力下的样品制备、纯化以及环境条件中可能存在的污染是基于微流控芯片技术的空间核酸检测面临的较大挑战。地面研究已经在致力于解决这些问题。例如，Ouyang等提出了将电动浓缩一步法纯化核酸和抗噪声PCR用于超低丰度核酸检测，其中PCR在微流控腔室中进行。Sciuto等发明了基于磁盘实验室（lab-on-disk）系统的生物传感器平台，用于病原体基因组（乙型肝炎病毒）的综合提取、纯化和检测。该平台的核心是一个混合磁盘生物传感器设备，该设备集成了用于核酸收集和纯化的塑料微流体磁盘和用于通过 qRT – PCR 进行核酸扩增和检测的硅微型芯片。

3. 地外生命探测

宇宙中的生命如何起源和进化、地外生命是否存在，以及所有生命的未来命运如何是天体生物学中亟待解决的基本问题，同时也是人类探索太空的强烈驱动力。目前人类对于地外生命存在形式的认识都基于地球生命。地球上的生命具有共同的生化基础和遗传历史，例如，地球上的生命均可能起源于液态水、重要无机物、有机分子及能量的化学进化。因此，地外生命信息探测的常规方法是找到人类已知的地球生命标志物。核酸是人类已知的地球生命标志物之一，在地外生命信息探测中至关重要。目前主要的地球生命标志物探测手段为原位探测，这需要能够对包括多种有机分子在内的复杂混合物进行灵敏的化学分析的仪器。在太空飞行期间或探测现场的恶劣条件下，探测仪器需要以完全自动化的方式完成多种类型的试验，并且保持稳定、灵敏、准确的特性。另外，探测采集的样本量通常很大，而基于微流控芯片技术的空间核酸检测方法能够实现高通量的自动化检测，因此它在地外生命信息探测中具有巨大的应用潜力。

第 6 章
空间微流控芯片蛋白质检测技术

近年来，随着免疫分析技术、分子标记技术和微电子技术的不断发展，蛋白质的分离分析技术也得到了显著提高，由此衍生出了包括色谱技术、毛细管电泳技术、质谱分析技术和免疫分析技术等在内的蛋白质检测技术。然而，色谱技术和毛细管电泳技术仅能实现蛋白质分离，仍需借助质谱技术实现蛋白质种类的确定。免疫技术能够直接从混合蛋白质中检测目标蛋白质是否存在，确定人体内的关键蛋白质是否病变，其已广泛应用于流行传染病、代谢疾病诊断等各个领域，是目前蛋白质检测的重要方法。当前免疫分析检验均在医院化验室或实验室中，依靠酶标仪等大型检测设备，在专业人员的操作下进行，所需分析时间从数小时到数天不等，在面对包括SARS、MERS和SARS-CoV-2等在内的急性传染病及心肌梗死等突发疾病时显得捉襟见肘。因此，亟须建立一种操作简单、反应迅速、价格低廉的小型化免疫分析系统。

微流控芯片具有比表面积大、分子扩散距离小等特点，与常规蛋白质免疫检测方法相比，基于微流控芯片的方法样品消耗更少，分析速度更快。依照反应介质的不同，可将基于微流控芯片的蛋白质免疫分析方法分为均相免疫分析和非均相免疫分析。均相免疫分析是抗原与抗体在微流控芯片同一相中进行免疫反应的分析方法，即待抗原、抗体混合均匀后，检测标记物信号的变化幅度值得到底物浓度。该方法在芯片设计上较为简单，但在反应完成后需进行抗原-抗体复合物的分离等操作。Koutny等于1996年首次将免疫分析方法和芯片毛细管电泳技术结合，将均相免疫反应后的抗原-抗体复合物通过毛细管电泳分离，建立了血清中可的松的测定方法，分离时间短于30 s，测定浓度范围为10~600 ng/mL。非均相免疫分析是在两相中进行的蛋白质免疫分析方法。它将抗体（或抗原）固定在固相基质表面，通过免疫反应，捕获待测抗原（或抗体），通过检测抗原-抗体复合物实现免疫分析。Kim等报告了一种基于微流控芯片的免疫荧光分析系统，它利用固定有顺磁性材料的荧光PS微球为固相载体进行免疫反应，通过在微流控芯片内施加电磁场实现混合物洗涤和磁性微球的定位与释放，成功实现了以兔免疫球蛋白和小鼠免疫球蛋白为模式分子的微流控夹心免疫分析，检测限分别为244 pg/mL和15.6 ng/mL。

与常规蛋白质免疫检测技术相比，基于微流控芯片的蛋白质检测技术对检测设备的灵敏性、响应速度和体积等有着较高的要求，能够实现灵敏度高、响应快速和体积小便于集成的检测器。依照检出信号的不同，可以将基于微流控芯片的蛋白质检测技术分为电化学检测、荧光检测、化学发光检测和可视化检测等。本章从不同检出信号的角度对基于微流控芯片的蛋白质检测技术进行论述，并对基于微流控芯片的蛋白质检测技术在空间生命科学研究中的应用及重要意义进行简要介绍。

6.1 基于微流控芯片的蛋白质电化学检测技术

电化学检测是一种常用的生物医学分析与检测方法，其原理是利用电极将溶液中待测组分的浓度信号转变为电信号。凡是具有氧化还原性质的化合物，理论上均可以采用电化学方法进行检测。电化学检测的主要优势是灵敏度高、选择性好。电化学检测方法具有较好的兼容性，其灵敏度不受微流控芯片微通道尺寸的影响，对检测部位的透光性没有要求，适合微型化和集成化。电化学检测在微流控芯片中的应用也有助于检测器向着体积小、装置简化和成本低的方向发展。但是，电化学检测方法往往只能分析一种样品，不适用于多种样品同时检测。依据检测原理的不同，基于微流控芯片的电化学检测方法主要有安培法、电导法、电位法和电致化学发光法。

6.1.1 安培法

安培法主要是通过待测物质在恒（或脉冲）电位工作电极上发生电化学反应所产生的分析物的氧化电流或还原电流，来对被测物质的量进行检测的分析方法。它的优点在于灵敏度高、检出限低，并且有一定的选择性。但是，安培法仅适用于具有电活性的物质。按照检测器的分类方式不同，可将安培法检测分为柱端检测、柱内检测和柱后检测。柱端检测是利用高灵敏度检测技术，对毛细管柱中固定相末端的流出组分直接进行检测，以减少毛细管柱与检测器之间连接处的柱外效应。柱后检测的电极放置方式与柱内检测相似，不过增加了电压去耦器来实现分离电压在分离通道的末端接地，以使峰展宽变小。

自 Woolley 等首次报道了将安培法用于微流控芯片以来有关微流控芯片上安培检测器的报道日渐增多。为了确保安培检测器在微流控芯片上正常工作，必须隔离分离电压以消除其对安培检测器的干扰。一种可行的办法是在安培检测器前采用去耦器。Rossier 和 Chen 等运用该方法研制了集成在电泳分离微流控芯片上的安培检测器，该装置的主体结构为一个分离的毛细管，两侧带有可注射毛细管的侧壁，分别起到电分离和电化学检测的作用。解耦器由垂直于分离微通道的微孔或微孔阵列组成。该装置允许在毛细管的入口和解耦器之间进行高压电气连接，分离毛细管的其余末端几乎没有电场，这有助于在微通道末端进行电化学检测。该装置通过改变分离参数（如电泳电位、进样时间和缓冲液组成）实现对模型物质酚类化合物的分离和检测。迄今为止，在毛细管电泳芯片的电化学检测中，安培检测器的应用最为广泛。

Abad 等通过极谱电流时间曲线法监测电子转移，实现了对心肌肌钙蛋白（cardiac troponin T，cTnT）的超灵敏检测（图 6-1）。他们加工了具有多个电极的显微镜大小的以环烯烃聚合物（COP）为材料的微流控芯片，该芯片含 1 个捕获磁珠带、2 个参比电极和 1 个工作电极，可同时独立检测 6 个样本。Abad 等用该芯片检测了溶解在 PBS 中的 cTnT 含量和真实血样中的 cTnT 含量，在临床要求的 0.05~1 ng/mL 线性范围内，检测限分别达到 0.017 ng/mL 和 0.02 ng/mL，灵敏度大大超过传统手段。另外，离心微流控磁盘因其自动化、可一次性使用、不用注射泵、没有复杂的流体相互联系、仅靠离心力驱动样本等特点，在微流控芯片领域广受欢迎，而 COP 材料因杂质含量低、T_g 高及吸水率低等特性而成为医疗设备的理想结构材料。

Kim 等报道了基于微珠酶联免疫吸附测定结合流动增强电化学的方法实现了 CRP 的检测（图 6-2）。该方法以 PC 为材料制成微流控离心盘式芯片，将 CRP 抗体修饰的 PS 微球预封闭在芯片的一个微池内，通过离心实现样本中抗原的捕获，利用安培法检测 CRP 浓度，最低检测限达到 4.9 pg/mL。与停滞电化学测量相比，其灵敏度提升了 5 倍，与光密度测量相比，其灵敏度提升了 17 倍。

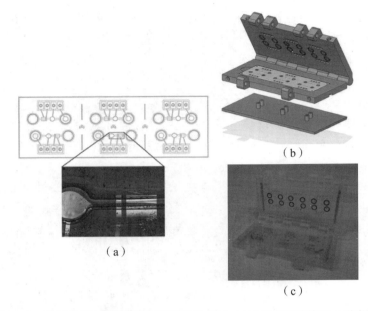

图6-1 基于安培法的电化学微流控芯片用于cTnT的超灵敏检测（附彩插）

（a）芯片俯视图（金色的线表示COP基座上的金电极，蓝色的细线定义了在其中剪切微通道的COP中间层的布局，蓝色的粗线对应穿过顶部COP层的特征）；（b）芯片主体结构；（c）设备照片

与基于PDMS或PMMA等高聚分子材质的微流控芯片相比，纸基微流控芯片（μPAD）可通过毛细作用提供液体驱动力，无须外接注射泵提供动力。Ge等构建了一种基于μPAD的安培型阵列免疫传感器，用于对癌症标志物进行检测（图6-3）。该设备由两层"三明治"堆叠而成，一层由Ag/AgCl参比电极和碳对电极以4×6阵列方式正交排列，通过10个焊盘连接到PET板上，另一层为检测区域，该区域周围的蜡状图案为电化学电池的储存器，列电极与行电极的交叉点被认为是可寻址元件，可以通过连接和设置列电极和行电极电位进行定位。该设备一次性阵列包括24个传感位点（4行6列），可同时检测6个样品中的4种肿瘤标志物。将该设备用于甲胎蛋白（alpha fetal protein，AFP）、糖类抗原125（carbohydrate antigen 125，CA125）、糖类抗原153（carbohydrate antigen 153，CA153）和癌胚抗原（carcinoembryonic antigen，CEA）实际样品的同时分析，检测限分别为1.5×10^4 ng/mL、3.7×10^5 U/mL、2.6×10^5 U/mL和2.0×10^5 ng/ml，线性范围分别为$5.0\times(100\sim10^4)$ ng/mL、$1.0\times(100\sim10^4)$ U/mL、$1.0\times(100\sim10^4)$ U/mL和$5.0\times(100\sim10^4)$ ng/mL。这种方法具有操作简单、样品用量少、通量高及灵敏度高等优点，为高通量癌症筛查提供了新思路。

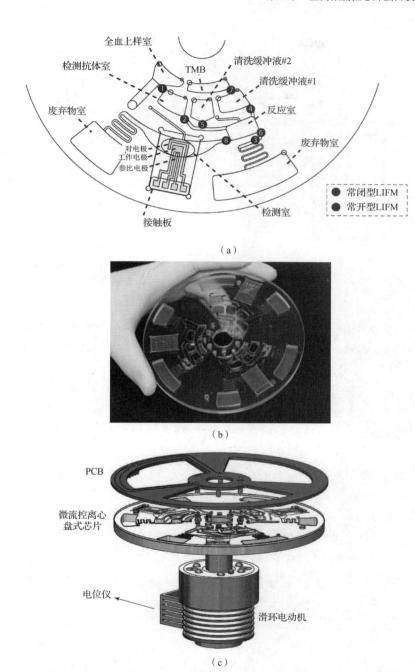

图6-2 基于微珠酶联免疫吸附测定结合流动增强电化学的方法实现了 CRP 的检测（附彩插）

（a）微流控离心盘式芯片结构；（b）在微流控离心盘式芯片中注入颜料以使其功能实现可视化；（c）微流控离心盘式芯片配套装置

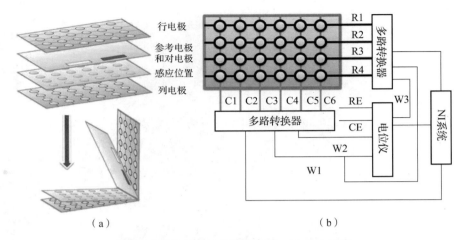

图6-3 基于μPAD的安培型阵列免疫传感器
(a) 设备的分层结构；(b) 可寻址电极阵列检测系统示意

Wu 等首次报道了将信号放大策略整合到 μPAD 的电化学免疫装置。他们通过光致抗蚀剂的方法加工了 μPAD，利用双抗体夹心的方法和 HRP-O-苯二胺-H_2O_2 电化学检测系统，以二氧化硅颗粒作为标签，实现待测目标物的检测。在电化学免疫装置表面捕获靶分子后会触发受控的自由基聚合反应。长链聚合材料的生长为随后的辣根过氧化物酶（HRP）耦合提供了许多位点，从而显著提高了电化学信号输出强度。他们利用石墨烯修饰免疫器件表面以加速电子转移，进一步放大了信号。分别以 AFP、CEA、CA125 和 CA153 作为模式检测物，检测限均达到 pg/mL 量级，线性范围分别为 0.001~100 ng mL^{-1}、0.005~100 ng mL^{-1}、0.001~100 ng mL^{-1}和 0.005~100 ng mL^{-1}。

Nie 等开发了一种基于 μPAD 的电化学分析方法（EμPAD），并与商业手持式血糖仪结合，实现了对葡萄糖、乳酸、胆固醇和水溶液中酒精含量的快速分析（图6-4）。EμPAD 包括微通道、电极和通过蜡纸在色谱纸上制成的电互连件。使用银墨水通过丝网印刷的方法印刷导线，并使用石墨墨水印刷 4 个电极（工作电极、对电极和两个内部参比电极）。检测所需的化学试剂储存在 EμPAD 的检测区域中。在应用中将干燥的 EμPAD 插入血糖仪的端口。向 EμPAD 的裸露端滴一滴待测样品溶液，并使包含分析物的液体芯吸到其感应区域后，血糖仪开始进行安培测量，并在其 LCD 屏幕上显示电化学读数。在后续的研究中，Maxwell 等将基于 μPAD 的电化学法用于同时检测葡萄糖、尿酸、乳酸等代谢物及血液疾病抗体。

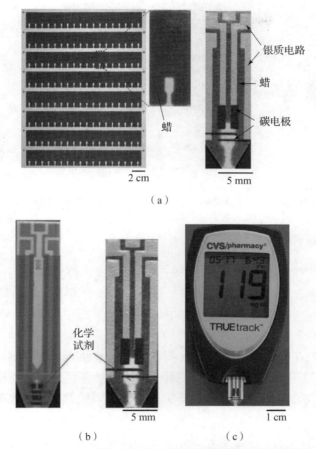

图 6-4　EμPAD 与商业手持式血糖仪结合的代谢物快速分析系统

（a）使用蜡印刷在色谱纸上制造的纸质微通道阵列，以及一个纸质微通道的放大图像（左）和使用丝网印刷制造的具有电极和导线的代表性微流控纸装置（右）；（b）由塑料制成的商业测试条的照片（左）和由单层纸制成的 EμPAD 的照片（右），化学试剂以干燥形式储存在虚线框中的检测区域中；（c）血糖仪用作阅读器

Jalal 等报道了一种基于电驱动磁珠链的电化学免疫法定量 β-人绒毛膜促性腺激素（β-hCG）检测（图6-5）。他们通过丝网印刷技术进行芯片的功能化电极加工，通过电磁体产生磁场以形成、旋转、提升和降低磁珠链。这些运动确保了单个磁珠与样品稀溶液的充分混合与相互作用，使免疫检测的效率最大化，并且电磁场与磁珠的引入减小了酶联免疫吸附分析（enzyme-linked immunosorbent assay，ELISA）方法洗涤过程中的样品损失，有助于提高检测结果的准确性。最后，通过电化学法测定 ELISA 方法中产生的酶产物引起的电流变化，从而实现待测物的定量。该方法对 β-hCG 的检测限为 10 mIU/mL。

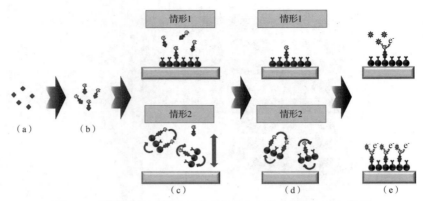

图 6-5 基于电驱动磁珠链的电化学免疫法定量 β-hCG 检测

6.1.2 电导法

电导法是根据带电组分对溶液电导率的贡献来对样品进行检测的，是一种通用型检测方法，理论上对离子型组分（如无机盐离子、氨基酸等物质）均可进行检测，其中在无机盐离子研究中应用最为广泛。对于微流控芯片而言，电导法对于检测那些用其他方法不易检测的小离子物质具有特殊的优势。

微流控系统中的电导检测可分为接触式和非接触式。其中接触式电导检测根据电极放置位置的不同又分为柱端检测和在柱检测两类。柱端检测是将一个电极直接放置在微通道的出口处，而另一个电极则放置在距离第一个电极较近的位置；在柱检测是在微流控芯片的分离通道上钻出微孔，将两个电极放入。目前，大部分接触式电导检测的研究工作都是基于在柱检测的方式，该方法操作简单，可实现多个电导检测器同时检测。而非接触式电导检测就是将检测用的电极直接放置在具有分离通道的微流控芯片的外表面，以此对分析物进行检测。该方法避免了电极的钝化和污染，制作简单，性能稳定，具有良好的发展前景。目前，非接触式电导检测的热点问题主要集中在检测系统的优化等方面。

Galloway 等报道了一种柱上接触电导检测器，该检测器通过在 PMMA 上制造具有电泳分离功能的芯片，用于氨基酸和蛋白质等的生理生化分析。该检测器由一对位于微通道内的铂线（直径为 127 μm）组成，端对端间距约为 20 μm。对电极对施加频率为 5.0 kHz 的双极性脉冲，用于减小测量时的充电电流，以使在一个脉冲结束时记录的电流更能代表溶液的电导率。他们利用该检测器实现了氨基酸、肽、蛋白质和寡核苷酸的分离。对于氨基酸和肽，他们进行了自由溶液区电泳，发现在由 10 mM 乙酸三乙胺组成的载体电解质中，丙氨酸的校准图在 10~100 nM 范围内是线性的，检测限为 8.0 nM。使用胶束电动色谱（MEKC）进行蛋白质分离的电导检测，其中载体电解质包含起干扰作用的、高于临界胶束浓度（CMC）的阴离子表面活性剂十二烷基硫酸钠（SDS）。对于包含溶菌酶、肌球蛋白、碳酸酐酶等 8 种不同蛋白质的溶液，在 PMMA 芯片上实现了较好的分离效果。

  Abad-villar 等在玻璃和 PMMA 复合芯片上用非接触式电导检测方法在线监测了 IgM 和 IgG 与抗体的结合过程（图 6-6）。其中，IgM 的检测限为 0.34 ng/mL，分析信号的重现性（RSD）为 1%。芯片的检测池基于两条长度为 4 mm 的钢管，内径约为 400 μm，与内部毛细管的外径（365 μm）匹配。间距为 1 mm 的电极确定了检测体积，并且在两个电极之间安装了法拉第屏蔽罩（接地平面），以防止直接电容耦合。在芯片上，电极由两个平行的自粘铜带组成，宽度为 1 mm，长度为 5 mm，以 90°角穿过微通道，并隔开 1 mm 的间隙。当使用玻璃制成的微器件时，将电极放置在 2 个宽度为 1 mm 的沟槽底部，该沟槽通过使用高频切割轮在分离通道的顶部铣削而成。从电极到通道顶部的剩余距离约为 200 μm。PMMA 芯片使用时须安装在支架上，而不是使用 PMMA 芯片本身，以便它们直接位于厚度为 175 μm 的底盖下面。两个芯片都放在一个专门制造的支架上，该支架可以支撑一个法拉第屏蔽罩将激励电极和示波器电极分开。

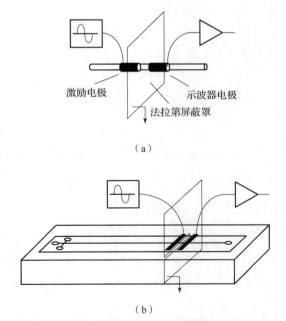

图 6-6　基于非接触式电导检测方法在线监测 IgM 和 IgG 与抗体的结合过程
（a）常规毛细管；（b）芯片实验室设备的单元布置

Chen 等研制了一种微流控芯片非接触式电导检测器（高频电导检测器），该检测器可在较低的频率和较低的激发电压下工作。通过光刻法形成流动通道和分离通道，并在衬底玻璃的表面进行化学蚀刻，黏合后形成的芯片放置在非接触式电极板上。电极和溶液之间隔离，不仅避免了电极的污染和电极附近气泡的产生，而且消除了分离高压的干扰。芯片与电极板相互独立，更换和清洗等操作非常方便。该检测器实现了在 2 min 内对 2 mmol/L 的苯丙氨酸、精氨酸、谷氨酸和天冬氨酸的分离检测。

6.1.3 电位法

电位法主要是以微型离子选择性电极为基础的一种检测方法，它利用半透膜两侧离子活度不同导致的电势差实现检测，分析物通过一个具有离子选择性的半透膜（即离子选择性电极），在电极外部和内部的溶液由于活度不同而产生电位差，通过记录这个电位差确定待分析物质的浓度。值得注意的是，电位法建立在离子选择性半透膜的基础上，具有较强的专一性，而芯片电泳通常涉及多种物质的分离和检测等工作，同时要求溶液在电极上不能具有响应，这限制了该方法在微流控芯片上的应用，一般在使其他方法难以测量且离子的电导率较低时才采用该方法。随着新材料的不断发展，通过在芯片检测池中同时插入多种超微离子选择性电极，即可同时完成多种离子的检测。

Wang 等利用自组装单层膜技术结合电化学检测方法（蛋白质印迹 SAM 传感器），检测了肌红蛋白（Myo）和血红蛋白，其制备及其工作原理如图 6 - 7 所示。该研究中工作电极是 1 cm × 2 cm 的金修饰硅片，其表面修饰有自组装单层膜，当待测样本结合到膜上时，工作电极与参比电极间电位发生改变，通过检测电位变化而测定样本中的蛋白质浓度。将此技术与微流控芯片结合，可减小待测样本体积，缩短检测时间，提高反应灵敏度，形成一种理想的即时诊断平台。

6.1.4 电致化学发光

电致化学发光（ECL）是一种电化学过程，电子在电极表面经历从基态到激发态再发射光子回到基态的过程。在典型的 ECL 反应体系中，发光团与共反应物同时在电极上被氧化，在水溶液中产生发光体，发光体和共反应物反应产生光子而发光。目前，最为常见的 ECL 发光体是鲁米诺和钌联吡啶及其衍生物。随着纳米技术的不断进步，已经有越来越多的纳米材料可以用作 ECL 发光体，如金属螯合的双功能纳米金等。

第6章 空间微流控芯片蛋白质检测技术

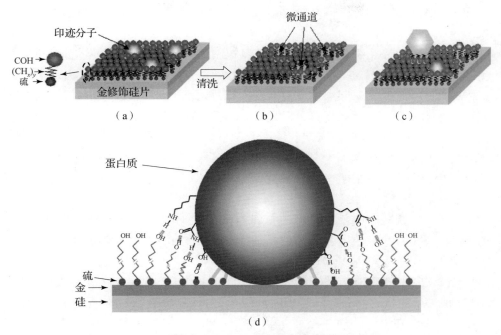

图6-7 蛋白质印迹SAM传感器的制备及其工作机理

（a）模板蛋白分子和SAM共同吸附到金表面；（b）冲洗掉模板后产生的型腔；（c）模板蛋白质分子对其他分子的选择性吸附；（d）假设的结合机制显示了蛋白质与巯基的-OH端基之间的氢键

在设计基于微流控芯片的ECL系统时，需要考虑基底和微通道的设计，以及电极的材料和加工制造的工艺等问题。通常通过PCB技术或使用丝网印刷电极法（screen-printed electrode，SPE）将电极固定在基底特定部位，在膜电极（ITO）出现之前，金是一种常见的电极材料。ITO电极因易于操作和造价低廉而受到了研究人员的欢迎。PCB技术最初应用于电子学中的电子元件间的连接。具体加工工艺为用光刻胶涂覆于ITO玻璃表面的关键区域，利用酸蚀刻技术去掉未保护的部分，以形成功能化的图案，最后用保护剂清洗以完成加工。在制作微电极时，需要基底表面含有能导电的金属层。通过该方法制作的电极尺寸可调，可以称得上是一种精致的加工方式。同时，该方法存在加工步骤多、材料消耗量大等问题。SPE则是一种相对"粗糙"的加工方法，该方法将模具覆盖在基底表面，将电极材料印刷在露出的部分即可。该方法简单、实用，常用于纸芯片电极的加工制作。Du等研制了用于芯片毛细管电泳的固态电化学发光检测器，把经TBR修饰的ITO电极集成到刻有微通道的PDMS芯片上，使PDMS芯片更加稳定和耐用。该检测器检测脯氨酸的灵敏度达到

2 μmol/L，线性范围为 25~1 000 μmol/L。该检测器还能用于药物分析（如氧氟沙星）。

传统的三电极系统在实际试验中难以控制，因此研究人员在微流控系统中更倾向使用双电极（bipolar electrode，BPE）。BPE 施加的电场不直接接触反应所需的电极，但是能以足够的强度在两个相反电极的极点处发生偶联的氧化还原反应。BPE 系统又可以根据电极是否完全浸润在溶液中分为开放式和封闭式两类。由于开放式 BPE 系统完全浸润于液体环境中，很难测量电流，故一般依赖光致化学发光或可视化方法进行检测。封闭式 BPE 系统的氧化还原反应分别发生在两个独立的空间中，相互之间几乎不产生干扰，因此可以直接进行电流检测，检测方式也多种多样。

Wu 等报道了一种基于 ECL 的 BPE 微流控芯片，用于前列腺特异抗原（PSA）的检测（图 6-8）。该设备的主体是两个间隙为 200 nm 的 ITO 双通道微流控芯片。一个通道中的两个 ITO 波段之间的间隙可视为一个电开关，其电导率控制另一个通道中的 ITO 波段上的光信号生成。电开关的电导率由免疫夹心组件和前列腺特异抗原（prostate specific antigen，PSA）引导银颗粒沉积的银增强方法来调整。在电开关的"接通"状态下，PSA 诱导的银颗粒沉积在相邻的 BPE 之间形成电子电路，并使它们的行为像连续的 H 形 BPE，仅产生一个 ECL 信号。同时，与"关闭"状态相比，用于驱动 $Ru(bpy)_3^{2+}$ 和 TPA 氧化反应的外部电压大大降低。该方法在 1.4~70 ng/mL 的范围内具有良好的线性关系，检测限为 3.5 ng/mL。

Zhai 等报道了基于对苯甲酸乙二酯膜纳米多通道闭合 BPE 阵列。他们通过 NaOH 蚀刻纳米多通道膜，然后利用电化学还原得到的金纳米纤维作为 BPE 阵列，通过电化学发光方法实现了对 AFP 和 CEA 的快速灵敏检测。该技术使 AFP 在 20~200 ng/mL 的范围内保持良好的线性关系，检测限为 10 ng/mL，CEA 检测的线性范围为 0~40 ng/mL，检测限为 2 ng/mL。

Wu 等报道了一种基于 BPE 和 ECL 的微滴传感器，并利用几种常见的醌类化合物作为模型分析物证明了该传感器的优越性能（图 6-9）。该传感器是在混合的聚（二甲基硅氧烷）（PDMS）-铟锡氧化物（ITO）玻璃微流控芯片上使用封闭的 BPE 电池构建而成的。其中，ITO 微带起着 BPE 的作用，它的两个电极被放置在 PDMS 盖板上预先钻孔的两个空间分离的微储层中。将微升级的三（2，2'-联吡啶基）钌（Ⅱ）/2-（二丁基氨基）乙醇（$Ru(bpy)_3^{2+}$/DBAE）和分析物的液滴加载到微储层中后，使用适当的外部电压施加在驱动电极上的金属可分别引起 $Ru(bpy)_3^{2+}$/DBAE 的氧化和同时在阳极和阴极处还原分析物。通过记录 $Ru(bpy)_3^{2+}$/DBAE 在阳极上氧化产生的 ECL 图像以及流

第6章 空间微流控芯片蛋白质检测技术

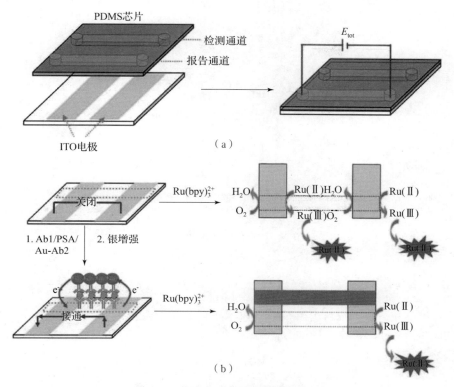

图 6-8 基于 ECL 的 BPE 微流控芯片

(a) 微流控芯片的结构; (b) 将免疫复合物夹在通道 a 中以在通道 b 中进行直接光学读出而制造的电开关示意

过 BPE 的电流,进行分析物定量检测。此外,BPE 的阴极可以用(3-氨丙基)三乙氧基硅烷-金纳米颗粒-辣根过氧化物酶复合材料修饰,用于过氧化氢检测。这种带有封闭 BPE 电池的微滴传感器可以避免分析物溶液和 ECL 报告试剂之间的干扰和交叉污染。更为重要的是,该传感器还可以利用很薄的纸,借助可折叠性构建便携式的 BPE,为化学和生物分析提供了更为广阔的应用前景。

Zhang 等首次将薄层导电的石墨烯纸基 BPE 装置应用于 ECL 的微流控芯片检测方法中并实现了对 CEA 的检测(图 6-10)。该装置采用壳聚糖多壁碳纳米管(CS-MWCNT)提供亲水性界面以固定一个抗 Au@Pt 纳米结构与二抗偶联,分别用于石墨烯纸两侧的氧化剂(H_2O_2)和还原剂(CEA)的检测,且均取得了良好的效果,其中 CEA 的线性范围为 0.01~60 ng/mL,检测限为 5 pg/mL。

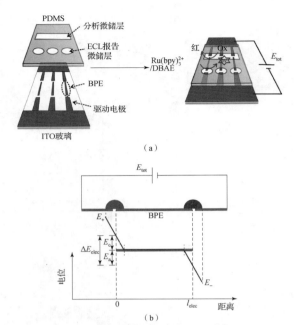

图 6-9 基于 BPE 和 ECL 的微滴传感器

（a）传感器配置；（b）传感器原理（未显示 PDMS 盖板和玻璃基板）

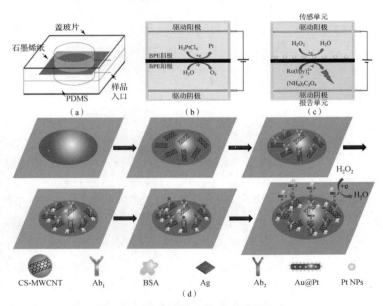

图 6-10 石墨烯纸基 BPE 装置示意

（a）在 BPE 的阴极上进行 Pt 电沉积；（b）用铂-石墨烯纸混合 BPE 方法检测 H_2O_2；（c）在 BPE 的阴极进行免疫检测的制备；（d）石墨烯纸基 BPE 装置检测流程

6.2　基于微流控芯片的蛋白质荧光检测技术

光分析作为分子生物学最强大的技术之一，一直以来深受研究人员的青睐。荧光分析可以被视为光分析这个"王冠"上的"明珠"。从本质上讲，荧光是一种光致发光现象。当光照射原子时，光的能量使原子核周围的电子从基态跃迁至第一或第二激发单线态，这些处于单线态的电子因为具有较高的能量而很不稳定，从而会出现电子又从激发态返回基态的现象，在此过程中，能量会以光的形式释放，也就是荧光。一般情况下，激发光的能量要高于释放的光子能量（上转换材料则与之相反）。

通常情况下，荧光分析法需要使用特定的分子基团（也就是荧光基团）来进行分析。荧光基团可以是待测物质本身具有的（如一些有机化合物，尤其是芳香族化合物是较为典型的荧光基团），还可以由外部引入，即通过物理或化学的方式将本身不发光的待检测化合物或可与其相互作用的物质与荧光基团（如 FITC，FAM 等）偶联，进行荧光检测。荧光发射强度通常与激发光强度、量子效率和化合物浓度呈正相关。荧光分析法作为一种十分强大的分析方法，不仅可以检测溶液中待测物质的存在，也可以检测细胞分裂、蛋白质表达和细胞凋亡等生理代谢过程。荧光分析法最早可以追溯到 20 世纪 60 年代后期，Herzenberg 等开发了一种基于荧光的细胞分选仪。该仪器利用荧光染料能够进入死细胞而无法进入活细胞的特点，通过检测细胞是否染色实现了活细胞的分选。随后，Hirschfeld 等利用荧光显微镜成功拍摄了标有 100 个荧光基团的单克隆抗体，这标志着荧光分析法可以用于单分子检测等研究工作中。到了 20 世纪 90 年代后期，Keller 等实现了单荧光标记的生物分子检测。

荧光分析发展到今天，由于其具有操作简单、灵敏度高、易于自动化、分析时间短等优点，已经广泛用于包括细胞监测、环境监测和临床分析等多个领域。荧光分析也将成为未来微型化分析系统研究的一个重要方向之一。将整个实验室的研究整合到微流控芯片中，在一定程度上实现真正的自动化、集成化的化学和生物学反应进程检测，同时对中间产物或代谢物也能够实时监测。随着近些年来研究的不断深入，基于微流控芯片的荧光检测技术已经被广泛用于免疫分析、病原体检测、核酸检测和蛋白分析等领域。

目前在微流控芯片检测器中最为常见的激光诱导荧光（LIF）检测器具有

较高的灵敏度（$10^{-12} \sim 10^{-9}$ mol/L）。在检测某些荧光效率高的物质时，一些改进的技术如光子计数、双光子激发等甚至可以达到单分子检测的水平，这有助于解决微流控系统检测体积小和光程短所导致的吸收分光光度法在检测时的相对灵敏度低的问题。LIF 检测器的另一个显著优势在于具有良好的选择性和较宽的线性范围，荧光试剂对于如蛋白质、氨基酸等重要的生物样品均有较好的兼容性，因此，LIF 检测器既是微流控芯片研究中最早和最常用的光学检测器，也是商业微流控系统中的主流检测器。

LIF 检测器根据光学系统的不同分为共聚焦型和非共聚焦型两种。共聚焦型 LIF 检测器是毛细管电泳分析系统中最为常用的检测器，它能更好地分离荧光与激发光、反射光和杂散光，从而提高检测的灵敏度和信噪比。其工作原理为激光经过扩束准直，经二向色镜反射并由显微镜物镜聚焦，垂直照射到芯片的检测区域。激发荧光后，经二向色镜透射，并由同轴共焦的显微镜目镜聚焦，最后经过干涉滤光片滤除干扰光后，在光检测元件上进行荧光信号的检测。在非共聚焦型 LIF 检测器中，激光束经过透镜聚光和反射镜反射，以适当的入射角度照射芯片的检测区域，激发产生的荧光经物镜收集聚光，然后通过滤光片滤除背景光和其他杂散光后利用光电倍增管、CCD、LED 等光检测元件进行信号检测。非聚焦型 LIF 检测器结构简单、易微型化，然而，由于激发光和杂散光有较大干扰，其检测的信噪比较差。

方群等于 2006 年报道了一种对荧光素的检测限可达到 1.1 pM 的正交荧光检测器。随后其研究小组又报道了将 LED 作为激发光源，其荧光检测限只有 0.92 μM，虽有不足，但 LED 的使用大大降低了检测器的成本。方肇伦等报道了一种将 LED 作为激发光源的荧光检测器。与传统方法不同的是，他们在微流控芯片微通道内植入了一段电子导管，并将进样口设计成可以转动的圆盘，以控制进样量在 nL 量级范围内。该荧光检测器仅在 350 s 内就分离出 11 个片段。

根据检测器的类型分类，荧光检测技术又可以分为基于光电倍增管（PMT）的荧光检测技术和基于 CCD 的荧光检测技术两种。

6.2.1 基于 PMT 的荧光检测技术

目前，基于 PMT 的荧光检测技术多采用共聚焦式光路，它的设计原理与扫描激光共聚焦显微镜类似。在该系统中，激光光源发出的光经过激发光窄带干涉滤色片转化为单色光，然后光线反射到物镜中，物镜将其聚焦到微流控芯片微通道中，激发样品产生荧光。物镜焦点处产生的荧光经物镜收集后穿过二向色镜，通过发射光窄带干涉滤色片滤除杂散光，并通过光阑到达

PMT。非物镜焦点处产生的荧光会被光阑遮挡，无法进入 PMT，这种设计可以将所需的荧光信号和背景杂散光分离，从而提高荧光检测灵敏度。

Gao 等研制了一种旋转共聚焦式 LIF 扫描仪，用于微流控免疫分析（图 6-11）。该扫描仪的芯片主要由 3 层组成，顶层和底层分别为经光刻技术加工的液体控制微通道和经湿蚀刻技术加工的气体控制微通道。中间放有 PDMS 膜，并内置有微阀，可以实现对液体的灵活控制。旋转共聚焦式 LIF 扫描仪可以在短时间内完成对微流控芯片内多个微通道荧光信号的检测。利用该扫描仪测定人体免疫球蛋白，检测限为 10 ng/mL，线性范围为 500 ng/mL~100 μg/mL。

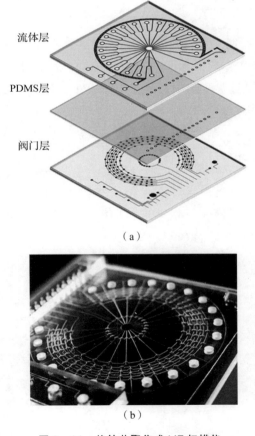

图 6-11 旋转共聚焦式 LIF 扫描仪

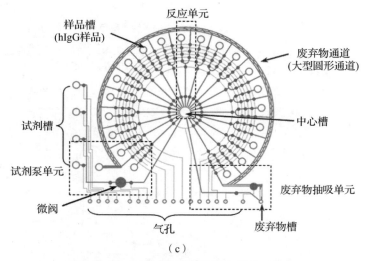

(c)

图 6-11 旋转共聚焦式 LIF 扫描仪（续）

Ryu 等利用商品化的 InGaN 发光二极管（501 nm）作为光源，结合一个有机硅光电二极管检测器、染料涂层滤光片和线性反射偏振器，组成一个荧光检测系统（图 6-12）。这个荧光检测系统被应用于 PS 微流控芯片，该芯片采用黑色 PS 注射形成互不干扰的微通道，每个微通道都具有两个检测室。第一个检测室用于提供背景参考，第二个检测室用于特定的样品测试。注射成形芯片中的检测腔区域设计为中空的，这有助于减小光学干扰，在结构化和非结构化面上用光学透明薄膜密封之后将其封闭。该系统成功应用于心肌损伤标记物肌红蛋白和肌酸激酶同工酶（CK-MB）的检测，在人血清中，肌红蛋白和 CK-MB 的最低检测限达到 1.5 ng/mL。

对于微流控芯片微米级的检测通道，荧光免疫方法有时并不能满足低浓度心肌损伤标志物的检测要求。为此，Shin 等创造性地设计了一种用于低浓度 CRP 检测的浓缩荧光标记物的反应池和嵌入式 PMT 检测装置。其具体试验过程如下：首先制作含有 1 mm × 0.8 mm × 30 μm 预浓缩反应池的 T 形 PDMS 芯片，在反应池中设计物理微结构用来富集包被了 CRP 抗体的磁珠；然后将荧光标记的 CRP 抗原和待检测 CRP 抗原注入反应池，孵育后洗脱未结合的荧光标记 CRP 抗原；最后利用嵌入式 PMT 在反应池下游微通道中检测荧光信号，结果测得 CRP 最低检测限为 1.4 nmol/L。该方法有效地提高了检测灵敏度，但缺点在于磁珠修饰抗体和荧光标记抗原等操作都必须在芯片外进行，从而导致检测时间较长。利用微流控芯片平台分析生物标志物时，常需要各种进样泵和驱动泵等，这使平台极其复杂。

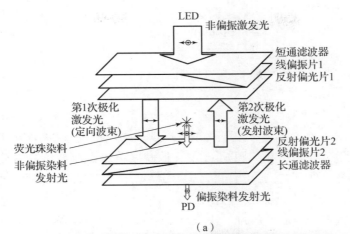

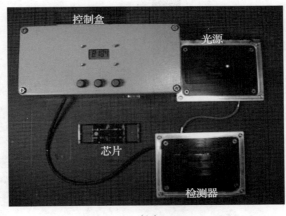

图 6-12 基于 PS 材质的微流控芯片系统（用于心肌损伤标志物的检测）
（a）结构示意；（b）实物

Caulim 等结合非竞争免疫分析、裂解标记免疫分析（Cleavable Tag Immunoassay, CTI）和 MEKC，同时分析了 4 种心肌损伤标志物：CK-MB、cTnT、cTnI 和 Myo。研究人员将不同的荧光标签与以上 4 种心肌损伤标志物抗体进行反应，然后使用芯片 MEKC 进行层析分离，而每种荧光标记在芯片 MEKC 中有不同的迁移率，通过定量不同荧光标签量来定量各组分标志物浓度。该平台对 CK-MB、cTnT、cTnI 和 Myo 的检测限分别为 3 ng/mL、25 pg/mL、2 ng/mL 和 5 ng/mL。然而，该研究的局限在于 CTI 和 MECK 尚未实现在同一块芯片上进行集成，需要分开进行，故该研究组还在研究芯片在线 CTI，将芯片在线 CTI 与芯片 MEKC 结合，真正实现微流控芯片的高通量分析，促进即时诊断产业的发展。

FRET 是距离很近的两个荧光分子间产生的一种能量转移现象。在 FRET 过程中，一个荧光分子（称为受体或受体染料）吸收能量并以非辐射方式传递给另一个荧光分子（称为给体或给体染料），导致后者发射出荧光。这种能量传递的效率与受体和给体之间的距离密切相关。当两个荧光分子非常接近时，FRET 效率较高，而当它们之间的距离增大时，FRET 效率则降低。

FRET 常用于检测细胞中两个蛋白质分子之间是否存在直接的相互作用。Stringer 等结合 FRET 和液芯波导（liquid core waveguide，LCW）技术，实现了 cTnI 的高灵敏度快速检测（图 6-13）。他们以量子点和有机染料分别作为荧光给体和荧光受体，在 LCW 平台上连接传感器，并通过 LCW 平台捕获荧光信号。使用该技术对磷酸盐缓冲液和血液样本中的 cTnI 浓度进行测定，最低检测限分别达到 32 nM 和 50 nM。微流控芯片与 LCW 相结合是实现高灵敏度生物标志物检测的有效手段，但该方法的 LCW 装置较复杂，不利于开发适合即时诊断的产品。

图 6-13 基于 FRET 和 LCW 技术的微流控平台（用于 cTnI 检测）

6.2.2 基于 CCD 的荧光检测技术

相对于基于 PMT 的共聚焦式荧光检测光路而言，基于 CCD 的荧光检测光路较为简单。激发光源大多采用氙灯或者高压汞灯，光源所发出的光穿过激发光窄带干涉滤色片后变为单色光，该单色光激发微流控芯片微通道内的样品产生荧光，荧光经发射光窄带干涉滤色片滤除杂散光后在 CCD 芯片上成像。基于上述检测原理，Gao 等设计了一种微流控免疫分析系统，该系统采用制冷型 CCD 相机为探测器，用于检测幽门螺杆菌。该系统可以在 30 min 内完成免疫反应，检测限为 1 ng/μL。以 CCD 为探测器的检测方式可以直接进行荧光成像,为了检测微弱的荧光信号多采用制冷型 CCD,但制冷型 CCD 通常价格高昂且视场有限,探测灵敏度往往不如 PMT。在较高分辨率的弱荧光信号检测场合,采用 PMT 为探测器,通过共聚焦原理进行荧光检测的方式更具优势。若要得到芯片的免疫结果图像,须进行二维扫描,因此根据实际荧光检测需求选择合适的探测器尤为重要。

Fu 等制备了一个基于正交光路检测装置的 LIF 检测系统,用于微流控芯片的检测。他们用荧光素钠和 FITC 标记的氨基酸作为标准品验证该系统的性能,得到荧光检测限为 1.1 pM。Liu 等为微流控芯片制备了一个新型的双检测器系统,这两个检测器共用一个检测位置,并且同时做出响应。研究人员采用蓝光激发的二极管作为激发光源,通过在荧光检测器中使用小型平面型光敏二极管收集发射的荧光,从而使装置更加紧凑便携。在微流控芯片单独的分离通道中,荧光检测器和非接触传导检测器的耦合不仅提高了样品的检测性能,而且能同时检测荧光分子和荧光分子标记的样品。用 FITC 和 FITC 标记的氨基酸来评价双检测器系统的性能,最终得到荧光素钠、FITC、FITC 标记的精氨酸、FITC 标记的甘氨酸和 FITC 标记的苯丙氨酸的检测限分别为 0.02 mol/L、0.05 mol/L、0.16 mol/L、0.15 mol/L 和 0.12 mol/L。

Hosokawa 等利用空气在 PDMS 中溶解度高和扩散速度高的特性,研制了无动力注射的免疫分析芯片。该芯片结构简单、操作简捷。在试验过程中,他们对竞争法和夹心法非均相免疫分析都进行了研究,操作如下:先将抗体修饰于内壁,再利用荧光检测法检测兔 IgG 和人 CRP。最终结果显示样品消耗为 1 μL,免疫分析时间为 20 min,检测限分别为 0.21 nmol/L 和 0.42 nmol/L。该芯片具有样本消耗少、分析时间短和检测灵敏度较高等优势。微球免疫分析通常能通过增大抗原抗体的结合面积来缩短反应时间,进而提高检测灵敏度。

Christodoulides 等结合了微球分析和微流控结构的系统,在硅片上加工出微室阵列,在微室中装入共价键合抗体的琼脂凝胶微珠,通过毛细管引入各种反应试剂,然后利用荧光或可见光比色检测唾液中的 CRP,最终检测所需的时间为 12 min,在 10 fg/mL ~ 10 pg/mL 范围内有较好的线性相关性,最低检测限达到 5 fg/mL,检测灵敏度优于商品化超敏 CRP ELISA 检测试剂盒。该装置灵活,减小了分析设备的体积,对唾液中的微量 CRP 实现了超灵敏检测。芯片表面的亲疏水性会直接影响芯片的检测效果,因此,表面改性是微流控芯片的重点研究领域之一。

Jonsson 等通过使用氧等离子体氧化、3-氨丙基三乙氧基硅烷(APTES)硅烷化和右旋糖酐修饰等方法对环烯共聚物(Cycloolefin Copolymer,COP)芯片表面性质进行改性,增加其表面亲水性,使其易于与捕获抗体结合。该改性手段稳定可靠，结合免疫检测方法，实现了对血液中 CRP 的低浓度检测，最低检测限达到 2.6 ng/mL。利用微流控平台对心肌损伤及其他生物标志物进行高通量分析，可以节约检测成本和时间，是未来的发展趋势。

　　Arpali 等报道了一种新型荧光片上成像方式，可以快速筛选大量受激发光照射后能够发射荧光的物质，如未稀释的全血样品等，并用于检测低浓度的荧光微体。在这种高通量成像方式中，将包含样本的微流控芯片放置于光电传感器上，然后通过空间调制器产生的高斯激发点阵照射和横向扫描微流控装置，光电传感器阵列能够捕获到激发阵列的扫描结果。光电传感器可以检测到微通道内的荧光信号，并产生同一样本芯片的一系列图像序列，无须使用成像透镜。通过采用基于最大强度投影（MIP）算法对无透镜荧光图像进行数字化合并，能够显著提高未稀释全血样品中荧光物质的信噪比和对比度（图 6-14）。

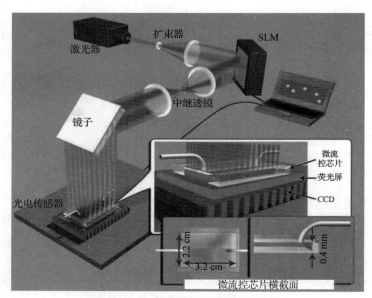

图 6-14　高通量荧光成像设置示意

6.2.3　基于智能手机的荧光检测技术

　　智能手机的普及让研究者们希望直接以智能手机为检测器来获取信号。智能手机内部装配了传感器及存储器，具备较高的计算能力和高分辨率图像的捕获及处理功能，更为重要的是，以 Android 为代表的开源操作系统为研究人员提供了设计便携式生物传感器的条件。基于智能手机的生物传感器具有便携、快速、低成本、易操作等优点，尤其在资源匮乏的地区中，它在改善 POCT 病理诊断和治疗方面有着广阔的前景。

Thom 等描述了一种基于智能手机和纸基微流控芯片的即时检测技术，用于 β-D-半乳糖苷酶的定量检测，纸基激发源的原理示意如图 6-15 所示。该设备由内部流体电池、表面安装的 LED、2 mm 长的透明管和信号分子等组成。荧光在可视区域作为信号输出，使用配有照相机的智能手机捕获荧光响应并定量检测。当小分子试剂遇到特定的酶生物标志物时，荧光由弱变强。通过智能手机对测定区域得到的荧光信号进行数字化转换，以便于比较和参考。该技术在 0.7~12 nM 的范围内对 β-D-半乳糖苷酶具有良好的线性关系。

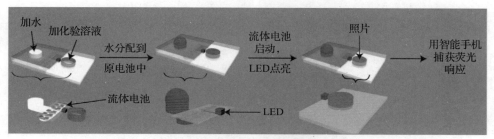

图 6-15　用于荧光检测的纸基激发源的原理示意

Zhu 等报道了将成像细胞技术和荧光显微镜整合到智能手机中的微流控光学技术，该技术具有使用轻便且经济高效的优势。在细胞成像计数平台中，荧光标记的目标细胞或其他颗粒通过一次性微流控芯片微通道持续传递到成像区域，相同的流体装置还充当多层光流体波导，可以对激发光在微通道的层面对接耦合进行有效引导。然后，将该微通道放置于智能手机的摄像头上方，由于样品体积的激发是通过垂直于检测路径传播的引导波发生的，所以可以用智能手机的摄像头记录样品在微通道内流动时的荧光电影。此外，为了更加高效和快速地进行分析，他们设计了一系列微流控芯片阵列，可以通过荧光在微流控芯片阵列上一次性进行大量分析。

Barbosa 等开发了一个被称为 MCF phone 的基于微流控芯片的无电源检测系统，用于便携式比色和用荧光定量夹心免疫双标法检测全血样品中的 PSA （图 6-16）。MCF phone 包括放大镜、简单光源和微型免疫分析测定平台的微毛细管膜（MCF）等。MCF 优异的透明性和平坦的几何形状有助于使用酶促扩增和生色底物在 0.9~60 ng/ml 范围内对 PSA 进行准确检测，用时 10 min。荧光检测法的应用降低了全血样品的检测限，使全血样品的检测限由最初的 0.4 ng/mL 降低到 0.08 ng/mL。MCF phone 在智能手机成像方面显示出良好的灵敏度，可以应用于现场检测，但是缺少基于智能手机的图像处理软件，因此需要开发相关软件以将其用于个性化医疗保健。

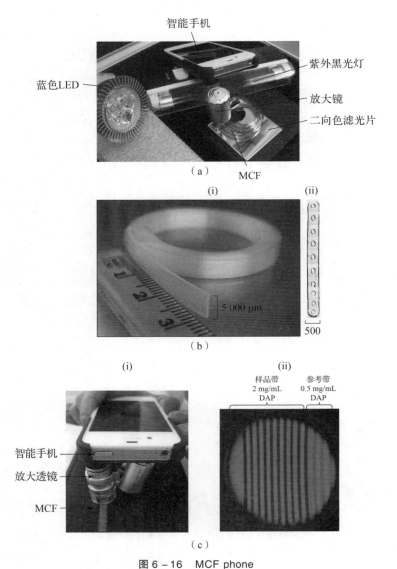

图 6-16 MCF phone

(a) MCF phone 的主要组件；(b) 由氟化乙烯-丙烯共聚物熔融挤出的 MCF；
(c) 操作中的 MCF phone 检测

  智能手机作为数据处理和光学检测器单元已得到广泛应用，它具有多种固有功能模块，这使其广泛应用于 POCT 系统等方面。基于智能手机的 POCT 系统有许多显著优势，例如具有便携性，可实现完全自动化，具有高计算能力，内置 CMOS 摄像头，可进行无线连接，以及易于定制服务应用程序以用于个性化和现场诊断和监控。然而，基于个性化医疗保健的移动 POCT 诊断技术仍然面临一些挑战，包括准确性、用户友好性和成本效益等问题。因此，材料科学、化学和生物技术领域的研究人员需要跨学科合作，打造学科交叉技术来开发更高效、灵敏的检测平台。

由于移动 POCT 设备的信号读取硬件（如 CMOS 图像传感器）的性能通常比基于实验室的硬件差，因此不仅要增加传感信号，而且要使用新材料来减小噪声或降低背景信号电平，这就需要设计新的传感方案，提高光或电信号处理电路和组件的质量。

使移动 POCT 设备具有较低的检测限和较大的动态范围的另一个关键要素是较高的探头密度。为了改善动力学条件并增加探针密度，已经有研究人员考虑使用纳米结构材料（如纳米颗粒、纳米片、纳米线和纳米棒）修饰的光学报告分子或电化学电极，如在电化学生物传感应用中增加三维纳米结构材料以增加探头密度。然而，在基于光学成像的检测技术中，缺乏可提供三维图像以量化多平面变化的装置，导致三维结构的整合受到限制。因此，新型材料和信号采集技术的发展对于移动 POCT 设备的进步举足轻重。更为重要的是，纳米材料的引入应具有成本效益，并提供更高的可靠性、可重复性和长期稳定性，以成功集成到移动 POCT 设备中。

6.3 基于微流控芯片的蛋白质化学发光检测技术

6.3.1 基于抗原-抗体的检测方法

化学发光（chemiluminescene，CL）反应信号衰减速度极高，因此需要提高试剂的混合效率。研究人员开展了系列化的芯片液体混合结构研究。Mei 等报道了一种提高微流控芯片混合效率的方法。他们通过热压与高精度微铣削方法在 PMMA 中制造反应器与精细结构，设计了一种蛇形通道，通过对比不同的液体混合结构，发现交错的人字形结构的混合效率提升了 17.8 倍，对荧光素酶测定的灵敏度提升了 3 倍。Williams 等对该结构进行了理论模型分析，通过对相关参数的设定模拟了溶质和液体混合的情况，并利用荧光显微镜对其进行观测，最终认为混合程度是佩克莱数的函数，而通道长度和混合时间的确定取决于雷诺数和扩散率。Lok 等通过带有混沌平流的、集成无源微混合器的微流控芯片研究了流速与信号强度的关系，认为流速提升会增强反应信号并缩短反应时间。Lin 等在此基础上增加了带有螺旋流线的横向旋转结构来进一步提升混合效率，该结构相较于先前的研究，在相同的混合效率下，通道长度缩减了 1/3，如图 6-17 所示。

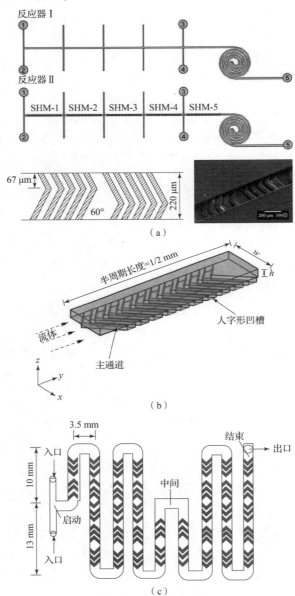

图 6-17　微流控芯片通道设计对比

（a）Mei 等设计的人字形混合通道；（b）人字形混合通道分析模拟；（c）混沌无源微混合器芯片

为提高反应的特异性，通常采用在微通道或腔室内固定抗体的方式实现对待测样品的测定。Abe 等在微流控芯片的独立微通道中，通过压电喷墨打印的方式固定了特异性抗体用于待测样品的捕获，再将酶标抗体及其底物依次运送至反应处，实现了对白介素 6（interleukin 6，IL-6）和肿瘤坏死因子-α（tumor necrosis factor-α，TNF-α）的连续检测，检测限分别为 0.28 pg/mL 和 0.46 pg/mL（图 6-18）。

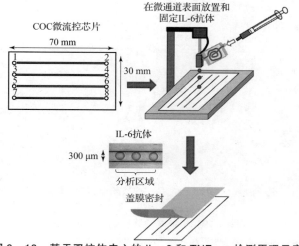

图 6-18　基于双抗体夹心的 IL-6 和 TNF-α 检测原理示意

Huang 等报道了一种基于磁珠的可复用富集浓缩一体化微流控免疫化学发光检测系统。在该系统中，磁珠被用作抗体的固定化载体，通过双抗体夹心的方式实现了对甲胎蛋白的检测，检测限为 0.23 ng/mL，线性范围为 1~800 ng/mL。该研究利用磁珠的比表面积，加强了样品和试剂间的相互作用。

Liu 等首次报道了一种折纸式微流控芯片（图 6-19）。该芯片利用光刻图形通道中垂直和横向流体流动的三维组合，通过折纸方式将试剂运送到反应区域，以 BSA 作为模式样品进行检测，检测限为 0.14 μM。

Ge 等使用这种三维折纸方法对 AFP、CA153、CA199、CEA 四种癌症标志物进行检测，通过三维折纸技术集成了全血样品血浆分离、自动漂洗和多重检测等步骤，以银纳米颗粒作为催化剂对鲁米诺-过氧化物体系进行催化，得到四种标志物的检测限分别为 1.0 ng/mL、0.4 U/mL、0.06 U/mL 和 0.02 ng/mL。

Cho 等构建了纸芯片-ELISA 平台，在传统试纸条的基础上，增加了二维液体流动以进行二次反应，进而提高检测灵敏度（图 6-20）。该方法在 0.1~100 ng/mL 的浓度范围内对 cTnI 的检测限为 0.027 ng/mL，检测灵敏度相对于胶体金免疫层析法提高了近 30 倍。

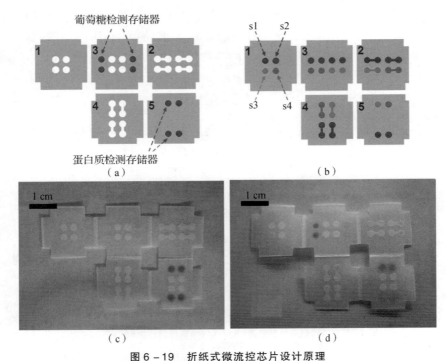

图 6-19 折纸式微流控芯片设计原理

(a) 网络设计；(b) 样品注入位置；(c) 实物；(d) 检测结果

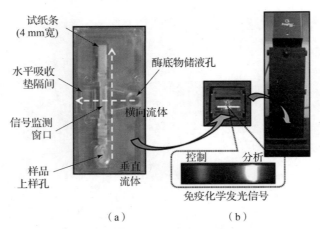

图 6-20 纸芯片-ELISA 平台原理示意

(a) 芯片上的 ELISA；(b) 免疫化学发光检测器

Bhattacharyya 等报道了一种基于软光刻的 8 通道微流控免疫芯片传感器，用于血清中标志物的检测。该传感器采用双抗体夹心法的原理，在高通量芯片上同时实现标准曲线和血清样本的检测，样本读取结果简单。不过，该传感器灵敏度相对较低，检测限为 0.1 μg/mL。

Yang 等报道了一种集成了气动微泵、常闭微阀和涡旋式混合器的三层微流控装置，用于 CRP 的检测（图 6-21）。该装置依然以磁珠作为样品捕获和富集平台，通过双抗体夹心的方法对 CRP 进行测定，检测限为 12.5 ng/mL，检测时间为 25 min，与医院现有方法相比，检测灵敏度和时间都得到很大改善。

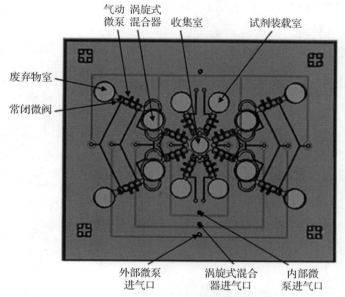

图 6-21 用于 CRP 检测的微流控装置示意

6.3.2 基于功能核酸的检测方法

与基于抗原-抗体的免疫识别相比，功能核酸作为分子识别元件越来越受到研究人员的青睐，适配体是其中的优秀代表。适配体是通过指数富集的配体系统进化（systematic evolution of ligands by exponential enrichment process, SELEX）筛选而来的一段 DNA 或 RNA。与抗体相比，核酸适配体具有特异性高、化学性质稳定、制备过程简单且免疫原性低的优点。更重要的是，适配体的结构设计和固定过程相对简单，为新型生物传感的设计提供了新思路、新策略。

Shen 等利用单二氧化硅光子晶体微球制备基于四联体-适配体的新型化学发光检测平台进行 OTA 的测定。当 OTA 不存在时，适配体与 G4 链体形成复合物，可催化底物显色，而当 OTA 存在时，其与适配体结合并促使 G4 链体的解离，则无法产生信号。

除了直接捕获的方式以外，利用适配体进行信号放大，是提高检测灵敏度的关键手段。Zou 等报道了一种利用剪切酶辅助的信号放大和 DNA 酶催化的化学发光的凝血酶灵敏检测方法（图 6-22）。该方法利用凝血酶与适配体结合以改变适配体构象，暴露出黏性末端。该黏性末端可以通过催化发卡自组装的方法形成 DNA 双链复合物。该复合物的黏性末端会被外切酶识别并切割，进而产生具有过氧化物酶活性的 DNA 酶，并催化底物显色。该方法的检测限为 0.92 nM。

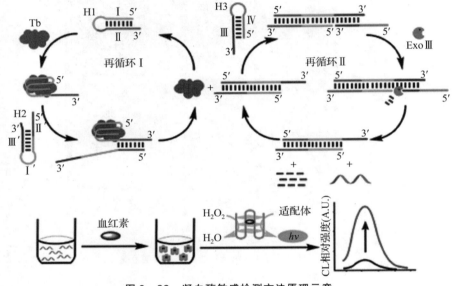

图 6-22 凝血酶敏感检测方法原理示意

6.4 基于微流控芯片的蛋白质可视化检测技术

比色法检测是一种应用最为广泛的光学检测技术。根据朗伯比尔定律，在比色分析中，当入射光一定时，液层厚度保持不变，则测得的吸光度 A 与溶液的浓度 c 成线性关系。由于比色法检测操作简单、结果便于观察，所以它是最早用于微流控芯片的光学检测方法。

Mao 等最先将比色法应用于等电聚焦电泳芯片上，用于对肌红蛋白的分离和检测。他们通过光刻和化学蚀刻的方法加工出微通道大小为 4 cm × 100 μm ×

10 μm 的微流控芯片，并以线性 PAAM 修饰微通道表面。用于电泳的石英芯片盒的两端粘有中控的纤维胶，用于隔离电解质和样品。该方法对肌红蛋白的检测限为 30 μg/mL。

随着对分析速度和检测通量的要求不断增加，比色传感器阵列表现出极大的发展潜力和广阔的应用场景，它通常在一块芯片中包含大量的独立反应小区域，这样不仅减小了试剂消耗量，缩短了分析时间，还可以在单个试验中同时分析多个样品或同时分析一个样品中的多种待测物。Fan 等设计了一种可重构微流体稀释液装置，用于高通量定量分析（图 6-23）。该装置由可切换的分配和收集通道、计量容器、反应室和压力激活的拉普拉斯阀组成。该装置可得到固定样品量（10 μL）中并行产生离散的对数二元浓度分布图。在将样品、稀释液和检测试剂依次装入其各自的腔室后，顶部微流体层可以重新配置并利用阀门使每个腔室独立。为了促进腔室中液体的混合，他们设计了两种声学微流致动力机制，最后将计量化学试剂并行地收集到反应室中进行比色和荧光检测。通过以 BSA 作为模式待测物进行验证并与商业化的标准定量方法对比，该装置表现出了高度的可重复性和出色的一致性。

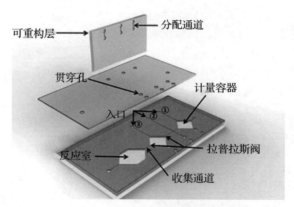

图 6-23　可重构微流体稀释液装置

Tian 等开发了一种基于 μPAD 结合水凝胶的生物传感器。该传感器首先利用适配体分子交联形成水凝胶，并将葡萄糖淀粉酶封装于水凝胶内部。待测样品与适配体结合使水凝胶结构解离，释放葡萄糖淀粉酶。其催化直链淀粉水解，产生大量的葡萄糖，可通过血糖仪对葡萄糖含量进行检测以间接判断待测样本浓度。

Vella 等报道了一种基于纸基微流体的便携式检测设备，该设备通过在全血中测定天冬氨酸转氨酶和丙氨酸转氨酶的活性来判断肝功能情况。该设备包括图案化的疏水和亲水区域、过滤器和自黏层压板。其主要功能是进行血浆与红细胞分离、样本分流和比色检测。检测过程在 15 min 内即可完成，样本量仅为 35 μL 的血液。该设备用于临床样品中肝损伤和肝毒性检测的准确率高于 90%。

Lieberman 小组报道了一种基于颜色条形码的纸芯片技术，用于抗肺结核药物药效的评价。通过疏水性屏障隔开的 12 条泳道分别放置不同的检测试剂，当药物进入泳道后，泳道会呈现不同的颜色以形成"颜色条形码"，由此可以判断药物中是否含有 β-内酰胺抗生素或其他抗结核（TB）药物组合的药物剂型。

随着智能手机的兴起，颜色识别的研究热点集中在基于小程序的图像识别，以期能够代替目前的商业化仪器。

Lopez 等设计了一款用于测定亚硝酸盐浓度和 pH 的 Android 应用程序。一块 50 mm×35.3 mm 的纸基芯片上包含了 7 个检测区域和 1 个对照区域。各区域内有各自响应的固定化试剂。当检测过程完成后，将智能手机的闪光灯作为光源，并以内置相机进行图像获取，通过 Android 应用程序进行数据处理。提取 HSV 色彩空间的 H（色相）和 S（饱和度）坐标，并分别与 pH 和亚硝酸盐浓度对应。该方法可以一次性感应和分析多重彩色区域。

Dong 等开发了一种纸基免疫分析装置，用于从指尖血中定量检测 CRP，并结合智能手机读出，实现慢性心脏病和肾病的诊断（图 6-24）。该装置与常规侧向流层析试纸结构类似，增加了堆叠在结合垫顶部的等离子体分离垫。由带有附加透镜和三维打印芯片外壳的商用智能手机拍照得到图像，结合自行开发的智能手机应用程序，实现数据的分析与处理。该装置具有较宽的线性范围，检测限达到 54 ng/mL，并且可以在一个芯片上在 15 min 内完成 3 次重复检测，重现性与标准的 ELISA 试剂盒一致。

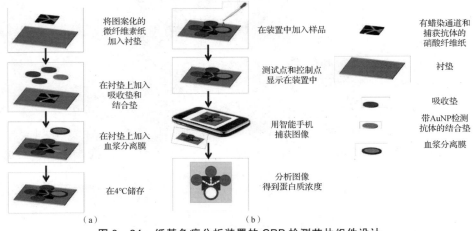

图 6-24 纸基免疫分析装置的 CRP 检测芯片组件设计

Plevniak 等报道了一种低成本的 iPOC3D 智能手机辅助的三维微流体比色系统，用于贫血患者的鉴定。通过三维打印技术加工外壳以方便芯片与智能手机的光学镜头对齐。微流控芯片内的血液样本与其他试剂的混合通过毛细作用力完成，避免了外部泵的使用。以血红蛋白为催化剂氧化 TMB 颜色发生由蓝色→绿色→黄色→橙色→红色的变化，然后将其连接到智能手机，通过比色读取测试线，由自定义应用程序将图像转换为定量值。该系统仅需 5 μL 指尖血即可完成检测，并显示出良好的灵敏度和特异性。

Laksanasopin 等开发了一种基于微流体的自动化移动 POCT 系统，该系统可以有效地诊断全血样本中的病毒感染。他们将酶标仪的所有功能集成于一个被称为"加密狗"的小型诊断附件上，这种附件小巧轻便，可以单手操作，还可以与智能手机连接。他们在一个封装有试验试剂的一次性塑料微流控盒内完成检测。该系统使用金标记的抗体来检测全血样本中的病毒，可在 15 min 内完成对 3 种病毒的同时检测。在现场测试期间，基于微流体"加密狗"的系统显示出对 HIV 的 100% 敏感性和特异性，而梅毒检测值略低。

Busin 等开发了一种被称为"多垫纸板"（MP3）的纸基微流控平台，用于动物炎症的检测（图 6-25）。多垫纸板通过激光微加工和热层压进行包封，形成类似 96 孔板的结构。该平台对牛触珠蛋白（Hp）的检测限为 0.73 μg/mL。牛血清中 Hp 的成功检测证明了该平台应用于实际生物样品检测的可能性。

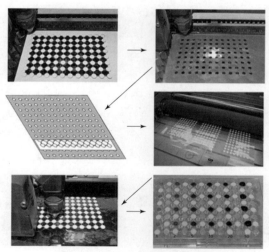

图 6-25　多垫纸板加工示意

目前，微流控芯片上的比色分析正稳步发展，存在的主要挑战是重现性、精密度以及抗环境干扰能力。

6.5 基于微流控芯片的其他蛋白质检测技术

6.5.1 基于微型核磁共振的微流控蛋白质检测技术

　　大多数生物组织具有和纯水相同的顺磁性，因此将核磁用于检测可以避免样本预处理过程。但是，目前商业化核磁设备体型庞大，价格高昂，无法做到与微流控芯片兼容。随着微加工技术、纳米技术和软件处理能力的不断发展，核磁共振系统正逐步实现微型化。众多研究团队已在微型核磁共振仪器及部件的研制方面开展了大量工作。

　　Lam 等开发了一种基于液态金属浇注法获得亚纳升级体积的核磁共振收发器螺线管线圈。他们利用光刻工艺和 PDMS 键合工艺，制作带有浇注孔的多层 PDMS 型腔，然后将液态金属镓注入腔体，形成矩形截面螺线管线圈。使用当前设备的几何结构进行的 NMR 测量和有限元模拟表明，这些材料的优化可以在不到 1 nL 的溶液中收集得到亚毫摩尔浓度样品的光谱。

　　Kratt 等报道了一种微电子加工工艺，可在硅和 PyrexR 晶圆上制作含微通道的 SU-8 接线柱，其最小直径可达到 100 μm。该工艺首先利用紫外光刻法在带金属导体盘的基底上制造 SU-8 材料的骨架，然后使用螺旋绕线法将绝缘金丝绕到骨架上，产生微线圈阵列，每个微线圈都直接粘在芯片上，从而避免了导线末端松动的情况。经过工艺优化，可以在螺线管线圈的基础上集成微通道，所需液体量仅为 10 nL，可用于搭建检测微量样本的微流控芯片。然而，SU-8 材料的强度有限，且需使用无掩模光刻工艺，操作难度大。

　　西安交通大学的陈烽研究组报道了一种新的探头技术工艺。首先利用飞秒激光蚀刻技术，在石英管中加工出一个微型的三维螺旋中空微通道，然后将 10% HF 注入该微通道，使其扩展到所需尺寸，最后在该微通道内注入液态金属镓，冷却凝固后形成微型螺线管线圈，线圈直径约为 100 μm。该方法成功解决了飞秒激光蚀刻区域狭窄的问题。但因为金属镓的阻抗值较大，所以该探头品质因数及灵敏度处于较低水平。

　　Shao 等以直径为 100 nm 左右的循环囊泡为检测对象，设计了一种新型的微流控核磁共振探头。该探头融合微流控芯片制作工艺与微型螺线管线圈制作工艺，以石英玻璃片为基底，以 PDMS 为主要支撑材料，将微型螺线管线圈嵌入微流控芯片微通道，实现对样品的检测。但该制作方法极其复杂，其中无掩膜光刻与高精度等离子键合工艺都对操作要求极高，制作成功率低，难以标准化生产。

上述报道中所制造的微型螺线管线圈样品腔与样本注入通道之间的集成装配技术难度较大，无法批量制造。尽管目前微型核磁共振装置及关键部件的设计研究受到极大关注，制作技术手段多样，应用范围较广，但适用于微量液态生物样本检测的装置平台及检测探头还仍处于较低的发展水平。

6.5.2　基于表面等离子体共振的微流控蛋白质检测技术

表面等离子体共振（surface plasmon resonance，SPR）是当入射光的波向量与金属膜表面电子（即等离子体）的振荡频率匹配时，引起电子发生共振的现象。此时金属膜表面反射光的强度达到最低，这时的入射角度称为 SPR 角。基于 SPR 的检测技术就是利用 SPR 角与金属表面生物分子的质量相关这一特性进行检测的。

Kurita 等报道了一种基于 SPR 的微流控免疫传感器，用于 B 型利钠肽（BNP）的检测。该传感器是基于竞争法实现的，即先在金属膜 A 上固定 BNP 类似物，当样本中的 BNP 与乙酰胆碱酯酶混合液流过微通道时，只有未与样本中 BNP 结合的乙酰胆碱酯酶可以与金属膜 A 上的类似物结合，此时向体系内加入硫代乙酰胆碱，其在乙酰胆碱酯酶的催化下变成硫代胆碱并在薄膜 B 上聚集，此时测定薄膜 B 的 SPR 角，则该 SPR 角与 BNP 浓度成反比。该技术能够在 30 min 内实现对痕量 BNP 肽（15 fg）的检测。

Zhang 等采用基于光子晶体内全反射系统（PC－TIR）对肌红蛋白进行无标记检测。首先利用四氢呋喃、APTES、羧甲基右旋糖酐等物质处理传感器表面并完成肌红蛋白抗体的固化。当待测样本中目标分子肌红蛋白与传感器表面抗体结合后，SPR 角发生偏移，且偏移大小与肌红蛋白浓度成正比。该方法检测限为 70 ng/mL，线性范围为 70～1 000 ng/mL。

Fiegel 等使用基于 SPR 的微流控芯片技术研究系统性红斑狼疮（SLE）病人体内双链 DNA（dsDNA）和抗 dsDNA 抗体的结合情况。将 dsDNA 固定在微流控芯片表面，通过观察 SPR 折射率的变化，实现抗 dsDNA 抗体的定性及定量分析。该方法的结果与放射性免疫测定法的结果保持一致。研究人员表示，该方法可以扩展到对 I 型糖尿病病人体内的自身抗体 PAA 的检测。SPR－微流控芯片技术在蛋白质相互作用研究及自身抗体的检测方面具有良好的检测效果，成为一种极具潜力的放射性免疫分析法的替代方法。

6.5.3 基于表面增强拉曼散射的微流控蛋白质检测技术

表面增强拉曼散射（surface-enhanced Raman spectroscopy，SERS）是在印度物理学家拉曼发现的拉曼散射的基础上提出的，吡啶分子的拉曼散射信号强度在粗糙银表面得到大幅提升（增强约 6 个数量级），可有效地避免溶液相中其他物质的干扰，这也意味着 SERS 技术能够轻而易举地获得高质量的表面分子信号。

Wang 等建立了一种基于 SERS 的双抗体夹心法，用于检测雌二醇（Estradiol，E2），其对 E2 的检测限为 0.65 pg/mL。他们对 30 个血液样本进行了测定，并将结果与用 ELISA 检测法获得的数据进行了比较，二者具有较高的一致性。

Gao 等发展了基于 SERS 的电磁线圈微流控设备的全自动方法，用于灵敏定量检测溶液中炭疽生物标志物聚-γ-D-谷氨酸（PGA），其原理示意如图 6-26 所示。该方法基于微流体环境中和 PGA 共轭的金纳米颗粒与抗 PGA 固定的磁珠之间的竞争反应。磁性免疫复合物嵌入设备的螺线管而被捕获，它们的 SERS 信号被直接测量和分析。为了提高测量过程的准确性，他们还使用对照通道来测量无 PGA 血清的外标值。通过最小化无关的试验变量的影响，大大提高了检测的可靠性。该方法对血清中 PGA 的检测限为 100 pg/mL。

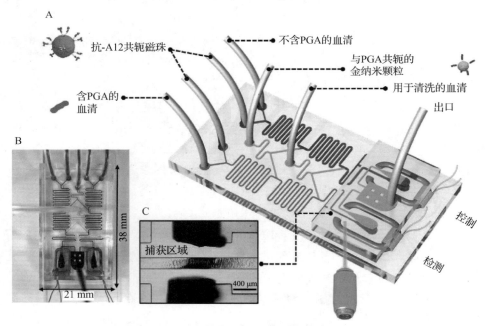

图 6-26　基于 SERS 的电磁线圈微流控设备的全自动方法原理示意

6.6 微流控芯片蛋白质检测技术在空间生命科学研究中的应用

蛋白质是生物体结构组成与生命功能实现的基本物质,是生命科学研究中重要的生物大分子。随着人类太空活动的不断增多和深入,空间环境中的蛋白质分析成为空间生命科学研究的重要内容。首先,研究空间环境中生物体蛋白质的性质,既有利于研究太空特殊环境对生物体造成的影响,又可以通过与地球环境中生物体蛋白质的比较,更好地揭示生命的奥秘;其次,蛋白质分析在航天员健康监测、空间生物试验、蛋白质组学研究、临床检验、家庭医疗诊断等方面有着广阔的应用前景,蛋白质芯片的产业化趋势也越来越明显,并将对这些领域产生变革性的影响,深刻改变人类的生产生活方式。

空间站可以为生命科学提供不同于地球的特殊研究环境,例如微重力和强辐射。在过去的20多年中,蛋白质研究相关的空间载荷的主要集中于在微重力环境中制备得到多种类型的高质量、大而有序的蛋白质晶体。微重力条件为蛋白质晶体提供了一个极好的研究环境,空间的微重力环境抑制了溶液的流动(对流),并允许蛋白质晶体在稳定的环境中生长,而且由于不存在对流,杂质不会被转运到蛋白质晶体表面,所以可以获得高质量的蛋白质晶体(图6-27)。

6.6.1 ISS 蛋白质研究技术

NASA 的 PCG – EGN 项目在 2000 年将气态氮杜瓦瓶送上 ISS,为微重力环境中生产生物蛋白晶体提供了经济和潜在的高容量途径。同年,在 1985 年开展的先进蛋白质结晶设备(advanced protein crystallization facility,APCF)研究项目的基础上,由 NASA 及意大利航天局(ASI)合作的 APCF 在 ISS 上实现液-液扩散,蒸汽扩散和透析 3 种结晶方法,成功获得了骆驼科动物蛋白、PPG 10(Pro – Pro Gly10)蛋白以及视紫红质等蛋白质晶体,提供了不受干扰的蛋白质结晶生长环境。自 2001 年,NASA 开展了 PCG – STEM 系列项目,使用蛋白质结晶装置(protein crystallization apparatusfor microgravity,PCAM)搭配单柜热量封闭系统(single – locker thermal enclosure systems,STES)进行微重力下蛋白质结晶试验,并实现了大型高品质晶体的生长。另外,2001 年由

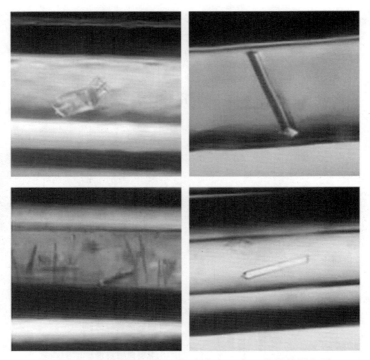

图 6-27　在地面上（左）和太空中（右）生长的蛋白质

ESA 支持的 ESA-GCF 项目及 2003 年由 JAXA 支持的 JAXA-GCF 项目均利用格拉纳达结晶设施（Granada crystallisation facility，GCF）在 ISS 上提供用反扩散法蛋白质结晶的优质试验平台，旨在优化试验数量，减小蛋白质溶液的体积，提高成功效率，并成功获得磷酸三酯异构酶晶体等高质量的蛋白质晶体。在 2016—2020 年，由 JAXA 开展的 JAXA-PCG、JAXA Moderate Temp PCG 及 JAXA Low Temp PCG 项目进行了空间环境中利用反扩散法进行蛋白质结晶的最适结晶温度条件的探究。激酶（Kinase）是一种重要的蛋白质（磷酸酶），可传达细胞内信息，并通过细胞的生长、分化和死亡来调节复杂的生物学功能。日本大阪府立大学的木下孝吉教授及其研究小组通过日本试验模块（Japanese experiment module，JEM）KIBO 上进行的太空试验成功结晶并确定了蛋白激酶 MAP2K7 的结构，MAP2K7 可调节压力和炎症反应，是关节炎、心脏肥大和肝癌等多种疾病的引人注目的药物靶标。另外，Kristallizator 系列、CASISPCG 系列项目等也进行了数以百计的蛋白质晶体生长研究。

在航天员健康监控方面，2008 年由 NASA 格伦研究中心与 DNA 医学研究所共同合作设计了一款可重复使用的微流控芯片设备 rHEALTH（图 6-28）。

这款设备可以快速、低成本地实现细胞数量计算及电解质、蛋白质和其他生物标志物的测量。流动式微流控芯片可以泵送样品，还可以清洁芯片以供后续使用，消除交叉污染的可能性。其检测原理是基于高灵敏荧光检测以及纳米条带试剂技术，可实现在一滴血液或体液中进行多参数指标的检测，其设计目的是监测航天员在长期太空飞行期间的健康状况。

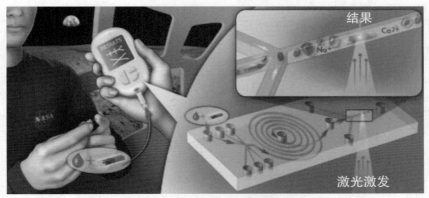

图 6-28　微流控芯片设备 rHEALTH

6.6.2　国内空间蛋白质研究技术

在研究方向上，国内与国际上的主要研究热点基本相同，也主要关注蛋白质晶体生长方面的研究。我国在 1992 年和 1994 年两次用管式气相扩散法在卫星上成功地进行蛋白质晶体空间试验，使用的装置为国内研制的管式汽相扩散结晶装置。西北工业大学仓怀兴教授团队于 2011 年利用德国生物培养箱（Simbox），使用气相扩散方法和液-液扩散方法，结合国内自主研制的浸入式毛细管结晶室装备搭载于飞船，并开展了相关试验，试验结果显示 14 种蛋白质样品的出晶率达到 85%，实现蛋白质样品出晶率的大幅提升，为后续空间蛋白质晶体试验提供了改进方向及优化思路。

为了实现空间环境中的蛋白质检测，北京理工大学邓玉林教授课题组设计开发了一套小型化、集成化、高灵敏度的微流控芯片蛋白质检测装置，包括小型化光学检测单元、自动进样单元、自动控制单元等（图 6-29）。该装置基于 ELISA 和蛋白质印迹（western blotting）相结合的蛋白检测技术，完成小型化光信号检测装置的研制。该装置实现了对 EGFR、FGFR4、HER2、IL6 4 种蛋白质的验证检测，结果显示，各个样品回归分析相关系数（R^2）均能够达到 0.98 以上；多个蛋白联合检测的结果进一步证明该技术及装置对蛋白质检测具有很好的专一性，互不干扰，也没有非特异性反应。

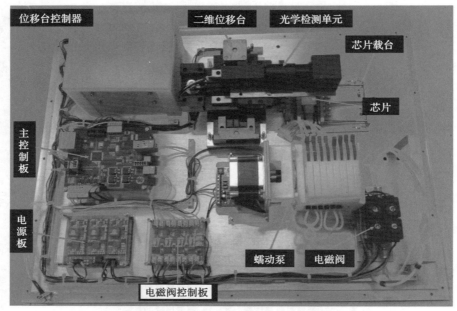

图 6-29 微流控芯片蛋白质检测装置

6.6.3 基于微流控芯片的空间蛋白质检测技术的未来发展趋势

虽然人们已经研制了多台具有空间适用性的在地面使用的基于微流控芯片的蛋白质检测技术的原理样机,但在空间中尚未存在相关实际应用。因此,这里列举一些基于微流控芯片的空间蛋白质检测技术的未来发展趋势。

1. 结晶筛选

对于蛋白质结晶体系,相对于常规的结晶方法,微流控芯片技术不仅可以极大地减少昂贵且难以表达纯化的蛋白质的消耗量,还可以提供无对流的环境,从而利于成核后的分子堆积和高质量晶体的生长。此外,微流控体系具有的大规模集成通道网络和液滴操纵自动化等特点,可以显著地减少繁复的手动操作,在增加流体控制精度的同时实现高通量的筛选。目前,多种微流控芯片技术已经被应用于蛋白质结晶及筛选领域,包括微泵微阀技术、液滴技术、滑动芯片技术、离心驱动芯片技术等。在微流控系统中已经实现的蛋白质结晶方法包括微批量法、蒸气扩散法、透析法、自由界面扩散法和逆向扩散法等。

2. 即时检测

蛋白质是人体重要的生物标志物,即时检测蛋白质能够实时反映机组人员的健康状况，及时应对健康变化情况。

在太空飞行过程中，特殊环境因素可对航天员的心血管系统产生影响。Fuentes 等人研究发现，在模拟微重力下，心肌钙蛋白 T（cardiac troponin T，cTnT）在心脏前体细胞中表达增加；Lu 等研究发现，在模拟微重力下，肌酸激酶（creatinekinase，CK）和乳酸脱氢酶（lactate dehydrogenase，LDH）较对照组明显增加。上述 3 种标志物也是目前在地面临床中常用的 3 种与心肌损伤、炎症等疾病相关的标志物。同时，微重力使骨负荷减小，交感神经兴奋性增加，抑制骨形成，且甲状旁腺激素减少和光照度较低，使维生素 D 生成和胃肠道钙吸收减少，共同导致骨形成减少和骨吸收增加，导致骨质丢失。研究表明，骨形成标志物，如抗酒石酸酸性磷酸酶 – 5b（tartrate resistant acid phosphatase – 5b，TRAP – 5b）、骨特异性碱性磷酸酶（bone specific alkaline phosphatase，BSAP）、骨钙素（osteocalcin，OC）、牙本质基质蛋白 1（dentin matrixprotein，DMP1）、Ⅰ型胶原 – α1（collagen type Ⅰ alpha1，Col Ⅰ – α1）及 runt 相关转录因子 2（runt – related transcription factor 2，RUNX2）等在太空飞行中减少。在太空飞行中，航天员的神经 – 内分泌系统变化复杂，相互影响，例如，在模拟微重力条件下，鼠的下丘脑稳态信号蛋白，如钙调蛋白表达上调，这些蛋白质与睡眠/清醒循环、饮水、下丘脑 – 垂体 – 肾上腺皮质调节等有关。特别地，在特殊飞行环境和应激状态下，航天员的胃肠动力水平可能发生改变。Roda 等研究发现，在模拟太空飞行项目中，粪便钙卫蛋白从飞行前的阴性状态转为阳性状态，提示肠道炎症的发生。

综上所述，与人体生命活动相关的蛋白质种类繁多、分析过程复杂，亟须一种高通量、自动化、高精度的方法来为航天员和其他机组人员提供 POCT 健康监测的技术保障，微流控芯片技术是一个很有前景的选择，目前已有上文提到的 rHEALTH 设备应用于太空飞行中。

3．新药物研制

如今，太空技术除能培育农作物种子外，美国、俄罗斯、中国等航天大国还利用飞船搭载科研设备进行了微重力环境中空间生命科学、空间材料、空间制药和物理等领域的试验，尤其在载人飞行中，航天员还开展了航天医学相关空间试验，研制出了一些新药品种。

从上文内容可知，"太空蛋白质晶体生长"试验是载人航天活动中的重要研究项目。蛋白质是生命的物质基础，要解开生物体的奥秘和研制新药，首先要有优质的蛋白质结晶，这样才具备深入了解其结构和功能关系的基础。在地面上，由于受重力影响，很难制成大而纯的蛋白质晶体。在太空失重条件下，蛋白质晶体比在地球上生长得更纯净、更大。通过对这些蛋白质晶体的分析，科研人员能更好地了解蛋白质、酶和病毒的性质，为新药的研制和更深入地了解生命的基本构造奠定基础。例如，坂本康光所在的日本研究小组使用在 KIBO 上进行的蛋白质晶体生长试验的结果，发现了一种抑制牙周病细菌生长的化合物，可用于牙周疾病的治疗。藤井郁夫教授团队则通过高质量的蛋白质晶体生长成功合成了人血管内皮生长因子（vascular endothelial growth factor，VEGF）抑制剂。VEGF 是一种诱导病理性血管生成的细胞因子，是黄斑变性和结肠癌的治疗靶标。

微流控芯片技术能够对这些太空生长得到的蛋白质晶体进行高通量、低成本的检测分析，在研制新药物方面具有一定的应用潜力。

4. 地外生命探测

蛋白质是生命的物质基础，是构成细胞的基本有机物，是生命活动的主要承担者。没有蛋白质就没有生命。因此，在地外生命探测中，蛋白质检测与核酸检测一样重要。微流控芯片技术易于满足生命科学对生物样品进行低浓度、高通量、高灵敏、快速分离分析的需求，与蛋白质检测分析技术相结合，有利于地外生命迹象的快速筛选。

微流控生命分析仪（microfluidics life analyzer，MILA）是一种用于在干燥的沙漠中寻找生命迹象的仪器。该仪器可以从土壤中提取包括氨基酸在内的有机分子。NASA 喷气推进实验室（NASA's Jet Propulsion Laboratory）的 Florian Kehl 研究员设计并制造了 MILA 的提取器部分。该仪器也许会被用于寻找火星或者太阳系中其他星球的生命迹象。

第 7 章
器官芯片

> 器官芯片能够在体外模拟人体器官的功能与结构，构建可以再现人体组织器官功能的微生理系统，是当前热门研究领域。美国等国家已经开展了心脏、肾脏、肺等多个器官芯片项目的研究，并将其应用于 ISS；我国科学家自主研发的血管芯片也成功应用于中国空间站。空间器官芯片为未来太空探索和药物研发提供了新的工具和平台，这对于深入了解空间环境中人体生理变化机制、保障航天员的身体健康具有重要意义。

7.1 器官芯片的概念及特点

器官芯片指的是通过微细加工技术在小型芯片上模拟整个器官或者器官系统的活动、力学特征以及相关生理反应等的多通道三维仿生微流体细胞培养装置。器官芯片是通过组织工程学的理论基础，结合微加工和微流控芯片技术，模拟人体的生理状况及器官功能而开发的新型装置。器官芯片系统可以重建复杂的人类生理微环境的关键方面，例如关键组织界面，细胞间/细胞外基质的相互作用以及涉及营养、代谢废物和细胞因子的浓度梯度等。体外重建系统可以促进对涉及生理学和病理学的基本机制的进一步研究以及仿生细胞分析应用程序的开发。

细胞是生物体基本的结构和功能单位；细胞外基质为多细胞有机体中细胞周围由多种大分子组成的复杂网络；微环境则是细胞间质及其中的体液成分参与构成的细胞生存的微环境，微环境的稳定是保持细胞正常增殖、分化、代谢和功能活动的重要条件，微环境成分的异常变化是细胞发生病变的最重要的诱因。探索单细胞的生长、细胞与细胞之间的关系、细胞与细胞外基质之间的关系、细胞与微环境之间的关系以及细胞外基质与微环境之间的关系可以了解器官运行的基础。

器官芯片是构成生物器官的基础元件，即以细胞－细胞外基质－微环境为原象的模拟。器官芯片可以培养出具有稳定表型和遗传学特征的、能够在体外长期存活的细胞,进而实现各种人体器官的发育、稳态和疾病过程的建模复制,包括器官所需的复杂而动态的微环境。相较于传统的细胞培养,微流控芯片技术为科学家提供了强大的操控手段——连续可控的流动环境、相互连通的培养单元、独立包裹的液滴、自动化分选、高集成蛋白质与核酸阵列、三维培养等,通过建模实现更完整的体内器官发育模拟,是代替传统生物试验品进行测定的绝佳之选。此外,器官芯片结合了微流控芯片技术,在微米、纳米尺度上,利用微通道、微泵/阀等特殊设计的几何结构,可以实现对流体流动更加精确的操控,甚至可以实现对微升级生物、化学、医学等实际液体样品的分流、混合、萃取、过滤及分析等操作,具有小巧、快速、低消耗和高通量等优点。另外,器官芯片反应过程短、灵敏度高,还具有较低的成本,集成化、高通量等也是器官芯片的亮点之一。相较于其他类器官模型,在精确控制仿生器官及其局部环境,模拟涉及营养、代谢废物和细胞因子的浓度梯度的改变与信息传递等方面器官芯片更胜一筹。这些基本特性使器官芯片在模拟目标器官的同时可以附加更多的内部或者外部环境的操作,还可以控制相应的变化来达到试验模拟、探索相应机理机制的目的。

7.2 器官芯片的发展历程

　　器官芯片是近几年快速发展起来的一门前沿科学技术,也是生物技术中极具特色且富有活力的新兴领域,对人类健康和生物产业发展具有重要战略意义。它融合了物理、化学、生物学、医学、材料学、工程学和微机电等多个学科,被 2016 年达沃斯世界经济论坛列为"十大新兴技术"之一。

　　早在 2004 年,美国康奈尔大学的 Michael 教授团队就首次报道了人体器官芯片的相关研究,但真正让器官芯片备受关注的研究是由哈佛大学 Ingber 教授团队开展的关于肺芯片的研究。随后,多国政府设立了一系列重大项目以加速开展器官芯片的研究。2010 年,德国工业大学获得 Go-Bio 基金支持开展器官芯片研究。2011 年,美国 NIH 联合 FDA 和国防部高级研究计划局共同推进人体器官芯片计划,用于新药研发和药物毒性预测,总投资约为 7 500 万美元。同年,微流控芯片领域的主流刊物 *Lab on a Chip* 连续出版系列专辑以报道研究人员在器官芯片领域取得的研究进展。2015 年,第一届世界器官芯片大会在美国波士顿召开,同年 *Nature* 杂志发表评论,称器官芯片是未来可能替代动物试验的革命性技术。2016 年,EU-Tox 风险项目等也包含支持器官芯片的部分。欧盟第七框架协议中也包括了人体芯片项目。2017年年初，美国开展空间人体器官芯片研究，共资助9个相关项目。2017年4月，FDA开始尝试用肝脏芯片开展药物测试，以期代替动物试验。此外，器官芯片的产业化发展也在Emulate、CN Bio、CN Bio Innovations等公司的推动下逐步走向成熟。

与国外相比，我国的器官芯片技术也在蓬勃发展并得到了广泛的支持。2013年，科技部设立器官芯片重大研究专项以支持器官芯片的发展。2021年，政府从基础研究和监管层面系统性推动类器官和器官芯片技术的发展应用。2023年6月，我国空间站上开展的血管组织芯片在长期微重力条件下的培养试验圆满完成。这是全球首次在空间环境中应用血管芯片开展相关研究。在产业化方面，北京大橡科技有限公司已研发出3款器官芯片平台，并在此基础上构建了肿瘤、肝、血脑屏障、肝-肿瘤、血脑屏障-肿瘤等多种器官芯片模型，实现了细胞从二维向三维的跨越。器官芯片的重要发展历程如图7-1所示。

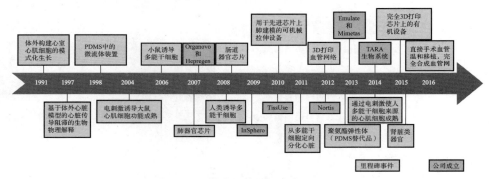

图7-1 器官芯片的重要发展历程

器官芯片从只能单纯培养到实现单一仿生功能，再到模拟器官、组织与培养环境的复杂体系，这一领域的研究和发展逐渐变为当代重要的新兴科学技术平台和国家层面产业转型的潜在战略领域。目前器官芯片领域的研究已处于一个重要发展阶段。

7.3 器官芯片的设计类型

7.3.1 基于通道的器官芯片

基于通道的器官芯片结构简单、易于产生浓度梯度和剪切应力的结构主体,常被用于细胞间的相互作用、化学物质对细胞的作用和细胞迁移等问题的研究。基于通道的器官芯片由若干个用于细胞培养的主通道(通道宽度为10^2~10^3 μm)和多个用于物质运输和细胞迁移的连接通道(通道宽度为数微米至数十微米)组成。

  基于通道的器官芯片通常采用平行通道构型,少数采用环形通道构型。Ma 等构建了一种基于三平行通道的器官芯片,用于研究在肿瘤细胞诱导下成纤维细胞的迁移现象[图7-2(a)]。该芯片包含了3个主通道和2个连接通道,中间的主通道用于培养成纤维细胞,两侧的主通道分别用于培养肿瘤细胞和正常细胞。培养结果表明,成纤维细胞具有向肿瘤细胞迁移的现象。Kim 等在基于五平行通道的器官芯片上诱导生成了三维微血管网络系统和肿瘤血管网络系统,通过荧光微球和异硫氰酸荧光素-葡聚糖溶液的灌注对血管结构进行标记,进而验证了血管屏障的完整性[图7-2(b)]。Wang 等通过在中间通道设计3个菱形培养腔室,在类似的基于五平行通道的器官芯片上诱导生成了3丛微血管网络[图7-2(c)]。该血管网络可在动态灌注下维持培养12天,物质在微血管网络内的扩散周期为45 min。

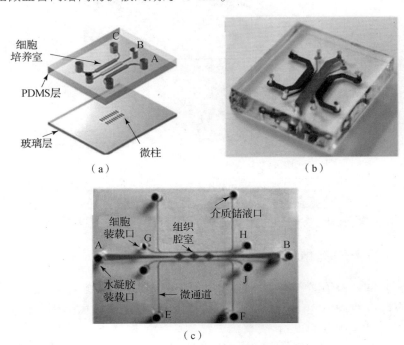

图7-2 基于平行通道的器官芯片

(a)基于三平行通道的器官芯片;(b)基于五平行通道的器官芯片;
(c)基于五平行通道的器官芯片

基于平行通道的器官芯片通常会在通道之间设置微结构（如微柱和微槽）或水凝胶以进行互连。通道之间的界面可用于模拟体内各种生物屏障。另外，可以在微流体装置的特定区域生成并维持营养物、生化因子，甚至药物的浓度梯度，并将其应用于模拟人体的生理组织环境。Ren 等采用基于平行通道的微柱阵列器官芯片模仿毛细血管 - 心肌组织界面，用于研究缺氧引起的心肌损伤。将具有/不具有耗氧量阻断剂的新鲜培养基注入各自的辅助通道，以在中间通道产生低氧梯度，模拟心肌梗死期间的低灌注/低氧状态。通过形态学和细胞骨架动力学、线粒体膜电位和 caspase - 3 活性来研究低灌注/缺氧对心肌细胞凋亡的作用。

与基于平行通道的器官芯片相比，基于环形通道的器官芯片的应用相对较少。Chong 等建立了一种基于同心环构型的分区肝脏免疫共培养阵列芯片（图 7 - 3），用于研究药物导致皮肤过敏的前期反应。

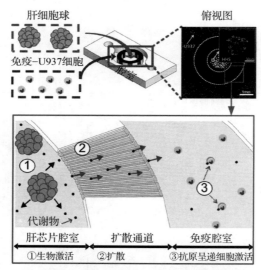

图 7 - 3　基于同心环构型的分区肝脏免疫共培养阵列芯片示意

7.3.2　基于腔室结构的器官芯片

基于腔室结构的器官芯片是由若干个形状不同的腔室经过连接通道连通组成的。其中，微腔室用于组织细胞培养，而通道则用于物质运输和信息传递。同时，多个腔室之间的串/并联可用于模拟人体关键的相互作用，以构建生理生化模型。Sung 等构建了一种基于腔室结构的器官芯片（micro cell culture analog，μCCA），并引入水凝胶基质的肝脏、肿瘤和骨髓细胞［图 7 - 4（a）］。该芯片采用重力驱动，通过摇摆平台的摇动产生周期性液体循环，用于模拟流体剪切力,进而用于抗癌药物 5 - 氟尿嘧啶(5 - Fluorouracil,5 - FU)的毒性测试。Atac 等构建了一种基于双腔室结构的器官芯片,用于研究离体皮肤和单个毛囊活组织动态培养间的关系 [图 7 - 4 (b)]。该芯片具有两个独立单元,每个单元均包含两个独立的腔室和一个流体通道,通过蠕动泵和 PDMS 微阀驱动及控制流体的循环流动。培养结果显示,离体组织在芯片上排列紧密,细胞保持较高的活性,毛囊的毛纤维结构显著伸长。Maschmeyer 等在此基础上提出了基于四腔室结构的器官芯片,用于模拟小肠对药物的吸收和代谢、肝脏对药物的代谢及肾脏的排泄功能 [图 7 - 4 (c)]。结果显示,在动态培养 28 天后,芯片上各组织细胞仍具有较高活力和组织生理结构。Oleaga 等设计加工了用于心脏、肌肉、神经元和肝脏共培养的基于五腔室结构的器官芯片 [图 7 - 4 (d)],动态培养超过 14 天,成功实现了对 5 种药物毒副作用的评价,其结果与临床和动物模型结果一致。

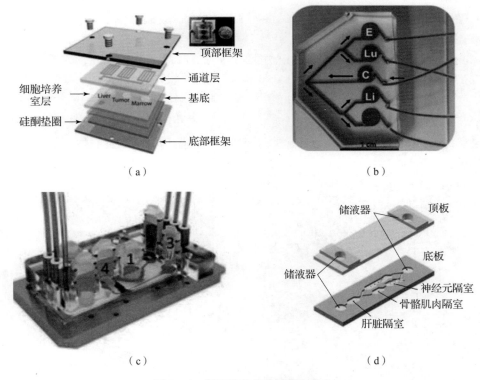

图 7 - 4 基于腔室结构的器官芯片

(a) 基于腔室结构的肝脏、肿瘤与骨髓细胞共培养芯片;(b) 基于双腔室结构的离体皮肤、单个毛囊活组织共培养芯片;(c) 基于四腔室结构的模拟小肠对药物吸收代谢的器官芯片;(d) 基于五腔室结构的心脏、肌肉、神经元和肝脏共培养芯片

7.3.3 基于膜的器官芯片

为了模仿人体器官的关键组织界面，研究者们提出了具有通道-多孔膜-通道夹心结构特征的多层微流控芯片技术。一些高聚物多孔膜具有良好的生物相容性，如 PET 或 PC 多孔膜，其孔径为微米级，可阻挡细胞/组织过膜或提高其过膜难度。在许多器官芯片中，多孔膜可作为细胞培养的支撑材料或基底膜。异质细胞通过不同的通道层接种到膜的两侧，细胞汇合到膜上后，形成各种器官相关的生物屏障系统。此外，可变形膜也可用于多层微流控装置中，以再现器官相关屏障系统的循环机械运动关键功能。例如，Huh 等构建了一个仿生肺系统，使用弹性 PDMS 膜重建肺泡-毛细血管界面的循环机械运动。将微血管内皮细胞和肺泡上皮细胞接种在薄多孔膜的相对两侧，在多层微流控装置中形成血管和上皮界面的器官水平功能。利用多层微流控芯片技术可以模拟具有流体应力和循环力的仿生屏障系统，例如，在多层 PDMS 芯片中利用肠道特异性细胞构建肠道芯片，通过蠕动和管腔流量控制的流体应力和循环力模拟高极化和分化的柱状上皮的形成。

Ingber 等设计了一种具备一定仿生功能的肺芯片（图 7-5），其核心是中间的 PDMS 多孔膜，膜的两侧分别接种了上皮细胞和内皮细胞以模拟肺泡结构，通过气泵的周期性工作模拟人的呼气与吸气过程。在此基础上，该小组进一步构建了用于药物研究的肺癌模型。此外，这种具备弹性膜的芯片结构也用于肠芯片的构建，通过模拟肠道蠕动探究组织液流动对肠细胞表型和肠道微生物菌群的影响。

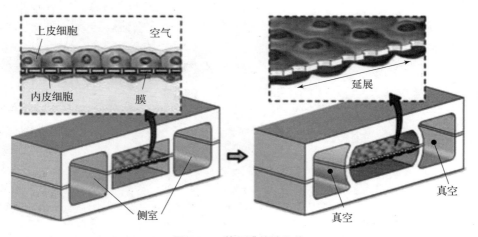

图 7-5 基于膜的肺芯片

基于膜的器官芯片多采用外接注射泵或气泵的方式驱动液流。此外，由于多孔膜本身既可作为细胞培养的基底，也可用于腔室分隔，并可有效控制物质扩散速度，所以在一些基于膜的器官芯片中，通过对膜孔、膜材质等的优化，利用物质扩散，不采用外接泵也可实现对微环境的模拟。

7.4 器官芯片的分类

为了有针对性地研究某种疾病模型，研究人员构建了多种不同类型的器官芯片，如心脏芯片、肺芯片、肝芯片等。这些器官芯片可以单独使用，也可以组合成多器官芯片系统，模拟多个器官之间的相互作用，替代传统的动物试验，提高试验的准确性和高效性。此外，许多器官芯片还集成了传感技术，以实现更精确的控制和监测。随着技术的发展，未来可能出现更多类型的器官芯片，实现真正意义上的"芯片人"。

7.4.1 脑芯片

脑是一个复杂的系统，由神经元和神经支持细胞组成，包括星形胶质细胞、内皮细胞、周细胞和平滑肌细胞等。脑中每种细胞类型在传输和处理神经信号以及维持健康神经功能的微环境中都起着至关重要的作用。在脑的相关研究工作中，血脑屏障（blood-brain barrier，BBB）是一个绕不开的话题。血脑屏障是介于人脑中血液和脑组织之间的一道生理屏障，对维持中枢神经系统的生理活动和脑内微环境的稳态至关重要。研究表明，血脑屏障功能异常可导致神经障碍，与阿尔兹海默病、帕金森病和脑肿瘤等脑部疾病的发生密切相关。血脑屏障的结构致密性和高选择性使大多数药物分子难以进入脑组织，在一定程度上限制了针对中枢神经系统药物的研究与开发。因此，建立可靠的体外血脑屏障系统，解决现有二维细胞及动物模型与体内偏差较大的不足，一直是药物评价领域待解决的关键问题。

μBBB 结构的完整性是实现其功能的前提。目前，常利用跨膜阻抗（trans-epithelial electrical resistance，TEER）来反映 μBBB 结构的完整性。Griep 等设计了一个 μBBB 芯片，可以通过测量 TEER 评估其功能。在两个具有直通道的 PDMS 层上，设计可用于 TEER 测量的电极。在顶部通道中培养人脑内皮细胞（hCMEC），1 天可显示出融合的单层，接着测试流体剪切力和 TNF-a 对 hCMEC 屏障的影响。结果表明，通过流体灌注，在持续暴露于 5.8 dyn/cm² 的剪切力期间，TEER 值增长了 3 倍。而在暴露于流体 18 h 后，将 1 ng/mL 的 TNF-a 引入系统，发现 TEER 值减小为原来的 1/10。这证实了可以通过生物化学和机械因素优化 μBBB 模型的功能。

中枢神经系统药物的有效作用受到其穿透 μBBB 能力的制约，开发可靠的 μBBB 模型进行药物渗透性评估可以促进早期有效筛选靶向大脑的药物候选物，评估药物的神经毒性，大大加速药物筛选过程。Shao 等构建 μBBB 模型来模拟药物递送到大脑中以诱导靶细胞的细胞毒性。人脑微血管内皮细胞（hCMEC/D3）在基于膜的微通道中动态培养，然后将模型药物舒尼替尼加入微通道并强制渗透通过 μBBB 模型。在 μSPE 预处理后，通过电喷雾电离四极杆飞行时间质谱仪（ESI-Q-TOF MS）对渗透量进行定量测量。同时，渗透的药物与下游琼脂糖凝胶内培养的胶质瘤细胞（U251）一起孵育，以研究药物诱导的细胞毒性。所获得的结果与先前的报道一致。这表明，该平台为药物渗透性和细胞毒性检测提供了有效的工具，对中枢神经系统药物的研发具有重要价值。

Wei 等开发了一个开放式微流控三维血脑屏障模型和平台（图 7-6），该模型和平台在每个板上包含 8 个血脑屏障装置，可以在各种条件下进行平行测量。每个血脑屏障装置由一个"脑"单元组成，该单元包含原始人类星形胶质细胞和三维水凝胶中的人类周细胞（模拟大脑细胞外基质），以及一个"血管"微通道（该微通道内衬人类大脑内皮细胞）。芯片上的血管单元暴露在逐渐增加的准单向流动中，这种流动是通过血脑屏障平台的不对称周期性倾斜获得的。倾斜诱导的血流促进了坚固紧密的内皮屏障层的形成。集成的 ITO-Pt 四电极 TEER 传感器实现了对血脑屏障 TEER 和光学的实时监测。TEER 测量用于监测血脑屏障的形成和动态变化，而高度透明的 ITO 电极可以不受限制地进入血脑屏障模型进行高分辨率实时成像。为了评估血脑屏障系统的性能，并测试其在创伤事件中再现屏障反应的能力，研究人员采用了氧/葡萄糖剥夺条件来模拟脑缺血，研究了血脑屏障在这种条件下所经历的快速转变。研究结果表明，开发的血脑屏障模型和平台能够在体外重现血脑屏障和内皮细胞骨架的快速重组，并能以高时间分辨率和空间灵敏度对这一过程进行连续监测。

7.4.2 心脏芯片

心脏是血管系统的动力器官，也是人体循环系统的中心。健康的心脏可以为人体的正常运转提供足量的血液以维持生命活动。如果疾病或损伤导致心肌功能受损，则身体各器官将无法获得足够的血液以维持身体功能的正常运行。同时，药物的心脏毒性是药物在研发、临床乃至上市阶段失败的重要原因之一。

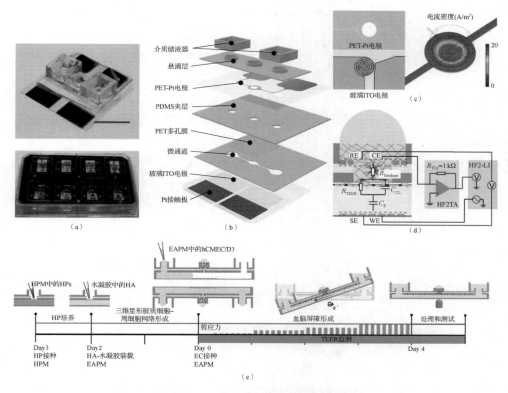

图 7-6 开放式微流控三维血脑屏障模型和平台

心脏的功能主要取决于心肌细胞对血液机械应力的响应。这些刺激可以诱导细胞结构、收缩功能和基因表达的变化。当前的细胞培养技术通常不能模拟在心脏中观察到的物理负荷。因此，需要构建一种生理相关的体外模型。Giridharan 等开发了一种模拟左心室物理负荷的微流控心脏模型。在柔性膜上培养胚胎成纤维细胞，利用泵向系统输送液体，提供流体剪切力。通过阀的控制产生机械应力，导致膜被拉伸，可以模拟心脏预负荷。通过各种厚度的膜进行不同的压力测试，发现应变与膜厚度成反比。在 139 μm 的膜中表现出 20% 的应变，在 93 μm 的膜中表现出 60% 的应变。这个模型可以通过阀的控制来模拟与人体内情形近似的心脏疾病。静态培养成纤维细胞的 F-肌动蛋白是随机分布的，而在这个流体系统中细胞 F-肌动蛋白显示出对齐分布。所有结果表明，这种微流控模型具有模拟心脏特性的潜力。

鉴于心肌的多层结构和血管集成的特性，心脏组织工程化仍然是一个巨大的挑战。Zhang 等提出一种基于 3D 生物打印的策略来构建一种血管化心肌。

他们通过3D生物打印将内皮细胞打印在微纤维水凝胶支架内，形成一层融合的内皮血管。在这个三维内皮支架上接种心肌细胞，可以产生能够自发和同步收缩的心肌。将类固醇加入微流体灌注生物反应器，评价其对血管化心肌的毒性，发现心肌和血管对药物存在剂量依赖性反应。结果表明，这种以3D生物打印技术构建的人血管化心肌器官的方法为功能性的心脏模型提供了一个新的思路。

Aereas Aung 等研发了一种三维心脏模型，可以原位实时定量地测量心肌收缩力。他们通过精确空间分布的细胞三维图案化技术，在微流控芯片中用鼠心肌细胞构建了一个三维心脏微阵列。将细胞封装在可降解的明胶甲基丙烯酸酐水凝胶中，然后夹在两个聚丙烯酰胺水凝胶之间。聚丙烯酰胺水凝胶用作"应力传感器"以获得心脏细胞跳动产生的收缩力。通过将其暴露于能增加心脏收缩量级和频率的肾上腺素中来测试构建的三维心脏模型的特异性应答，发现心肌组织表现出增加的跳动频率和应力幅度。这种具有实时检测功能的三维心脏模型在心肌毒性评价中具有重要的应用前景。

工程化的三维心脏组织还可以模拟正常和病理条件下复杂的心脏生理学反应。Veniamin Y. Sidorov 等构建了一个"I – Wire"平台，可以形成三维心肌纤维，并测量心肌的电生理和机械力信号。将鼠心肌细胞培养在纤维蛋白中，插入PDMS铸模的六孔板，放置在倒置显微镜的机动台上。校准的柔性探头通过横向位移提供心肌的应变力，可以通过显微镜检测探头及心肌的偏移。在这个平台上观察心肌对促心肌收缩的p – 肾上腺素和抑制心肌收缩的布比他汀（Blebbistatin）的反应，结果显示心肌呈现纵向排列的心肌细胞的肌节结构，表现了符合预期的跨膜动作电位和机械信号。"I – Wire"平台创建了三维心肌，实现了机械和电生理表征，可用于心脏毒性评价的研究。

Tanaka 等构建了一种心肌细胞微球泵，由自发收缩的心肌细胞驱动，不需要外部能源就可以模拟心脏的跳动（图7 – 7）。通过在糖球中插入毛细管，在糖球表面覆盖一层PDMS，将毛细管拉出至一侧，使第二根毛细管可以连接到另一侧，然后将两根毛细管胶合到微球上。从毛细管向微球内加水，使糖溶解，得到厚度为250 μm的中空微球体。在这个PDMS微球的表面上培养大鼠心肌细胞，可以在1 h内观察到细胞出现自发性脉动，最终变为周期性搏动。这个系统可以运作长达5天，微球内部的心肌细胞也可以存活相应的时间。整个装置非常柔软，具有很高的生物相容性，可以用来模拟动物的心脏，不但可以评价药物对心脏功能的毒性作用，还可以用作医疗植入装置的生物制动器。

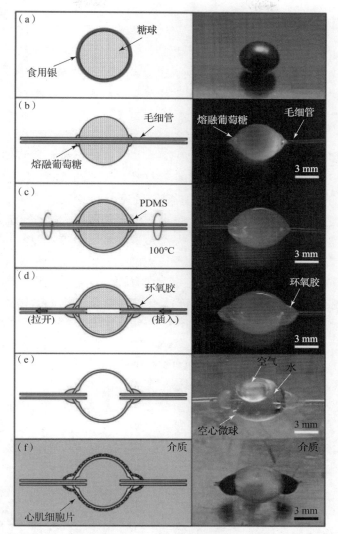

图7-7 心肌细胞微球泵[PDMS空心微球体及其附属毛细血管的截面示意(左);制备或制造材料的实际照片(右)]

(a) 商用球形糖球模板(直径5.0mm);(b) 用钻头在微球上打一个孔,分离食用银,然后用Teflon2毛细管穿过孔,并在孔周围涂上熔融葡萄糖,以防止PDMS预聚物穿过孔;(c) 将制备好的PDMS预聚物涂于糖球表面,在100℃下旋转加热板固化1h;(d) 将插入的毛细管部分拉开,另一根毛细管从对面部分插入,并用环氧胶将两根毛细管附着在PDMS微球上;(e) 将一根毛细管连接到泵上,用水冲洗使糖球使葡萄糖溶解,得到PDMS空心球(直径为5.3mm);(f) 用细胞黏附纤维连接蛋白包被球的所有表面和部分胶水(被培养基染成红色),然后包裹在圆形培养心肌细胞片(直径约为1.5cm)中,将微球浸入细胞培养基

7.4.3 血管芯片

血管是血液流通的管道，分为动脉血管、静脉血管和毛细血管。从心脏运送血液到全身各器官的血管叫作动脉，动脉逐级分支，由大到小，越分越细，最后分成许多毛细血管。毛细血管再逐级汇合成静脉，返回心脏。血管网络对维持新陈代谢以及组织微环境的稳定具有重要作用。建立血管芯片能够加快对血管网络这一复杂系统的病理和生理学研究。

血管芯片的研究主要集中在物质运输、微通道构建和物质交换等方面。Mollica 等设计了一款用于转移级联的实时监控两通道隔室微流控血管芯片（图 7-8）。在这项工作中，微流控芯片经过设计和测试，可以复制转移级联中的体外关键步骤。它包括两个位于同一平面上的微通道，这些微通道通过一排圆形柱连接以形成可渗透的微膜。一个微通道充当血管的隔室并被完全融合的内皮细胞单层所覆盖，而另一个微通道充满了基质胶和乳腺癌细胞（MDA-MB-231）的混合物并繁殖了恶性组织。血管通透性可以通过诱导组织腔室中的促炎条件来精细调节，促炎条件会短暂地打开内皮细胞的紧密连接。渗透性范围为 1（紧内皮）~5 μm/s（TNF-α 50 ng/mL 过夜处理），最高可达 10 μm/s（无内皮）。新鲜培养基在血管隔室中连续流动，足以诱导癌细胞以 8 个细胞/天的速度内渗，平均流速约为 0.5 μm/min。循环癌细胞的血管黏附和外渗需要 TNF-α 刺激。外渗率较低，为 4 个细胞/天，平均速度约为 0.1 μm/min。在同一芯片中完全填充矩阵，并在约 400 μm 的区域内监测癌细胞从一个微通道到另一个微通道的迁移。TNF-α 刺激后的侵袭率为 12 个细胞/天。研究表明，在可控的生物物理和生化条件下，所提出的区隔化微流控芯片可以在体外有效地复制肿瘤转移级联的多个关键步骤。

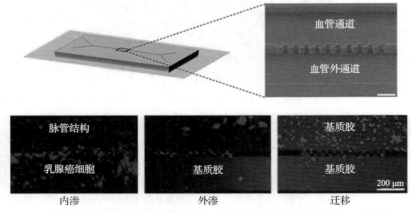

图 7-8 用于转移级联的实时监控两通道隔室微流控血管芯片（附彩插）

Paolo Decuzzi 团队开发了一种新的血管生成方式。他们以衣康酸二甲酯、1,8-辛烷二醇和柠檬酸三乙酯为原料合成了一类新型快速光交联生物弹性体预聚体，并将其作为支撑材料用于血管内皮细胞的接种。通过对其进行拉伸测试，证明了其与血管具有相同的弹性。该材料支持活细胞的培养，并使人脐静脉内皮细胞黏附和增殖。

物质运输是血管的主要功能之一。Joyce Y. Wong 团队利用微流控微血管芯片，实现微泡/超声依赖的药物输送到微血管的可视化。当暴露于脉冲超声时，微泡通过微血管芯片灌注，观察到稳定的振荡。通过微血管芯片灌注的微泡和非靶向阿霉素脂质体（dox-脂质体）均观察到最小的细胞损伤。相反，整合素靶向 dox-脂质体被动和超声辅助灌注诱导细胞毒性，超声辅助灌注仅在微泡共灌注时显著增强细胞毒性。这些结果表明，稳定振荡的微泡主要通过刺激整合素受体内吞作用来增强靶向 dox-脂质体的内化/细胞毒性。

Huh 等将微流控三维细胞培养与血管生成自组装原理结合，在体外设计可灌注的三维微血管床。该结构是在一个微图案水凝胶结构中创建的。该结构被安置在一个弹性微装置中，可以使原代人血管内皮细胞和成纤维细胞共同培养，以实现三维血管网络的新生形成、吻合和受控灌注。该结构所采用的开顶腔室设计也使得将微工程三维血管系统与其他细胞类型整合在一起成为可能，以概括血管化人体组织的器官特异性细胞异质性和结构组织。利用这些能力，该团队开发了干细胞衍生的血管化人类脂肪组织和血液-视网膜屏障的微生理模型。该方法也被用来构建血管化人肺腺癌的三维器官型模型，作为一个高含量的药物筛选平台来模拟临床化疗药物的血管内递送、肿瘤杀伤效应和血管毒性。此外，也可以通过创建血管炎症的微工程模型来评估基于活性靶向脂质体纳米载体的纳米工程药物输送系统。

7.4.4　肺芯片

肺是呼吸系统中最重要的器官，肺泡是人与外界进行气体交换的主要部位。传统的生物学技术难以在体外模拟肺泡复杂的细胞组成及周期性的呼吸运动，而近几年兴起的肺芯片可以解决这一问题。肺芯片以微流控芯片为核心，通过与细胞生物学、生物材料和工程学等多种方法结合来模拟肺单元的主要结构和功能特征。

肺气道内层液体不稳定，会产生液体栓塞。在 Huh 等的早期工作中，他们开发了一种微型装置，可以分析液体栓塞流对人气道上皮细胞（SAEC）的影响。该装置由多孔膜分隔的两个微通道层组成。在细胞培养室的多孔膜上培养气道上皮细胞，暴露于细胞培养室的空气中，通过连接液体栓塞流发生器，在芯片内切换空气－液体界面产生液体栓塞流。在液体栓塞流的刺激下，10 min 后仅 24% 的细胞存活，细胞损伤大多数发生在液体栓塞流发生器下游。通过该装置可以实时监测进气模型（健康肺）、流体进气模型（胎儿发育的肺）和长度可变的两相栓塞流模型（呼吸道疾病，如肺水肿）。Huh 等在 2010 年设计和制造了一套仿生微流控系统，不仅能模拟肺细胞的扩散性质，而且能通过系统的膨胀和压缩以模拟肺的吸气和呼气。这个微流控系统由 PDMS 膜分隔的两个微通道组成，能够模拟肺对细菌和炎症细胞因子的反应。PDMS 膜的一侧用 ECM 包被并接种人肺泡上皮细胞（NCI H441），另一侧为肺微血管内皮细胞。在 PDMS 膜的两侧分别有一个中空微通道用来模拟呼吸运动。这个设计中使用的柔性 PDMS 膜可以更好地重建呼吸这一生理过程。他们还发现，模拟肺部吸入和呼出空气的机械应变，可以增强上皮和内皮细胞对纳米颗粒的摄取，还可以刺激它们转运到下面的微血管通道中。在空气中引入细菌和炎症因子，将人免疫细胞引入血流通道，通过试验可以观察到肺芯片能够模拟肺部细菌感染的细胞反应。

2012 年，Huh 等在之前工作的基础上进行改进，扩展了模拟肺水肿芯片的工作。通过负压将 1∶3 的四丁基氟化铵和 N－甲基吡咯烷酮组成的蚀刻液从入口引入侧室微通道进行蚀刻。将中央培养室的侧室之间的 PDMS 膜打磨至厚度小于 30 μm，然后用 NMP 洗涤侧室以除去残留的 PDMS。在肺泡上皮细胞附着到上层肺泡通道后，以 50 μL/h 的速度通入培养基。在细胞培养至第 5 天时，将上皮细胞和内皮细胞的混合培养基引入下层微血管通道。上层肺泡通道充满空气，下层微血管通道充满培养基。使肺泡上皮细胞在空气－液体界面生长 7 天。将真空泵连接到系统以模拟人肺的呼吸运动。结果表明，增加机械应变时，渗透显著增加，当加入药物 DSK2193874 时，可以抑制渗漏。这为模仿肺功能，并进行肺水肿药物活性预测带来了新的突破。

嗜酸性粒细胞阳离子蛋白（ECP）可以诱导气道上皮细胞表达 CXCL－12，刺激纤维细胞向上皮细胞迁移。Tushar H. Punde 等研究了一种模拟肺微环境的仿生微流控系统，可以观察 ECP 在肺部炎症中的作用。这种微流控系统通过阵列微孔硅膜，将双层的 PDMS 芯片隔开，上层通道代表循环系统，在下层通道中，通过在涂覆纤维连接蛋白的微孔膜上黏附培养支气管上皮 Beas－2B 细胞来模仿支气管环境。这种肺模型揭示了 CXCL－12 介导的 ECP 诱导肺炎症中的纤维细胞外渗，通过引入流体来重建血管－组织界面，不仅可以通过模拟 Transwell 来研究细胞迁移，还可以模拟在生理流体条件下的细胞迁移，从而增强了药物在临床前研究的评估效率。

Hassell 等建立了基于人类非小细胞肺癌（NSCLC）的肺癌芯片模型，研究不同微环境下的肿瘤行为、生长和侵袭变化（图7-9）。此外，他们使用该模型研究肿瘤对酪氨酸激酶抑制剂（TKIs）的反应。这些研究表明，非小细胞肺癌肿瘤细胞在人肺泡芯片中的增殖比在气道芯片中得快得多。这些研究结果与肺腺癌患者体内的研究结果相似。

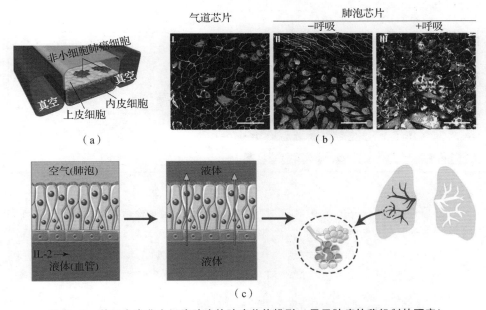

图7-9 基于人类非小细胞肺癌的肺癌芯片模型（用于肿瘤转移机制的研究）
（a）肺癌芯片模型（非小细胞肺癌细胞位于膜的顶部，内皮细胞在下通道形成血管腔）；（b）带有GFP标记的非小细胞肺癌细胞的肺泡芯片的生长情况；（c）肺水肿芯片模型（正常肺泡位于气液界面，微血管通道中IL-2的灌注导致液体从血管层渗漏到肺泡层，最终充满肺泡层，肺泡层中充满液体引起肺水肿）

7.4.5 肝芯片

与其他实体器官相比，肝脏具有独特的再生能力，在体内平衡和病理生理中都起着关键作用。肝脏不仅是体内药物代谢的主要场所，也是药物诱导毒性的常见靶点，容易罹患各种疾病。肝脏的生理重要性和可塑性使其成为重要的研究对象，有助于科研人员更好地了解人体生理学、相关疾病及肝脏对外源性化合物的反应。

Deng等构建了一种由4种转化细胞系（HepG2细胞、LX-2细胞、EAhy926细胞和U937细胞）按生理分布与人工肝血流顺序排列的肝芯片（图7-10）。该芯片对高密度（10^7/mL）的HepG2细胞进行了三维培养，形成了紧密连接的 EAhy926 细胞单层，并实现了 HepG2 细胞中药物的主动转运。结果表明，该芯片保持合成和分泌功能，保留了细胞色素 P450 1A1/2 和尿苷二磷酸葡糖醛酸转移酶的活性，以及药物代谢的敏感性。结果与"金标准"原代肝细胞板模型相似，表明全细胞系肝脏芯片为研究药物肝毒性和药物-药物相互作用提供了另一种方法。

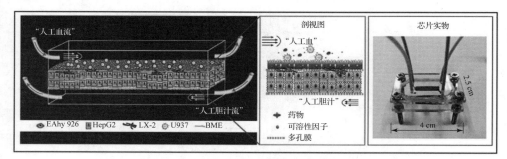

图 7-10　利用逐层沉积技术建立肝脏芯片

虽然肝脏具有良好的再生和恢复能力，但慢性肝病或病毒感染造成的损害可能导致肝功能永久性丧失。非酒精性脂肪性肝病（NAFLD）是全世界关注的慢性肝病，最终可能进展为肝硬化并导致肝癌。然而，NAFLD 的分子机制仍没有被系统地阐明，许多对 NAFLD 的体外研究受到二维培养系统的限制，因为细胞在体外二维环境中快速失去组织特异性功能。Manuele Gori 等通过微流体灌注装置将 HepG2 细胞培养在游离脂肪酸（FFA）中，构建了一种可以模拟体内脂肪性慢性病症的肝模型。这个模型模拟了肝窦的内皮-实质界面，其中营养物质类似在肝微血管系统中那样可以扩散除去。通过基于荧光的高通量分析方法，他们评估了细胞内脂质积累、细胞活力和由 FFA 过载引起的氧化应激功能。这在 NAFLD 的研究中有重要的应用价值。

Tomasz Kostrzewski 等利用在三维灌流平台中培养的原代肝细胞也开发了一种 NAFLD 模型，可以研究脂肪对肝细胞的影响。通过测量肝细胞脂肪量和 FFA，他们发现在 14 天的连续培养中，在脂肪培养基中培养的肝细胞可以累积更多脂肪。肝细胞的脂肪化没有引起任何肝毒性并显著增加了白蛋白产量。脂肪化的肝细胞的代谢活性受损，CYP3A4 和 CYP2C9 的活性显著降低，这都类似在 NAFLD 中观察到的现象。应用二甲双胍处理培养在脂肪条件下的肝细胞证实该模型对药物的效用，发现细胞的脂肪量和消耗的 FFA 减少。这种 NAFLD 模型概括了许多临床 NAFLD 的特点，是一个评价药物抗脂肪化合物功效的理想工具。

构建用于药物测试的高通量的体外肝模型仍具有挑战性。Wei 等应用短纤维作支架制作了尺寸可控的肝细胞球以重现肝的表型和功能。调节短纤维的长度和半乳糖可以控制肝细胞球的形成。与无支架相比，用短纤维培养的肝细胞球体在培养20天期间保持了药物代谢能力，具有更高的药物清除率，与体内药物清除率相关性更高。应用短纤维培养肝细胞球提供了一种容易操控的能够维持肝细胞功能并用于高通量药物测试的方法。

Toh 等创造了一个可以同时生成不同药物浓度的三维细胞培养系统。它有8个独立的平行通道，可以通过浓度梯度生成器向每个通道引入不同浓度的药物。通过测定肝细胞白蛋白的生成和各种代谢活性，评估微流控系统培养的肝细胞的功能。结果表明，这种微流控系统与孔板一样能够维持肝细胞的功能。他们在该系统上进行了药物的肝毒性测试，结果表明，比起孔板培养，该系统中的细胞对药物诱导的肝毒性更敏感，与体内毒性数据相关性更高。

7.4.6 肠芯片

人体肠道的主要功能是消化、吸收和分泌调节，以及在人体和消化环境之间建立一个保护性上皮屏障。肠道也是重要的免疫器官，肠道微生物与肠道淋巴组织、宿主免疫系统相互作用构成了肠道的内环境稳态。肠芯片作为一种重要的研究工具，常用于药物吸收、肠道炎症和大肠癌等的研究。

肠上皮细胞在孔板和培养皿等常规培养装置中形成的单层细胞连接松散，不能精确模拟人类肠生理和形态的特性。Meiying Chi 等开发了一个用于培养人肠细胞模型的微流控装置。该装置中有两个 PDMS 层，中间用涂覆有纤连蛋白的多孔膜隔开。在多孔膜上培养肠上皮细胞（Caco-2），3天即可形成绒毛状和隐窝状结构，细胞通过表达紧密连接蛋白彼此连接，表面有分泌型粘蛋白 MUC-2，比起在 Transwell 中培养21天的细胞更不易受细菌攻击。在芯片上培养的 Caco-2 细胞也显示出生理相关的吸收和细胞旁转运功能。这表明这种肠模型比常规 Transwell 培养更准确地模仿了人体内肠的形态和生理特性。

在体内，肠膜的内层由肠细胞和杯状细胞组成，肠细胞是小肠的主要组成部分并控制分子的转运，杯状细胞分泌黏液以保护肠膜内层。Mahler 等利用微流控细胞共培养平台构建了一种包括消化、黏液层在内的肠生理成分的细胞肠模型，通过结合肝来预测药物毒性，iHepg2/C3A 细胞用于代表肝脏，而 Caco-2 和 HT29-MTX 细胞以3∶1的比例共培养来代表肠。以对乙酰氨基酚（APAP）作为测试药物，APAP 通过肠上皮代谢吸收并被肝细胞进一步代谢，导致肝细胞的谷胱甘肽浓度和细胞存活率降低，以剂量依赖的方式导致肝细胞毒性。虽然该模型还不能产生与体内器官相同的消化水平，但这些药物毒性反应结果也与小鼠体内的结果一致。该模型可以用于口服药物或摄入具有潜在毒性的化合物的研究。

为了研究微生物组与人类肠道上皮细胞之间的相互作用,并模拟人体肠道微环境遭受的损伤和炎症,Kim 等利用了一种基于平行三通道的肠芯片微流控装置(图 7-11),该装置由光学透明、柔性的 PDMS 聚合物和 3 个平行的空心微通道组成。中央微通道被一层柔性的 ECM 包裹的 PDMS 膜分成上微通道和下微通道,PDMS 膜含有一系列由人 Caco-2 肠上皮细胞排列的孔(直径为 10 μm)。细胞暴露于通过上、下微通道的培养基滴流(30 μL/h,相当于 0.02 dyne/cm² 的剪应力)和循环蠕动样机械变形(细胞应变 10%,频率 0.15 Hz),通过对空心侧室施加循环吸力,有节奏地偏转中心膜和附着的细胞。结果显示,比起对照的 Transwell 组,在有流体和机械形变的情况下,细胞可以生长出类似肠绒毛的结构,显示出更好的细胞层完整性。同时,免疫细胞和脂多糖内毒素共同刺激上皮细胞产生 4 种促炎细胞因子(IL-8、IL-6、IL-1β 和 TNF-α),这 4 种促炎细胞因子足以诱导肠绒毛损伤和破坏肠屏障功能。因此,这种人体肠芯片可用于分析微生物对肠道病理生理学的贡献,并以现有体外系统或动物模型无法控制的方式解析疾病机制。

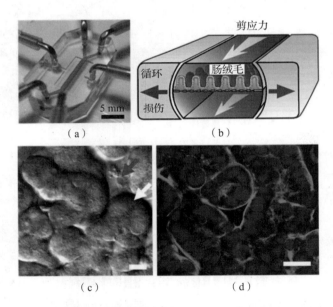

图 7-11 基于平行三通道的肠芯片微流控装置(用于微生物与肠细胞相互作用的研究)

7.4.7 肾芯片

肾脏是人体非常重要的排泄器官,它可以清除体内代谢产物及某些废物、毒物，同时经重吸收功能保留水分及其他有用物质，如蛋白质、氨基酸、葡萄糖、钠离子、钾离子等，以调节水、电解质平衡及维护酸碱平衡。因此，肾脏在维持体内渗透压与自稳态中具有至关重要的作用，也是药物排泄的主要器官。肾芯片是利用微流控芯片对微流体、细胞及其微环境的操控能力，在微流控芯片上构建以在体外模拟肾脏功能为主要目标的集成微流控系统。肾芯片技术的出现为药物和疫苗的有效性和安全性评估，以及生物医学研究提供了更接近人体真实生理和病理条件的、成本更低的研究模型。

  Jang 等开发了一种多层微流控装置，利用流体剪应力构建了更完善的肾模型。这个装置由聚酯多孔膜分隔的两层 PDMS 组成，底层用作储液器，顶层有流体通道。在流体通道内培养原代大鼠肾细胞，施加流体以模拟真实的细胞环境。结果表明，流体剪应力作用下的细胞显示出比静态培养细胞更高的活力。在底层储液器中加入血管紧张素和醛固酮，通过激素刺激来检测分子运输。结果发现血管紧张素能够诱导水转运，而醛固酮诱导钠转运。这些结果都符合人体内的情况，该装置可用作糖尿病或水肿等疾病的模型，以及研究肾脏生理学的模型。

  Jang 等在之前工作的基础上又开发了一种肾小管模型，进一步研究了肾脏微环境的改变对药物作用的影响。通过流体剪应力，激素刺激和膜产生渗透梯度以观察肾小管模型的功能。由于水通道蛋白在水跨膜转运中起主要作用，所以在条件改变时它能被首先观察到。此外，他们还在模型中发现了肾小管中的肌动蛋白细胞骨架的作用。在装置内给予 1 dyne/cm^2 的流体剪应力和精氨酸加压素（AVP）的刺激以观察细胞内的肌动蛋白。在 1 h 后，可以观察到明显的纤维网络，直到 5 h 后缓慢解聚。当 F-肌动蛋白完全解聚时，继续观察。如果模型在解聚后不受干扰，则 F-肌动蛋白在 2 h 后将再度聚合。另外，应用渗透梯度可导致 F-肌动蛋白完全解聚。该模型可用作测试调节 AQP2 的药物，以及流体内稳态研究的重要工具。

  Schutgens 等将肾小管类器官引入类器官芯片，OrganoPlate 平台将 40 个微流控细胞培养芯片嵌入 384 孔标准微滴板。该芯片为一种基于三通道平行结构的芯片（图 7-12），肾小管沿着基质凝胶在介质灌注室中培养，允许从顶端和基底外侧进入。接种后，肾小管结构在 7 d 内形成。此外，细胞在顶端表达近端肾小管微绒毛标记物埃滋蛋白（Ezrin），而 CDH1 显示存在黏附连接。通过计算 FITC-葡聚糖和罗丹明等物质的表观渗透率发现，类肾小管来源的细胞可以形成密封的、极化的肾小管，这些肾小管可以以器官芯片形式进行（跨上皮）转运活动，从而能够在类肾小管中进行个性化的转运和药物处置研究。

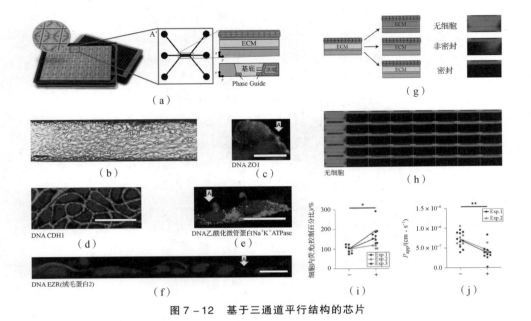

图 7-12 基于三通道平行结构的芯片

7.4.8 其他芯片

1. 肌肉芯片

骨骼肌占大多数人体重的 40%。肌肉的能量消耗量约占人体能量摄入量的 30%，在运动期间消耗更多。人体新陈代谢的健康状况与其骨骼肌数量及健康程度有关。Rose 等开发了一种具有单细胞水平收缩监测能力的微型三维肌管培养芯片（图 7-13）。该微型三维肌管培养芯片可用于研究肌肉收缩特性以及疾病对肌肉组织和力量的影响。研究者在由 PDMS 制成的微结构基质上培养从患者活检中扩增的人成肌细胞。每个预成型的 PDMS 芯片尺寸为 10 mm × 10 mm，具有 675 个微图案，每个微图案由一对彼此相距 150 μm 或 200 μm 的微柱构成。在微柱之间，基底的底表面呈现周期性脊的微图案，以促进微型肌肉纤维的端到端融合和分化，微图案的周期为 6 μm，每个直线脊高 3.5 μm，宽 3.5 μm。这种配置允许在微柱对之间以高密度培养微组织，仅需要接种相对较少的成肌细胞进行接种（每个芯片需要 10^5 个细胞）。具有不同形状和尺寸等几何结构的微柱具有不同的弹簧常数，这为使系统抵抗弹力以适应三维肌管的收缩提供了可能性。为了评估病理结构的功能特征，研究人员监测了来自健康供体和 L-CMD 患者的三维肌管收缩活动引起的微柱偏转。与对照组肌管相比，研究人员观察到携带 LMNA 突变的三维肌管中的微柱偏转更小。与对照组肌管不同，在 LMNA 突变体肌管中不能观察到自发的抽搐收缩。与失活的三维肌管（用 20 μM 乙酰胆碱预处理）相比，这些振幅也显著增大。这表明，在 LMNA 突变的环境中，这些较小的振幅和较弱的力量与肌细胞融合效率和随后的肌管形成的降低有关。

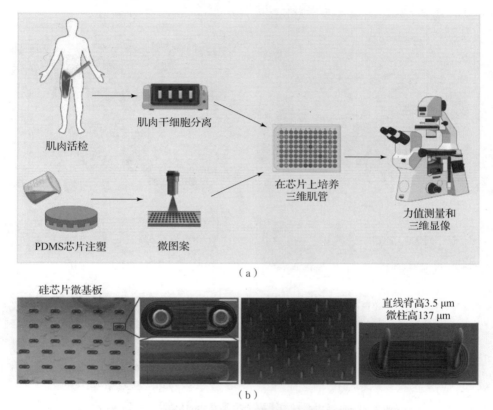

图 7-13　具有单细胞水平收缩监测能力的微型三维肌管培养芯片

2. 卵巢芯片

卵巢负责卵母细胞的定期生产、储存和释放。为了达到这个目的，卵巢卵泡在提供卵母细胞产生的必要环境中起主要作用。卵巢癌、囊肿和衰老是影响卵巢卵泡功能的常见因素。在这种情况下，一种产生高质量卵母细胞的通用方法是体外培养卵泡。因此，可以通过使用基于水凝胶的组织工程对体细胞与生殖细胞进行共培养。研究人员已将藻酸盐水凝胶支架用于卵泡细胞（体细胞）和卵母细胞（生殖细胞）的三维共培养。Aziz 等设计了一种微流控芯片，用于培养单个腔前卵泡（图 7-14）。首先将卵泡包封在三维海藻酸钙水凝胶珠中，然后在相同条件下进行芯片和培养皿培养。测定培养的卵泡直径，每2天从微流控芯片或培养皿中取等量培养基，测定雌二醇和雄激素浓度。结果证实了微流控芯片上卵巢卵泡的成功生长，其激素变化趋势和直径增加，与培养皿中培养的卵巢卵泡相似。结果表明，该微流控芯片可用于培养单个卵泡，为探索卵泡发生过程中的激素变化及其相互作用提供了有益的工具。

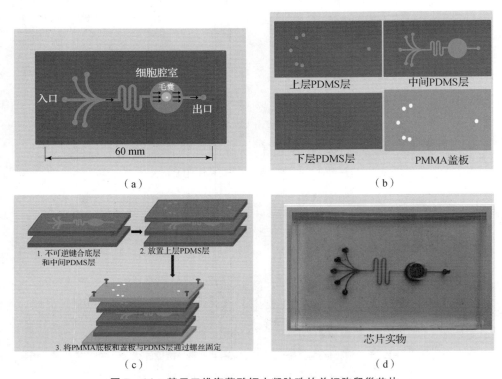

图7-14 基于三维海藻酸钙水凝胶珠的单细胞卵巢芯片

3. 骨髓芯片

骨髓是一种重要的免疫器官。在体外对骨髓进行建模可能更好地了解造血过程中造血干细胞（HSC）的自我更新、分化、转移和组织修复。这些模型还具有在体外产生造血干细胞和免疫细胞的潜力，可作为产生各种疗法的生物合成工具。像其他器官一样，骨髓类器官也有助于开发和测试靶向骨髓的药物，是模拟和减轻放射诱发的毒性的重要工具。

Torisawa等展示了一种"片上骨髓"系统来研究辐射介导的毒性（图7-15）。支架由圆柱形PDMS设备形成，其中央室充满了骨形成因子和胶原蛋白凝胶。将支架皮下植入小鼠体内，并在8周后取出。在支架中生长的骨髓主要由造血干细胞和少量的脂肪细胞组成。在具有微通道的原始 PDMS 设备中培养源自骨髓的支架，以构建"片上骨髓"。这种经过工程改造的骨髓产生了必要的因子来支持体外造血干细胞的生长。此外，微流体采样可以方便地监测暴露于 γ 辐射期间的细胞行为，以及对药物粒细胞集落刺激因子的响应。

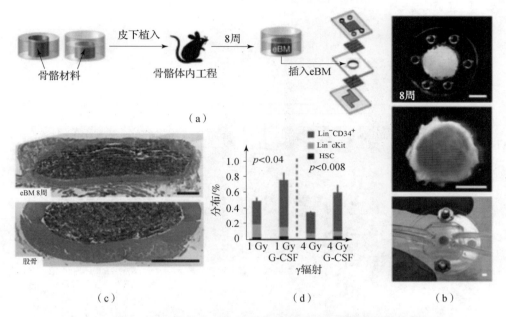

图 7-15 基于 PDMS 微柱的"片上骨髓"系统（用于辐射介导的毒性研究）

4. 胰岛芯片

Ⅱ型糖尿病目前是最常见的代谢性疾病之一，影响着世界各地所有年龄段的人们。随着Ⅱ型糖尿病发病率的增加，研究人员致力于研究三维胰岛的模型，用于绘制胰岛形态和研究体内激素平衡。Sokolowska 等提出了一个三维胰岛细胞模型，该模型是使用基于微柱的微流控系统开发的（图 7-16）。该模型由 2 种形成胰岛的主要细胞类型组成，即分泌胰高血糖素的 α 细胞和分泌胰岛素的 β 细胞。该模型可以形成、培养和在显微镜下观察构建的胰岛聚集体，还可以分析分泌的胰岛素和胰高血糖素。在该模型中，研究者们获得了 165~185 μm 的三维细胞聚集体。免疫荧光染色证实聚合体结构与啮齿动物的胰岛结构一致，基于 ELISA 方法检测分泌的胰岛素和胰高血糖素证实了该模型的功能。该模型是首个将 INS-1E 和 α-TC1-6 细胞共培养形成胰岛聚集体的三维模型，利用该模型检测出的胰岛指标与人体内条件非常相似。

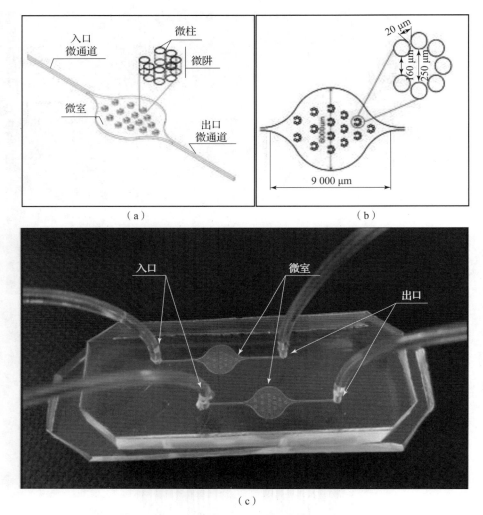

图 7-16 基于微柱的三维胰岛细胞模型

5. 眼芯片

由于暴露于外部环境,人类角膜对与眼睛损伤相关的环境因子敏感,并且容易受到创伤性损伤,如角膜擦伤或化学烧伤,这些损伤可能破坏角膜屏障,甚至导致视力丧失。角膜创面愈合已经引起了学术研究者和临床实践者的极大兴趣,他们希望更好地了解角膜愈合机制和开发有效的方法来促进创面愈合的。Yu 等报道了一种角膜芯片,该芯片由人类角膜上皮细胞和内皮细胞及胶原包被的多孔膜组成,以模拟鲍曼层、间质和后弹力层膜(图 7-17)。该芯片集成了分区通道共培养，在芯片上实现了完全集成的人角膜，并用于评估细胞外囊泡在角膜上皮伤口修复过程中的疗效。该芯片采用多孔膜分离上、下微通道，可实现不同细胞类型的流体独立进入和微环境因素的参数化控制。该芯片的上层采用 PDMS 制成的开顶结构，为角膜上皮细胞提供了具有气液界面（ALI）的培养条件，使该芯片的生理特性与人角膜相似。本研究通过建立和测量人角膜模型，对微流控装置进行了表征，并验证了其功能。此外，利用微流控芯片建立体外轻度角膜损伤模型，研究无细胞治疗是否促进角膜创面愈合。研究发现 BM-MSC 衍生的细胞外囊泡可显著促进细胞迁移，同时降低基质金属肽酶 2（matrix metallopeptidase 2，MMP-2）蛋白的表达，表明其可抑制角膜炎症和促进新生血管形成，有利于创面愈合。

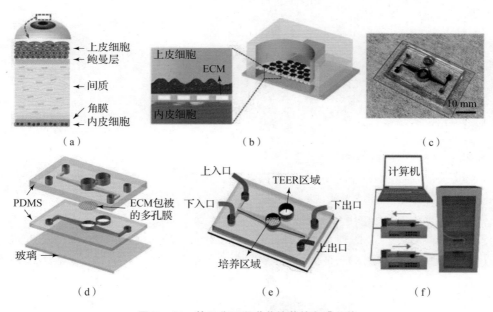

图 7-17　基于分区通道共培养的角膜芯片

7.4.9　多器官系统和芯片人

不同的芯片结构适用于不同形式的细胞培养，多孔膜适合进行细胞的二维培养，培养腔室适合进行细胞的三维培养，微通道可根据试验需要，进行细胞的二维或三维培养。除上述提到的器官芯片外，有些器官芯片由于试验设计的需要，会同时集成两种及两种以上的结构，模拟不同的器官，构建疾病模型或代谢模型等，还可通过连接管连通多个器官芯片，组建多器官芯片串联的多器官系统和芯片人（图 7-18）。

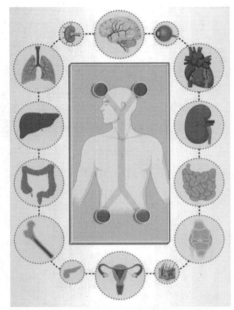

图7-18 多器官系统和芯片人概念图

Shuler研究组构建了一种多器官共培养芯片,该芯片由多层结构组成,可分离培养屏障类器官和非屏障类器官,其中屏障类器官包括皮肤、肠和肺,是人体接触化学或生物试剂的第一类器官。非屏障类器官包括脂肪、肝脏、肾脏、心脏、肾上腺、骨髓、脑、肌肉、脾脏和胰脏等器官,化学或生物试剂需要先进入血液循环系统,才能接触上述非屏障器官。研究者在该芯片上实现了5种细胞共培养,包括肺(A549)、肠(Caco-2)、肝(HepG2/C3A)、骨髓(Meg01)和肾(HK2)细胞。结果表明,培养7天后,各细胞的存活率在85%以上。该芯片能够模拟人体内部分器官之间的相互作用,检测CYP1A1和CYP3A4活性、白蛋白释放、尿素含量、细胞之间的关联性和表面活性剂含量。该研究组还在之前提出的µCCA装置的基础上,利用连接管连接了一个肠芯片,组成多器官芯片。该研究组采用蠕动泵驱动流体,进行动态培养和加药等操作。通过共培养肠细胞、肝细胞、肾细胞等,该研究组考察了纳米粒子在各组织相互作用下的复合效应以及肝组织受到的损伤程度。当系统内复合多个器官芯片时,采用何种驱动方式驱动流体以连接各个芯片是需要重点考虑的问题。如在器官芯片系统中,注射泵通常用于产生流体的单向流动,很难产生可模拟血液循环系统的循环流动,且长时间的单向流动会带来组分的稀释问题。采用简单的重力驱动方法也只能产生单向流动,但将芯片固定在摇摆平台上进行周期性运动时,则可产生重力驱动的循环流动。目前,上述两种方法仅用于单个芯片,尚未被应用于多器官系统。蠕动泵可驱动流体进行循环流动,能更好地模拟血液循环的传质作用,是目前实现多器官芯片连接的主要方法。但该方法需采用连接管连接不同的器官芯片和蠕动泵,容易产生较大的系统死体积。微泵系统原理上也可产生流体的循环流动,且可产生类似心脏泵送血液的脉冲式循环液流。人体是一台精致而复杂的机器,通过不同器官之间的相互作用和协调来维持机能。器官芯片系统的最终形式将拥有10种以上的器官类型,包括肝、肠心、肾、脑、肺,以及生殖系统、免疫系统、血管系统和皮肤等。芯片人将能够监控药物对芯片上"人体"的反应,并最终研究出药物对不同器官或整个系统的药理和毒性作用。多器官芯片可在不同功能区域同时构建多个组织器官,并通过芯片管道(模拟人体血管)连接,模拟人体对特定物质的吸收、代谢、转化和排泄过程。

当前,已经证明了BOC系统包含多个器官模型,例如,肺肝模型、肠肝模型、心肝模型、肠肝癌结缔组织模型、肠肝肾肾脏模型和器官模型。这些模型主要用于研究组织代谢、细胞毒性和细胞活性。例如,米勒等建造了一个具有14个隔室的微流控培养装置,以模拟13种器官的器官间串扰。使用重力驱动的流体循环介质,并根据成年男性的生理参数设置每个器官的液体滞留时间。选择和设计屏障组织和非屏障组织,同时使用直管状通道连接每个器官腔并提供适当的培养基流动。这项工作证明了构建、操作和维护一个简单的、重力驱动的多器官微生理系统并使其具有测量细胞活动和功能的能力是可行的。Zhang等开发了一种用于实时药物毒性测试的心肝系统,该系统采用了集成的模块化物理、生化和光学传感平台。通过界面物理传感器监测微环境参数(如pH、O_2、温度),通过电化学免疫生物传感器测量可溶性生物标记,并通过微型显微镜在平台上观察类器官的形态。该平台具有对其微环境的实时、原位监视功能,可与现有的器官芯片兼容,改善了其在药物筛选中的性能。

BOC系统具有极大的潜力,可以大大促进器官生理学、疾病病因学及生物医学的发展。但是,仍然有一些关键问题需要考虑。首先,BOC系统中的介质循环在养分转移和信号交换方面极为重要。人们已经使用各种泵来解决此问题,例如,气动泵、蠕动片上的微型泵、重力泵和外部泵。因此,正确缩放BOC系统对于生成相关的生理条件是必要的。再循环系统中的大量培养基不适合模拟生理条件,细胞分泌的可溶性因子被稀释。其次,三维细胞培养原理使BOC系统中结构和功能器官/组织单元的重建比二维培养更可靠。最后,将BOC系统应用于药物筛选测定时,在线传感器对于获得实时结果至关重要。

7.5 器官芯片的应用

传统的二维细胞培养和动物模型在新药研发和疾病模型构建上做出了巨大的贡献，但是，人体完全不等同于一个 70 kg 的小鼠，也不是由百千万个细胞堆叠而成。因此，在新药研发过程中往往会出现在细胞或动物模型中成功通过但在临床应用中出现新毒性，或在细胞和动物模型中具备相关效能而在临床中并不具备治疗效果的情况。

器官芯片不仅可在体外接近真实地重现人体器官的生理、病理活动，还可能使研究人员以前所未有的方式见证和研究人体的各种生物学行为，预测人体对药物或外界不同刺激产生的反应，因此在生命科学研究、疾病模拟和新药研发等领域具有广泛应用价值。随着干细胞领域研究的快速发展，器官芯片在利用人多能干细胞建立疾病模型等方面也已取得进展。利用患者来源干细胞，可在芯片上构建"个性化人体芯片"，使个体化的疾病风险预测、药物药效评价、毒理评估和预后分析成为可能。

7.5.1 药物评价

药物评价主要是研究药物与人体之间的作用及规律，根据药物吸收、分布、代谢、排泄（ADME）的体内过程，确定其有效性及安全性。器官芯片可反映药物在人体内的动态变化规律和人体器官对药物刺激的真实响应，弥补现有模型与人体偏差较大的不足，构成一种药代、药效、毒性三位一体的成药性评价技术体系。目前已有诸多研究用器官芯片开展药物评价的工作。Shuler 课题组通过可控的流体操控在肝-肿瘤多器官芯片上建立基于生理学的药物代谢动力学模型（PKPD），预测人体对药物的反应（图 7-19）。其中一项研究开发了一种癌症进展过程中上皮-间充质转化（EMT）的微工程三维检测方法，探索了器官芯片检测药物疗效的潜力，通过在靠近内皮化微通道的三维基质凝胶中培养肺癌球体，该研究以内皮细胞依赖的方式再现了 EMT 诱导的肿瘤分散和癌细胞的表型变化。为了证明该研究系统作为药物筛选平台的潜力，该课题组将 12 种药物（从早期发现的前瞻性药物到美国 FDA 批准的药物）引入血管通道，并通过直接可视化癌症球体来分析它们抑制 EMT 的能力。有趣的是，该模型中的有效药物浓度与传统二维分散试验中测量的药物浓度相差多达 3 个数量级。此外，按照抑制 EMT 所需的浓度对 12 种药物的排序结果也与二维培养的结果不一致。更重要的是，与二维模型测定的浓度相比，该研究系统测定的有效浓度更接近临床试验中测定的人体有效药物浓度。因为候选新分子在某些能力可能优于其他药物，所以这种先导化合物与目前上市药物之间的功效比较会对先导化合物的优化过程产生深远的影响。器官芯片系统预测的有效药物浓度与传统二维分析预测的有效药物浓度之间的类似差异，已经通过乳腺癌乳腺导管的微工程模型和子宫癌、肝脏和骨髓等多器官模型得到证实。

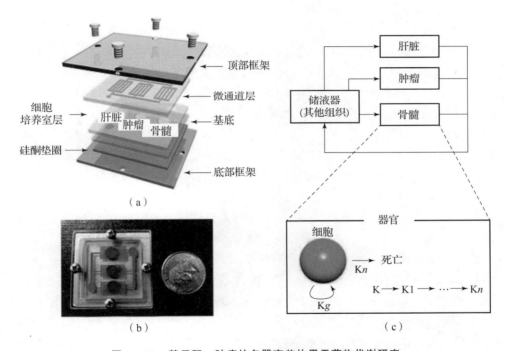

图 7-19　基于肝-肿瘤的多器官芯片用于药物代谢研究

7.5.2　疾病研究

在疾病研究领域，器官芯片对于重现人类疾病特征、研究多因素参与的疾病病理机制提供了新的机遇。尽管器官芯片技术对人体生物学组织器官的构成进行了一定程度的简化，但该技术在重建复杂器官功能和人体病理生理学特征方面仍具有不可替代的作用。例如，利用肠芯片可以实现对多种组织细胞的共培养，包括上皮组织细胞、免疫细胞及共生细菌、致病菌等，从而可以研究炎性肠病发病过程中细菌和淋巴细胞的相互作用特性。Qin 等成功构建了含有原代肾小球组织、基质成分和血管样机械流体的肾芯片模型，反映糖尿病、肾病发生过程中早期肾小球损害的主要病理变化特点，结果显示出与体内典型病理生理过程的相关性。随着干细胞领域研究的快速发展，器官芯片在利用人多能干细胞建立疾病模型等方面也已取得进展。有研究报道，利用患者来源干细胞，可在芯片上构建功能性心脏组织，模拟遗传性心脏病模型（Barth 综合征）。采用患者体细胞来源干细胞构建的特定病人"个性化人体芯片"，将使个体化的疾病风险预测、药物药效评价、毒理评估和预后分析成为可能。有研究团队将器官芯片技术与干细胞发育学原理结合，实现了对人诱导多能干细胞来源类脑器官模型的工程化构建，并将其用于研究环境因素暴露对脑早期发育的影响。

感染性疾病多指由各种常见病原体（如细菌、真菌、病毒和寄生虫等）引起的机体疾病，其可引起人体全身性病理症状，严重者可导致高发病率和死亡率。例如，20 世纪流感病毒引发 H1N1 等多次疫情；2002 年冠状病毒 SARS 引发急性呼吸道传染病；2019 年出现的新型冠状病毒（SARS－CoV－2）已导致全球大流行，严重威胁人类健康。目前，针对感染性疾病研究的模型主要依赖细胞和动物试验，但这些模型仍在不同程度上存在一定局限。因此，建立能准确反映人类病理生理特征的新型试验模型体系，对于感染性疾病机制研究及有效诊疗等具有重要意义。为了模拟与人相关的肺屏障，Qin 等建立了一个由人肺泡上皮 II 型细胞（HPAEpiC）、肺微血管内皮细胞（HULEC－5a）和外周血单个核细胞（PBMC）组成的肺芯片。肺芯片装置包含两个分区腔室，上部肺泡通道上皮细胞和下部血管通道内皮细胞与循环免疫细胞共培养，两个腔室由多孔膜隔开［图 7－20（a）、(b)］。通过在流体流动条件下这两种类型的细胞中黏附连接蛋白（E－cadherin 和 VE－cadherin）的表达和融合紧密单层的形成来检测屏障的完整性［图 7－20（c）、(d)］。此外，通过 FITC－葡聚糖在芯片中的扩散速率来鉴定肺屏障的通透性。通过协同整合细胞共培养、外周免疫系统和流体流动，这种肺芯片系统可以概括人类肺泡－毛细血管屏障的基本生理特征。为了进一步研究该肺芯片对病毒感染的反应，研究人员在肺泡上通道接种了天然的 SARS－CoV－2 颗粒，模拟呼吸道病毒感染。结果显示，该病毒在肺泡上皮中有明显的感染和复制，而在血管内皮中没有［图 7－20（e）~（h）］。进一步地，通过 SARS－CoV－2 感染对肺芯片内皮细胞的影响研究发现，病毒感染诱导内皮细胞损伤并伴有肺屏障损伤，而这种损伤是由免疫细胞或邻近肺泡上皮细胞释放的细胞因子引起的，而不是由 SARS－CoV－2 本身引起的。

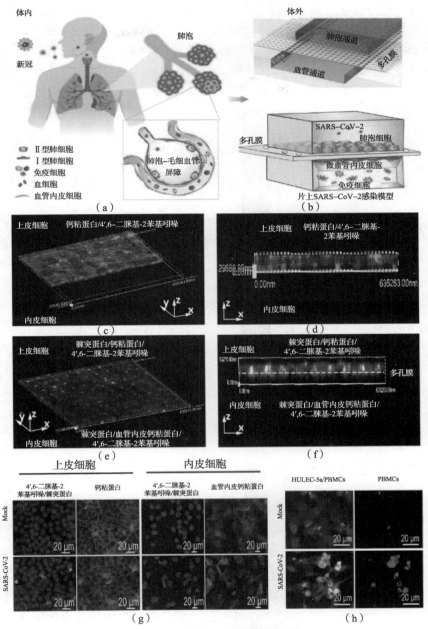

图 7-20 人体肺水肿的微工程模型

肿瘤的建模包含复杂的微环境，包括致密的 ECM、各种基质细胞和免疫细胞、不规则的血管以及有限的营养素灌注，每一种都会显著影响所用疗法的疗效。癌症类器官比二维癌细胞培养在维持肿瘤样结构和原发性肿瘤方面更有优势。通过癌症类器官的无限增殖还可以建立类器官库，便于系统地研究癌症的发生发展机理机制及药物对抗等。研究者们已经证明两种原发性肿瘤和转移性癌细胞衍生的细胞可以在体外产生类器官。研究者们已经针对各种类型的癌症建立了器官型癌症模型，包括胰腺癌、肝癌、膀胱癌、结肠直肠癌、乳腺癌、脑癌、宫颈癌和前列腺癌。

通过将癌症器官型培养物与微流控设备整合在一起，"单芯片癌症"系统可以重现肿瘤的微环境。这些芯片有助于更好地了解人体内的癌症行为，从而改善药物疗效的临床前评估。通过连接包括脉管系统在内的不同生理模块，结合芯片癌症模型可以进一步研究癌症与其他器官之间的相互作用。例如，Zervantonakis 等模拟了癌症与血管之间的三维界面，以研究癌细胞对血液的入侵；将巨噬细胞并入模型以研究其在诱导癌内血管浸润中的作用；通过使用实时成像跟踪不同隔室之间的相互作用，发现巨噬细胞介导的血管损伤促进了癌细胞的浸润。癌症转移是一个复杂的过程，取决于"种子"癌细胞与"土壤"组织之间的相互影响。靶器官分泌的细胞因子将癌细胞吸引到转移部位。为了研究这种"种子－土壤"过程，Jeon 等构建了一种乳腺癌渗出芯片，该芯片包括用于研究器官选择性癌症渗出的肌肉和骨骼模拟单元。一种微血管样的凝胶衬有内皮细胞，并嵌入模仿骨的干细胞以吸引扩散的癌细胞。该模型用于模拟乳腺癌细胞的骨特异性外渗，以研究涉及癌症转移和筛选抗转移药物的潜在途径。除了血管内渗和外渗外，微流控芯片技术还被用于模拟其他肿瘤发生过程，包括血管生成、浸润、迁移和黏附。

7.5.3　毒理学评价

随着经济的高速发展和人们对人体和环境安全重视程度的提高，亟须研究更为科学、高效、经济的毒性测试方法来满足人们对化学品、药品、农药、食品添加剂和化妆品等各种化学物质进行安全风险评估的需求。由于人体的复杂性，现有的体外评价模型和动物试验并不能准确地反映人体对危害因素的反应。将器官芯片应用于环境污染物、化学品、纳米颗粒、生物毒素、物理辐射等毒理学测试领域，具有巨大的应用空间。器官芯片可以更好地模拟人体对化合物、细菌、毒素的真实反应，显著节约毒性评估的成本和时间，是动物毒性测试试验替代技术的研究热点和前沿领域。目前强调肝毒性测试和肝脏药物代谢在药物不良反应中的核心作用，该领域的研究主要集中在微工程肝脏模型上。美国 FDA 与一家公司合作，调查了肝脏芯片平台与体内和体外药物毒性测试研究的一致性，为此以肝毒素二乙醇酸（DGA）为毒性药物，通过观察细胞形态，检测 LDH 和 caspase 3/7 的浓度以及监测白蛋白和尿素的水平来评估细胞活力的一致性。结果表明，肝脏芯片平台可以提供更有效的生理数据，然而，体内研究中呈现的一些形态特征还是无法重现，或许其他非实质细胞类型（Kupffer 细胞、星状细胞）能够更准确地反映人体对药物的毒性反应。

Bircsak 等在其试点筛选中使用了 OrganoPlate LiverTox 平台，测试了 159 种已知具有肝毒性的药物化合物，并根据毒理学优先级对它们进行了评级，通过将 ipsc 衍生的肝细胞与 THP－1 kupffer 样免疫细胞和 HMEC－1 内皮细胞共培养（图 7－21），该平台有潜力预测免疫介导的肝毒性。

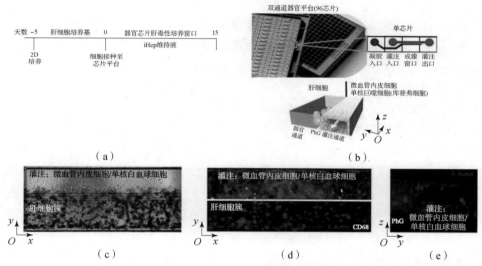

图 7－21　在 OrganoPlate LiverTox 平台上进行高通量化合物毒性筛选的三维微流控肝脏模型

Esch 等构建了一种微工程肺芯片模型来模拟在癌症患者中观察到的由 IL－2 剂量限制毒性引起的肺水肿。当用临床使用的 IL－2 浓度处理内衬人微血管内皮细胞的血管微通道时，该模型复现了血管内液体渗漏到充满空气的肺泡室和伴随的空气空间泛滥。在该模型中还观察到由凝血级联激活引起的纤维蛋白凝块在肺泡内沉积，这是在 IL－2 诱导肺水肿过程中发生的另一种临床相关毒性反应。肺泡－毛细血管界面的高分辨率微荧光分析显示，IL－2 毒性诱导的水肿反应是由细胞间连接受损和屏障通透性增加引起的。此外，这种机械活性模型能够模拟生理呼吸运动，并且呼吸产生的机械力会增加 IL－2 诱导的组织损伤。这种组织损伤可被潜在的候选药物有效抑制，如血管生成素－1 和新开发的瞬时受体电位香草素 4（TRPV4）离子通道阻滞剂。

7.6 器官芯片在空间生命科学研究中的应用

7.6.1 空间器官芯片简介

长期暴露于空间环境中可显著增加航天员的健康风险，航天员会出现多生理系统的加速老化症状。导致这些症状出现的原因是重力缺乏、辐射过量等多种复杂空间环境因素。这些因素对航天员健康的影响包括但不限于：①运动功能影响，如下肢肌肉萎缩、创伤后骨关节炎概率增加等现象；②心血管健康危害，如心脏功能降低、血脑屏障完整性被破坏等；③免疫功能损伤，如增加肺部感染概率、增加结肠炎易感性等。因此，深入研究航天员在轨生理病理功能变化，完善预防和治疗方案，是保障航天员健康的重要手段。但是，空间试验条件存在局限性，对航天员自身进行在轨多器官水平的研究非常困难，而地面研究又缺乏空间环境的特殊性。因此，目前关于空间环境对健康影响的机制研究多采用细胞和动物模型。但细胞模型在功能、结构上缺乏人体器官的复杂性，不能真实模拟组织环境；而动物模型由于种属差异，缺乏人体内某些关键的酶或分子通路，可能影响空间试验结果的准确性。器官芯片由于其可靠性、高通量和体内相似性的特点，非常符合在轨开展生物研究的需求。美国已实施了"空间芯片"（tissue chips in space）计划，涉及多种器官芯片的在轨研究。我国的器官芯片开发也走在世界前列，目前已开发出适合空间站使用的器官芯片。

7.6.2 美国"空间芯片"计划

美国于2016年提出从2017年起开始器官芯片的研究工作，探索可在ISS开展的器官芯片技术应用研究，并在轨测试潜在的治疗方法和新药。该项目由美国国家转化科学促进中心与ISS美国国家实验室共同发布。"空间芯片"计划分为2个阶段实施。第一阶段为器官芯片系统的地面开发工作，同时，NASA将为其提供一个月的在轨飞行试验。第二阶段为由NASA提供长期飞行试验，主要是将首次飞行任务中的有效疾病模型应用于新药筛选和新治疗方法测试中。该项目的运行模式是科研单位与ISS对接的供应商合作，使项目实现标准化、自动化和轻量小型化。自该项目发布起，已经有9款器官芯片入选。

第一款入轨试验的器官芯片是免疫系统芯片。该芯片主要用于研究微重力环境对航天员免疫老化的影响。Schrepfer 等设计了一款基于 PDMS 的三平行通道的免疫系统芯片，分别用于培养 CD8＋T 淋巴细胞、间充质细胞和血管内皮细胞，每个微通道都具有独立的营养来源。在地面试验中，该芯片用于研究正常重力和模拟微重力条件下，CD8＋T 淋巴细胞与干细胞共培养的关键技术难点。在轨研究主要集中在微重力下衰老的免疫细胞对干细胞功能的影响。该芯片已于 2018 年 12 月由 SpaceX 公司的火箭运往 ISS。

Schrepfer 等构建了基于人近端肾小管上皮细胞的肾脏芯片系统，用于研究空间环境对近端和远端肾小管上皮极化结构的影响，如离子和溶质转运蛋白，同时，该系统也可用于研究近端肾小管内的维生素 D 生物活化能力的影响。该系统的主体部分是 2 片 PDMS 模块，微通道由硅酮隔膜和微纤维形成，同时，在微通道表面预敷 I 型鼠尾胶原蛋白。微通道尺寸与人体近端肾小管尺寸接近。利用人 PTEC 细胞生长自组装形成三维管状结构，同时，微通道内的三维管状细胞之间形成肾小管上皮极化特征的基底外侧交叉结构。研究表明，该系统可以表达肾脏转运关键蛋白，其有机溶质转运能力与人体内相似。同时，芯片中的近端肾小管部位具有将 25－OH 维生素 D3 代谢成生物活性物的能力，与人体内代谢维生素 D 的途径相似，可用于研究航天员骨骼脱钙和肾脏功能间的关系。此项目在第一阶段的在轨试验中所搭载 24 个器官芯片系统与配套的管路等结构体积为 1 350 L，为了满足小型化研究的要求，在后续的发射任务中研究人员将体积压缩至 45 L。

Huh 等建立了气道芯片和骨髓组织芯片联用系统以模拟微重力下肺组织感染（图 7－22），并研究肺感染铜绿假单胞菌时骨髓中的中性粒细胞动员机制。气道芯片采用双层夹膜结构，多孔膜上、下表面涂有 I 型胶原，便于细胞黏附生长。多孔膜的上表面为人气道上皮细胞，下表面为人原代肺微血管细胞，上、下微通道用于培养基灌流和空气流通。当多孔膜上、下表面的组织融合形成完整的界面时，该系统具备模拟气道屏障和纤毛活动的功能。骨髓芯片的构建是在多孔膜上表面接种骨髓基质干细胞和原代人 CD34＋细胞，同时分化形成多种造血干细胞，类似人体骨髓结构。多孔膜下表面和其连通的微通道腔表面上接种人脐静脉内皮细胞，用于形成血管腔结构。该系统具有与人类骨髓类似的造血功能，同时可以观察到炎症干细胞的迁徙作用。该系统实现了在轨评价肺部感染，发现了中性粒细胞从骨髓的动员情况和其在肺部的募集情况，使研究人员了解了在微重力条件下人体呼吸系统和免疫系统间的关系。

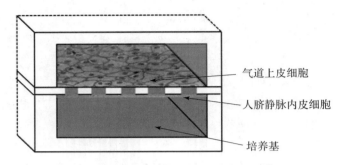

图 7-22 气道芯片和骨髓组织芯片联用系统以模拟微重力下肺组织感染

Emulate 公司开发了一款用于研究在轨微重力对血脑屏障正常功能和炎性病变影响的血脑屏障芯片。该芯片的结构与肺芯片类似，PDMS 膜的表面预铺了 IV 型胶原纤维连接蛋白用于细胞生长。上表面接种 iPSCs 诱导分化的星形胶质细胞和早期神经祖细胞以及其他神经祖细胞，下表面接种星形胶质细胞以形成中空的单层血管样结构，从而表达内皮标记物如 PECAM-1、ZO-1、葡萄糖转运蛋白（GLUT-1）和 P-糖蛋白 1（PGP1）等功能分子。该芯片具有与人脑血管非常相似的跨膜电阻并能预测药物的血脑通透性。该芯片通过在轨采集膜结构图像和生化指标，并在返回后进行转录组学分析，以研究微重力对血脑屏障功能的影响。

Grodzinsky 等开发了一款基于 PDMS 和 PEG 的水性基质胶的细胞培养系统，通过模拟人源软骨-骨骼-滑膜组织创伤性关节炎，进行急性损伤后炎性因子水平和药物功能的研究。地面研究显示，机械系损伤和滑膜组织炎性细胞因子水平升高两种因素共同导致了软骨和软骨下骨组织中细胞死亡率的升高，软骨出现降解，伴随有炎性因子 IL-6、IL-8、TNF-a 和胺基聚糖水平升高。经地塞米松治疗后，细胞死亡和胺基聚糖释放量显著减小。

Emulate 公司开发了一款肠道细胞-免疫细胞-微生物的共培养芯片，用于研究空间环境中肠道对益生菌和致病菌的免疫反应（图 7-23）。该芯片主体由三部分组成，中间室由柔性多孔 PDMS 膜分为上、下两层，预铺细胞外基质用于细胞培养。左、右两侧紧贴可机械形变的真空室。将人结直肠癌（Caco-2）肠上皮细胞培养于 PDMS 柔性多孔膜的上表面，并通过真空室产生的循环形变促进肠道绒毛结构的产生。同时，将肠道免疫细胞、肠感觉神经元和致病菌分别引入芯片，建立相关模型。在轨试验结果通过配备的实时荧光成像系统进行观测。

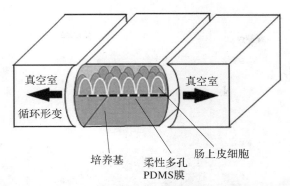

图 7-23 肠道细胞-免疫细胞-微生物的共培养芯片（用于研究空间环境中肠道对益生菌和致病菌的免疫反应）

美国佛罗里达相关研究团队设计的肌肉芯片分别取材自年轻健康人和年老久坐志愿者体内分离的原代人类肌细胞，两种细胞分别与胶原/基质凝胶混合物共培养以形成三维肌肉纤维束。相关激动蛋白染色结果表明，该芯片上的骨骼肌组织产生了规则的肌节结构和成熟的肌管分化，同时，在电刺激下出现明显的收缩。通过在轨实时影像技术采集肌肉收缩图像可检测肌肉收缩力。该芯片也将用于研究微重力下的肌肉收缩能力、肌肉强度变化和抗肌萎缩药物的药效与毒性。

华盛顿大学和斯坦福大学分别研制了两款心脏芯片，用于研究微重力暴露后心脏功能变化。华盛顿大学构建的心脏芯片的基本构成是基质胶或 3D-PEG 水凝胶与心肌细胞团块共培养形成的三维心脏组织块。在第一阶段的研究中，主要是利用 3 种不同人种的外周血单核细胞分化多功能干细胞形成心肌细胞，并在微重力条件下研究心肌减弱机制；在第二阶段的研究中，主要是测试常用的心血管药物，如 ACE 抑制剂、β 受体阻滞剂和他汀类药物等对心脏的保护作用。斯坦福大学采用了不同的心肌组织发育形式，通过制备导电膜层和模拟心肌外基质的波纹结构支架来促进心肌组织发育，使心肌细胞在各向异性排列上更有序，肌节更长（图 7-24）。该芯片主要用于研究在药物和机械刺激下心脏功能的改善情况。

7.6.3 我国开展的空间器官芯片研究

我国的器官芯片研究工作也在如火如荼地开展，特别是自有空间站建立后，关于空间器官芯片的研究逐渐被提上日程。

2023 年 6 月，东南大学数字医学工程全国重点实验室、苏州医疗器械研究院、中国航天员科研训练中心及江苏艾玮得生物科技有限公司共同开发制作

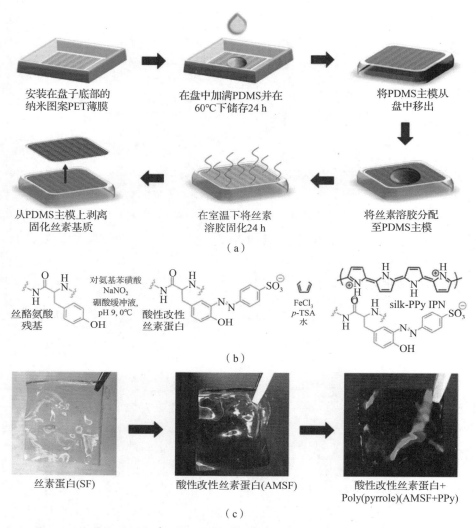

图7-24 基于导电膜层和模拟心肌外基质的波纹结构支架的心脏芯片加工工艺

的太空血管组织芯片（taikonaut - blood - vessels - on - a - chip，Taikonaut）完成了国际上首次血管组织芯片在长期微重力条件下的培养试验（图7-25）。研究人员在实验室用原代细胞构建具有功能性的人工血管，并将其安装至自主研发的太空血管组织芯片中，进行微流控培养以确保血管的稳定性。同时，结合影像学分析方法，对实时观察并采集到的血管形态变化进行分析。该试验基于失重导致的立位耐力不良、运动能力降低、血管结构及功能重塑等长期航天飞行导致心血管系统功能失调的问题，研究导致血管结构和功能变化的细胞学机制，并测试保护性药物对避免预期问题的有效性。该研究针对空间飞行导致的立位耐力不良的细胞学机制研究需求，聚焦微重力对血管氧化应激水平的变化和血管结构与功能的影响，研究长期空间飞行导致的立位耐力下降的细胞学机制，以及在空间环境中某些化合物对抗航天员立位耐力不良防护机制，为发展有效的对抗防护措施提供理论和试验依据。中国成为全世界第一个将太空血管组织芯片送入空间站进行空间飞行科学试验，研究微重力对人体器官芯片中的人体血管组织的影响的国家，我国也成为国际上第二个具有在轨开展太空组织芯片试验和分析能力的国家。该前瞻性研究对后续器官芯片和微生理系统等体外模型的空间飞行试验和人体组织器官水平模型的空间生物学研究具有重要意义。

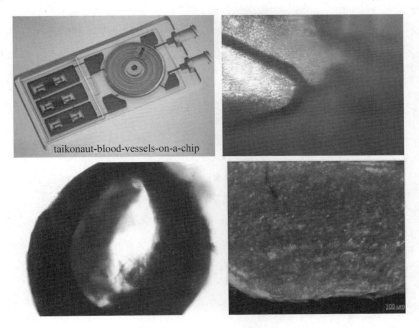

图 7-25　国际上首次血管组织芯片在长期微重力条件下的培养试验

赵远锦团队构建了一款具有空间适用性的肝芯片。通过在中空纤维支架上凝胶化原代肝脏细胞以形成三维血管组织，实现体外肝小叶微环境仿生制备。该芯片采用抽屉式设计，具备可组装、可密封、可实现在线监测的优点。在药物毒性试验中，赵远锦团队已验证了对乙酰氨基酚的肝脏毒性，有望为空间环境中的肝脏药理学研究提供技术支持。

秦建华团队采用微蚀刻方法制备微柱阵列结构的脑芯片。他们将人源诱导多能干细胞种植于微柱结构中，并原位诱导分化形成脑类器官。试验结果显示,脑类器官的多能标志物 OCT4 和 NANOG 在分化的第 10 天减少,在第 30 天脑类器官中生成大量神经前体细胞,这些结果标志着多能干细胞在脑芯片中的自组装与早期妊娠中脑发育的过程一致。该团队还开发了基于人源诱导多能干细胞的胰岛芯片。该芯片结构包括平行的 PDMS 材料的三维培养室、多孔膜和可灌注的流体通道层。该芯片可以持续培养胰岛类器官 60 天。试验结果表明,在灌注系统中形成的胰岛类器官与静态培养的胰岛类器官相比,具有较高的胰腺 β 细胞基因表达水平,并在葡萄糖刺激下胰岛素分泌水平更高。

随着器官芯片技术的不断进步,人类正逐步进入一个更加精准和个性化的生物医学研究新时代。器官芯片技术不仅有望减少对动物试验的依赖,还能为疾病机理的研究和新药的开发提供更加可靠的平台。尽管目前仍面临一些技术和伦理上的挑战(如细胞来源的可再生性、组织的血管化以及多器官系统的构建等),但随着跨学科合作的深入和创新技术的涌现,我们有理由相信,器官芯片将在未来的医学研究和空间生命科学的研究中扮演越来越重要的角色,为人类健康事业做出更大的贡献。

参 考 文 献

[1] Karouia F, Peyvan K, Pohorille A. Toward biotechnology in space: High-throughput instruments for in situ biological research beyond Earth[J]. Biotechnology Advances, 2017, 35(7): 905-932.

[2] Maccarrone M, Bari M, Battista N, et al. The catalytic efficiency of soybean lipoxygenase-1 is enhanced at low gravity[J]. Biophysical Chemistry, 2001, 90(1): 97-101.

[3] Ranaldi F, Vanni P, Giachetti E. Enzyme catalysis in microgravity: Steady-state kinetic analysis of the isocitrate lyase reaction[J]. Biophysical Chemistry, 2003, 103(2): 169-177.

[4] Baqué M, Dobrijevic M, Le Postollec A, et al. Irradiation effects on antibody performance in the frame of biochip-based instruments development for space exploration[J]. International Journal of Astrobiology, 2017, 16(1): 82-90.

[5] Baque M, Le Postollec A, Ravelet C, et al. Investigation of low-energy proton effects on aptamer performance for astrobiological applications[J]. Astrobiology, 2011, 11(3): 207-211.

[6] Smith S M, Davis-Street J E, Fontenot T B, et al. Assessment of a portable clinical blood analyzer during space flight[J]. Clinical Chemistry, 1997, 43(6): 1056-1065.

[7] Markin A, Strogonova L, Balashov O, et al. The dynamics of blood biochemical parameters in cosmonauts during long-term space flights[J]. Acta Astronautica, 1998, 42(1-8): 247-253.

[8] Kern P, Eisenberg T. Concepts for the In-flight handling of safety critical liquids in biological experiments[M]//Space Safety is No Accident. Springer, Cham, 2015: 327-332.

[9] Dubeau-Laramée G, Rivière C, Jean I, et al. Microflow 1, a sheathless fiber-optic flow cytometry biomedical platform: Demonstration onboard the international space station[J]. Cytometry Part A, 2014, 85(4): 322.

[10] Morris H C, Damon M, Maule J, et al. Rapid culture-independent microbial analysis aboard the International Space Station (ISS) stage two: Quantifying three microbial biomarkers[J]. Astrobiology, 2012, 12(9): 830-840.

[11] Crews N, Wittwer C, Gale B. Continuous – flow thermal gradient PCR[J]. Biomedical Microdevices, 2008, 10(2): 187 – 195.

[12] PješčićI, Crews N. Genotyping from saliva with a one – step microdevice[J]. Lab on a Chip, 2012, 12(14): 2514 – 2519.

[13] Crews N, Wittwer C, Palais R, et al. Product differentiation during continuous – flow thermal gradient PCR[J]. Lab on a Chip, 2008, 8(6): 919 – 924.

[14] PješčićI, Tranter C, Hindmarsh P L, et al. Glass – composite prototyping for flow PCR with in situ DNA analysis[J]. Biomedical Microdevices, 2010, 12(2): 333 – 343.

[15] Castro – Wallace S L, Chiu C Y, John K K, et al. Nanopore DNA sequencing and genome assembly on the International Space Station[J]. Scientific Reports, 2017, 7(1): 18022.

[16] Parro V, de Diego – Castilla G, Rodríguez – Manfredi J A, et al. SOLID3: A multiplex antibody microarray – based optical sensor instrument for in situ life detection in planetary exploration[J]. Astrobiology, 2011, 11(1): 15 – 28.

[17] Willis P A, Creamer J S, Mora M F. Implementation of microchip electrophoresis instrumentation for future spaceflight missions[J]. Analytical and Bioanalytical Chemistry, 2015, 407(23): 6939 – 6963.

[18] Beegle L, Kirby J P, Fisher A, et al. Sample handling and processing on Mars for future astrobiology missions[C]//2011 Aerospace Conference. IEEE, 2011: 1 – 10.

[19] Carr C E, Mojarro A, Tani J, et al. Advancing the search for extra – terrestrial genomes[C]//2016 IEEE Aerospace Conference. IEEE, 2016: 1 – 15.

[20] Huh D, Matthews B D, Mammoto A, et al. Reconstituting organ – level lung functions on a chip[J]. Science, 2010, 328(5986): 1662 – 1668.

[21] Zhang B, Montgomery M, Chamberlain M D, et al. Biodegradable scaffold with built – in vasculature for organ – on – a – chip engineering and direct surgical anastomosis[J]. Nature Materials, 2016, 15(6): 669.

[22] Novak R, Ingram M, Clauson S, et al. A robotic platform for fluidically – linked human body – on – chips experimentation[J]. bioRxiv, 2019: 569541.

[23] Xu J, Lv X, Wei Y, et al. Air bubble resistant and disposable microPCR chip with a portable and programmable device for forensic test[J]. Sensors and Actuators B: Chemical, 2015, 212: 472 – 480.

[24] Yang C, Deng Y, Ren H, et al. A multi – channel polymerase chain reaction

lab – on – a – chip and its application in spaceflight experiment for the study of gene mutation[J]. Acta Astronautica, 2018, 11: 049.

[25] Augustin V, Proczek G, Dugay J, et al. Online preconcentration using monoliths in electrochromatography capillary format and microchips [J]. J Sep Sci, 2007, 30: 2858.

[26] Kelly L Y, Wooley A T. Phase – changing sacrificial materials for interfacing microfluidics with Ion – permeable membranes to create on – chip Preconcentrators and electric field gradient focusing microchips [J]. Anal Chem, 2006, 78: 2565 – 2670.

[27] Broyles B S, Jacobson S C, Ramsey J M. Sample filtration, concentration, and separation integrated on microfluidic devices [J]. Anal Chem, 2003, 75: 2761 – 2767.

[28] Oleschuk R D, Shultz – Lockyear L L, Ning Y, et al. Trapping of bead – based reagents within microfluidic systems: On – chip solid – phase extraction and electrochromatography [J]. Anal Chem, 2000, 72: 585 – 590.

[29] Wu D, Steckl A J. High speed nanofluidic protein accumulator [J]. Lab on a Chip, 2009, 9: 1890 – 1896.

[30] Hatch A V, Herr A E, Throckmorton D J, et al. Integrated Preconcentration SDS – PAGE of Proteins in Microchips Using Photopatterned Cross – Linked Polyacrylamide Gels [J]. Anal Chem, 2006, 78: 4976 – 4984.

[31] Foote R S, Khandurina J, Jacobson S C, et al. Preconcentration of proteins on microfluidic devices using porous silica membranes [J]. Anal Chem, 2005, 77: 57 – 63.

[32] Zheng Xu, Li YK, Wang JY, et al. A Novel Method for Fabrication of Micro – Nanofluidic Devices and Its Application in Trace Enrichment [J]. Chin J Anal Chem, 2014, 42(2): 166 – 172.

[33] Kim S M, Burns M A, Hasselbrink E F. Electrokinetic Protein Preconcentration Using a Simple Glass / Poly (dimethylsiloxane) Microfluidic Chip [J]. Anal Chem, 2006, 78: 4779 – 4785.

[34] Mohamadi M R, Kaji N, Tokeshi M, et al. Online Preconcentration by Transient Isotachophoresis in Linear Polymer on a Poly (methyl methacrylate) Microchip for Separation of Human Serum Albumin Immunoassay Mixtures [J]. Anal Chem, 2007, 79: 3667 – 3672.

[35] Tanaka T, Nishio I, Sun S T, et al. Collapse of Gels in an Electric Field [J].

Science, 1981, 218, 467 - 469.

[36] Ayano E, Okad Y, Sakamoto C, et al. Analysis of Herbicides in Water Using Temperature - Responsive Chromatography and an Aqueous Mobile Phase [J]. J Chromatogr A, 2005, 1069, 281 - 285.

[37] Kanazawa H, Yamamoto K, Matsushima Y. Temperature - Responsive Chromatography Using Poly (N - isopropylacrylamide) - Modified Silica [J]. Anal Chem, 1996, 68, 100 - 105.

[38] Liu H, Liu M, Bai L, et al. Investigation of Temperature - Responsivity and Aqueous Chromatographic Characteristics of a Thermo - Responsive Monolithic Column [J]. Talanta, 2011, 85, 1193 - 1198.

[39] Liu M, Liu H, Liu Y, et al. Preparation and Characterization of Temperature - Responsive Poly (N - isopropylacrylamide - co - N, N - methylenebisacrylamide) Monolith for HPLC [J]. J Chromatogr A, 2011, 1218, 286 - 292.

[40] Kikuchi A, Okano T. Intelligent Thermoresponsive Polymeric Stationary Phases for Aqueous Chromatography of Biological Compounds [J]. Prog Polym Sci, 2002, 27, 1165 - 1193.

[41] Liu Z, Liang Y, Geng F, et al. Separation of Peptides with an Aqueous Mobile Phase by Temperature - Responsive Chromatographic Column [J]. J Sep Sci, 2012, 35, 2069 - 2074.

[42] Xin P, Shen Y, Qi L, et al. Preparation of Poly (N - isopropylacrylamide) - Grafted Well - Controlled 3 D Skeletal Monolith Based on E - 51 Epoxy Resin for Protein Separation [J]. Talanta, 2011, 85, 1180 - 1186.

[43] Zhang R, Yang G, Xin P, et al. Preparation of Poly (N - isopropylacrylamide) - Grafted Polymer Monolith for Hydrophobic Interaction Chromatography of Proteins [J]. J Chromatogr A, 2009, 1216, 2404 - 2411.

[44] Preinerstorfer B, Lämmerhofer M, Lindner W. Synthesis and Application of Novel Phenylboronate Affinitymaterials Based on Organic Polymer Particles for Selective Trapping of Glycoproteins [J]. J Sep Sci, 2009, 32, 1673 - 1685.

[45] Wang Y, Zhang X, Han Y, et al. pH - and Glucose - Sensitive Glycopolymer Nanoparticles Based on Phenylboronic Acid for Triggered Release of Insulin [J]. Carbohydr Polym, 2012, 89, 124 - 131.

[46] Jin X, Zhang X, Wu Z, et al. Amphiphilic Random Glycopolymer Based on Phenylboronic Acid: Synthesis, Characterization, and Potential as Glucose - Sensitive Matrix [J]. Biomacromolecules, 2009, 10: 1337 - 1345.

[47] Lin Z, Zheng J, Xia Z, et al. One – Pot Synthesis of Phenylboronic Acid – Functionalized Core – Shell Magnetic Nanoparticles for Selective Enrichment of Glycoproteins [J]. RSC Adv, 2012, 2: 5062 – 5065.

[48] Zhang Y, Liu K, Guan Y, et al. Assembling of Gold Nanorods on P (NIPAM – AAPBA) Microgels: A Large Shift in the Plasmon Band and Colorimetric Glucose Sensing [J]. RSC Adv, 2012, 2: 4768 – 4776.

[49] Zhang X, Lü S, Gao C, et al. Highly Stable and Degradable Multifunctional Microgel for Self – regulated Insulin Delivery Under Physiological Conditions [J]. Nanoscale, 2013, 5: 6498 – 6506.

[50] Wang D, Liu T, Yin J, et al. Stimuli – Responsive Fluorescent Poly (N – isopropylacrylamide) Microgels Labeled with Phenylboronic Acid Moieties as Multifunctional Ratiometric Probes for Glucose and Temperatures [J]. Macromolecules, 2011, 44: 2282 – 2290.

[51] Farooqi Z H, Khan A, Siddiq M. Temperature – Induced Volume Change and Glucose Sensitivity of Poly [(N – isopropylacry – lamide) – co – acrylamide – co – (phenylboronic acid)] Microgels [J]. Polym Int, 2011, 60: 1481 – 1486.

[52] Uğuzdoğan E, Denkbaş E B, Tuncel A. RNA – Sensitive N – isopropylacrylamide / vinylphenylboronic Acid Random Copolymer [J]. Macromol Biosci, 2002, 2: 214 – 222.

[53] Elmas B, Onur M A, enel S S, et al. Temperature Controlled RNA Isolation by N – isopropylacrylamide – vinylphenyl Boronic Acid Copolymer Latex [J]. Colloid Polym Sci, 2002, 280: 1137 – 1146.

[54] Elmas B, Onur M A, Senel S, et al. Thermosensitive N – isopropylacrylamide – vinylphenyl Boronic Acid Copolymer Latex Particles for Nucleotide Isolation [J]. Colloid Surface A, 2004, 232: 253 – 259.

[55] Liu Z, Ullah K, Su L, et al. Switchable Boronate Affinity Materials for Thermally Modulated Capture, Separation and Enrichment of Cis – diol Biomolecules [J]. J Mater Chem, 2012, 22: 18753 – 18756.

[56] Huber D L, Manginell R P, Samara M A, et al. Programmed Adsorption and Release of Proteins in a Microfluidic Device [J]. Sci, 2003, 18: 352 – 354.

[57] Saitoh T, Suzuki Y, Hiraide M. Preparation of Poly (N – isopropylacrylamide) – Modified Glass Surface for Flow Control in Microfluidics [J]. Anal Sci, 2002, 18: 203 – 205.

[58] Li Z, He Q, Ma D, et al. On – chip Integrated Multi – thermos – actuated

Microvalves of Poly (N-isopropylacrylamide) for Microflow Injection Analysis [J]. Anal Chim Acta, 2010, 665: 107-112.

[59] Ma D, Chen H, Shi D, et al. Preparation and Characterization of Thermos Responsive PDMS Surfaces Grafted with Poly (N-isopropylacrylamide) by Benzophenone-initiated Photopolymerization [J]. J Colloid Interface Sci, 2009, 332: 85-90.

[60] Ebara M, Hoffman J M, Hoffman A S, et al. Switchable Surface Traps for Injectable Bead-based Chromatography in PDMS Microfluidic Channels [J]. Lab on a Chip, 2006, 6: 843-848.

[61] Man Y, Peng G, Wang J S, et al. Microfludic Chip with Thermoresponsive Boronate Affinity for the Capture-Release of Cis-Diol Biomolecules [J]. Journal of Separation Science, 2014, 00: 1-7.

[62] Man Y, Peng G, Wang J S, et al. Microchip Grafted P(NIPAAm-co-VPBA) with Thermoresponsive Boronate Affinity for Capture-Release of Cis-Diol Biomolecules. Chromatographia, 2014, 78: 157-162.

[63] Raymond D E, Manz A, Widmer H M. Continuous Sample Pretreatment Using a Free-FLow Electrophoresis Device Integrated onto a Silicon Chip [J]. Analytical Chemistry, 1994, 66(18): 2858-2865.

[64] Mazereeuw M, De Best C M, Tjaden U R, et al. Free Flow Electrophoresis Device for Continuous On-Line Separation in Analytical Systems. An Application in Biochemical Detection [J] Analytical Chemistry, 2000, 72(16): 3881-3886.

[65] Kobayashi H, Shimamura K, Akaida T, et al. Free-Flow Electrophoresis in a Microfabricated Chamber with a Micromodule Fraction Separator: Continuous Separation of Proteins [J]. Journal of Chromatography A, 2003, 990(1-2): 169-178.

[66] Fonslow B R, Barocas V H, Bowser M T. Using Channel Depth to Isolate and Control Flow in a Micro Free-Flow Electrophoresis Device [J]. Analytical Chemistry, 2006, 78(15): 5369-5374.

[67] Kohlheyer D, Eijkel J, Schlautmann S, et al. Bubble-Free Operation of a Microfluidic Free-Flow Electrophoresis Chip with Integrated Pt Electrodes [J]. Analytical Chemistry, 2008, 80(11): 4111-4118.

[68] Kohler S, Weilbeer C, Howitz S, et al. PDMS Free-Flow Electrophoresis Chips With Integrated Partitioning Bars For Bubble Segregation [J]. Lab on a

Chip, 2011, 11: 309 – 314.

[69] Ding H, Li X Q, Lv X F, et al. Fabrication of Micro Free – flow Electrophoresis Chip by Photocurable Monomer Binding Microfabrication Technique for Continuous Separation of Proteins and its Numerical Simulation. 2012, 137: 4482 – 4489.

[70] Lu H, Gaudet S, Schmidt M A, et al. A Microfabricated Device for Subcellular Organelle Sorting [J]. Analytical Chemistry, 2004, 76(19): 5705 – 5712.

[71] Kohlheyer D, Eijkel J, Schlautmann S, et al. Microfluidic High – Resolution Free – Flow Isoelectric Focusing [J]. Analytical Chemistry, 2007, 79(21): 8190 – 8198.

[72] Albrecht J W, Jensen K F. Micro Free – Flow IEF Enhanced by Active Cooling and Functionalized Gels [J]. Electrophoresis, 2006, 27(24): 4960 – 4969.

[73] Albrecht J W, El – Ali J, Jensen K F. Cascaded Free – Flow Isoelectric Focusing for Improved Focusing Speed and Resolution [J]. Analytical Chemistry, 2007, 79(24): 9364 – 9371.

[74] Han B, Wang P L, Zhu G J, et al. Microchip Free Flow Isoelectric Focusing for Protein Prefractionation Using Monolith with Immobilized Ph Gradient [J]. Journal of Separation Science, 2009, 32(8): 1211 – 1215.

[75] Janasek D, Schilling M, Franzke J, et al. Isotachophoresis in Free – Flow Using a Miniaturized Device [J]. Analytical Chemistry, 2006, 78(11): 3815 – 3819.

[76] Janasek D, Schilling M, Manz A, et al. Electrostatic induction of the electric field into free – flow electrophoresis devices [J]. Lab on a Chip, 2006, 6: 710 – 713.

[77] Niemz A, Ferguson T M, Boyle D S. Point – of – care nucleic acid testing for infectious diseases [J]. Trends Biotechnol, 2011, 29(5): 240 – 250.

[78] Crowley E, Di Nicolantonio F, Loupakis F, et al. Liquid biopsy: Monitoring cancer – genetics in the blood [J]. Nature Reviews Clinical Oncology, 2013, 10(8): 472 – 484.

[79] Grasso M, Piscopo P, Confaloni A, et al. Circulating mirnas as biomarkers for neurodegenerative disorders [J]. Molecules, 2014, 19(5): 6891 – 6910.

[80] Gilboa T, Garden P M, Cohen L. Single – molecule analysis of nucleic acid biomarkers – a review [J]. Analytica Chimica Acta, 2020, 1115: 61 – 85.

[81] Ziegler A, Koch A, Krockenberger K, et al. Personalized medicine using DNA biomarkers: A review [J]. Human Genetics, 2012, 131(10): 1627 – 1638.

[82] Johansson G, Andersson D, Filges S, et al. Considerations and quality controls when analyzing cell-free tumor DNA [J]. Biomolecular detection and quantification, 2019, 17: 100078.

[83] Wang D J, Bodovitz S. Single cell analysis: The new frontier in "omics" [J]. Trends Biotechnol, 2010, 28(6): 281-290.

[84] Olkhov-Mitsel E, Bapat B. Strategies for discovery and validation of methylated and hydroxymethylated DNA biomarkers [J]. Cancer Medicine, 2012, 1(2): 237-260.

[85] Fahrner J A, Eguchi S, Herman J G, et al. Dependence of histone modifications and gene expression on DNA hypermethylation in cancer [J]. Cancer Research, 2002, 62(24): 7213-7218.

[86] Lam D, Luu P L, Song J Z, et al. Comprehensive evaluation of targeted multiplex bisulphite pcr sequencing for validation of DNA methylation biomarker panels [J]. Clinical Epigenetics, 2020, 12(1): 217-245.

[87] Ven K R, Vanspauwen B, Pérez-Ruiz E, et al. Target confinement in small reaction volumes using microfluidic technologies: A smart approach for single-entity detection and analysis [J]. ACS Sens, 2018, 3(2): 264-284.

[88] Hindson B J, Ness K D, Masquelier D A, et al. High-throughput droplet digital pcr system for absolute quantitation of DNA copy number [J]. Analytical Chemistry, 2011, 83(22): 8604-8610.

[89] Song L A, Shan D D, Zhao M W, et al. Direct detection of bacterial genomic DNA at sub-femtomolar concentrations using single molecule arrays [J]. Analytical Chemistry, 2013, 85(3): 1932-1939.

[90] Cohen L, Hartman M R, Amardey-Wellington A, et al. Digital direct detection of micrornas using single molecule arrays [J]. Nucleic Acids Res, 2017, 45(14).

[91] Geiss G K, Bumgarner R E, Birditt B, et al. Direct multiplexed measurement of gene expression with color-coded probe pairs [J]. Nature Biotechnology, 2008, 26(3): 317-325.

[92] Hayward S L, Lund P E, Kang Q, et al. Ultraspecific and amplification-free quantification of mutant DNA by single-molecule kinetic fingerprinting [J]. J Am Chem Soc, 2018, 140(37): 11755-11762.

[93] Nie S M, Chiu D T, Zare R N. Probing individual molecules with confocal fluorescence microscopy [J]. Science, 1994, 266(5187): 1018-1021.

[94] Zhu P, Craighead H G. Zero – mode waveguides for single – molecule analysis [M]//REES D C. Annual review of biophysics, vol 41. 2012: 269 – 293.

[95] Levene M J, Korlach J, Turner S W, et al. Zero – mode waveguides for single – molecule analysis at high concentrations [J]. Science, 2003, 299(5607): 682 – 686.

[96] Lubeck E, Cai L. Single – cell systems biology by super – resolution imaging and combinatorial labeling [J]. Nature Methods, 2012, 9(7): 743 – U159.

[97] Lee J H, Daugharthy E R, Scheiman J, et al. Fluorescent <i> in situ </i> sequencing (fisseq) of rna for gene expression profiling in intact cells and tissues [J]. Nat Protoc, 2015, 10(3): 442.

[98] Deltcheva E, Chylinski K, Sharma C M, et al. Crispr rna maturation by <i> trans </i> – encoded small rna and host factor rnase iii [J]. Nature, 2011, 471(7340): 602 – 607.

[99] Myhrvold C, Freije C A, Gootenberg J S, et al. Field – deployable viral diagnostics using crispr – cas13 [J]. Science, 2018, 360(6387): 444 – 448.

[100] Koussa M A, Halvorsen K, Ward A, et al. DNA nanoswitches: A quantitative platform for gel – based biomolecular interaction analysis [J]. Nature Methods, 2015, 12(2): 123 – U148.

[101] Masson J F. Surface plasmon resonance clinical biosensors for medical diagnostics [J]. ACS Sens, 2017, 2(1): 16 – 30.

[102] Garcia – Rico E, Alvarez – Puebla R A, Guerrini L. Direct surface – enhanced raman scattering (sers) spectroscopy of nucleic acids: From fundamental studies to real – life applications [J]. Chem Soc Rev, 2018, 47(13): 4909 – 4923.

[103] Whitesides G M. The origins and the future of microfluidics [J]. Nature, 2006, 442(7101): 368 – 373.

[104] Yin J X, Suo Y J, Zou Z Y, et al. Integrated microfluidic systems with sample preparation and nucleic acid amplification [J]. Lab on a Chip, 2019, 19 (17): 2769 – 2785.

[105] Robe P, Nalin R, Capellano C, et al. Extraction of DNA from soil [J]. European Journal of Soil Biology, 2003, 39(4): 183 – 190.

[106] Tian H J, Hühmer A F R, Landers J P. Evaluation of silica resins for direct and efficient extraction of DNA from complex biological matrices in a

miniaturized format [J]. Analytical Biochemistry, 2000, 283(2): 175 – 191.

[107] Toh P Y, Yeap S P, Kong L P, et al. Magnetophoretic removal of microalgae from fishpond water: Feasibility of high gradient and low gradient magnetic separation [J]. Chemical Engineering Journal, 2012, 211: 22 – 30.

[108] Zhang Y, Nguyen N T. Magnetic digital microfluidics – a review [J]. Lab on a Chip, 2017, 17(6): 994 – 1008.

[109] Tangchaikeeree T, Polpanich D, Elaissari A, et al. Magnetic particles for <i> in vitro </i> molecular diagnosis: From sample preparation to integration into microsystems [J]. Colloids and Surfaces B – Biointerfaces, 2017, 158: 1 – 8.

[110] Zhu Y F, Zhang B, Gu J L, et al. Magnetic beads separation characteristics of a microfluidic bioseparation chip based on magnetophoresis with lattice – distributed soft magnets [J]. Journal of Magnetism and Magnetic Materials, 2020, 501:

[111] Berry S M, Pezzi H M, Lavanway A J, et al. Airjump: Using interfaces to instantly perform simultaneous extractions [J]. Acs Applied Materials & Interfaces, 2016, 8(24): 15040 – 15045.

[112] Pearlman S I, Leelawong M, Richardson K A, et al. Low – resource nucleic acid extraction method enabled by high – gradient magnetic separation [J]. Acs Applied Materials & Interfaces, 2020, 12(11): 12457 – 12467.

[113] Shi X, Chen C H, Gao W M, et al. Parallel rna extraction using magnetic beads and a droplet array [J]. Lab on a Chip, 2015, 15(4): 1059 – 1065.

[114] Christel L A, Petersen K, Mcmillan W, et al. Rapid, automated nucleic acid probe assays using silicon microstructures for nucleic acid concentration [J]. J Biomech Eng – Trans ASME, 1999, 121(1): 22 – 27.

[115] Petralia S, Sciuto E L, Conoci S. A novel miniaturized biofilter based on silicon micropillars for nucleic acid extraction [J]. Analyst, 2017, 142(1): 140 – 146.

[116] Du K, Cai H, Park M, et al. Multiplexed efficient on – chip sample preparation and sensitive amplification – free detection of ebola virus [J]. Biosensors & Bioelectronics, 2017, 91: 489 – 496.

[117] Tang R H, Liu L N, Zhang S F, et al. A review on advances in methods for modification of paper supports for use in point – of – care testing [J].

Microchim Acta, 2019, 186(8),

[118] Zou Y P, Mason M G, Wang Y L, et al. Nucleic acid purification from plants, animals and microbes in under 30 seconds [J]. PLoS Biol, 2017, 15(11),

[119] Chen P, Chen C, Liu Y H, et al. Fully integrated nucleic acid pretreatment, amplification, and detection on a paper chip for identifying egfr mutations in lung cancer cells [J]. Sensors and Actuators B – Chemical, 2019, 283: 472 – 477.

[120] Sur K, Mcfall S M, Yeh E T, et al. Immiscible phase nucleic acid purification eliminates pcr inhibitors with a single pass of paramagnetic particles through a hydrophobic liquid [J]. Journal of Molecular Diagnostics, 2010, 12(5): 620 – 628.

[121] Hu F, Li J, Zhang Z M, et al. Smartphone – based droplet digital lamp device with rapid nucleic acid isolation for highly sensitive point – of – care detection [J]. Analytical Chemistry, 2020, 92(2): 2258 – 2265.

[122] Yin J X, Hu J M, Sun J J, et al. A fast nucleic acid extraction system for point – of – care and integration of digital pcr [J]. Analyst, 2019, 144(23): 7032 – 7040.

[123] Morales M C, Zahn J D. Droplet enhanced microfluidic – based DNA purification from bacterial lysates via phenol extraction [J]. Microfluidics and Nanofluidics, 2010, 9(6): 1041 – 1049.

[124] Iarovaia O, Hancock R, Lagarkova M, et al. Mapping of genomic DNA loop organization in a 500 – kilobase region of the drosophila x chromosome by the topoisomerase ii – mediated DNA loop excision protocol [J]. Molecular and Cellular Biology, 1996, 16(1): 302 – 308.

[125] Quan P L, Sauzade M, Brouzes E. Dpcr: A technology review [J]. Sensors, 2018, 18(4),

[126] Tartari R F, Ulbrich – Kulczynski J M, Ferreira A F. Measurement of mid – arm muscle circumference and prognosis in stage iv non – small cell lung cancer patients [J]. Oncology Letters, 2013, 5(3): 1063 – 1067.

[127] Hayden R T, Hokanson K A, Pounds S B, et al. Multicenter comparison of different real – time pcr assays for quantitative detection of epstein – barr virus [J]. J Clin Microbiol, 2008, 46(1): 157 – 163.

[128] Sykes P J, Neoh S H, Brisco M J, et al. Quantitation of targets for pcr by use

of limiting dilution [J]. Biotechniques, 1992, 13(3): 444 – 449.

[129] Fernández – Carballo B L, Mcguiness I, Mcbeth C, et al. Low – cost, real – time, continuous flow pcr system for pathogen detection [J]. Biomed Microdevices, 2016, 18(2): 33 – 43.

[130] Milbury C A, Zhong Q, Lin J, et al. Determining lower limits of detection of digital pcr assays for cancer – related gene mutations [J]. Biomolecular detection and quantification, 2014, 1(1): 8 – 22.

[131] Shen F, Du W B, Kreutz J E, et al. Digital pcr on a slipchip [J]. Lab on a Chip, 2010, 10(20): 2666 – 2672.

[132] Zhu Q Y, Xu Y N, Qiu L, et al. A scalable self – priming fractal branching microchannel net chip for digital pcr [J]. Lab on a Chip, 2017, 17(9): 1655 – 1665.

[133] Wang R L, Zhao R T, Li Y, et al. Rapid detection of multiple respiratory viruses based on microfluidic isothermal amplification and a real – time colorimetric method [J]. Lab on a Chip, 2018, 18(22): 3507 – 3515.

[134] Song J Z, Mauk M G, Hackett B A, et al. Instrument – free point – of – care molecular detection of zika virus (vol 88, pg 7289, 2016) [J]. Analytical Chemistry, 2018, 90(22): 13814 – 13814.

[135] Ma Y D, Chang W H, Luo K, et al. Digital quantification of DNA via isothermal amplification on a self – driven microfluidic chip featuring hydrophilic film – coated polydimethylsiloxane [J]. Biosensors & Bioelectronics, 2018, 99: 547 – 554.

[136] Zhang K X, Kang D K, Ali M M, et al. Digital quantification of mirna directly in plasma using integrated comprehensive droplet digital detection [J]. Lab on a Chip, 2015, 15(21): 4217 – 4226.

[137] Alamer S, Eissa S, Chinnappan R, et al. A rapid colorimetric immunoassay for the detection of pathogenic bacteria on poultry processing plants using cotton swabs and nanobeads [J]. Microchim Acta, 2018, 185(3):

[138] Yuan D, Kong J, Li X X, et al. Colorimetric lamp microfluidic chip for detecting three allergens: Peanut, sesame and soybean [J]. Sci Rep, 2018, 8:

[139] Chen J W, Shao N, Hu J Y, et al. Visual detection of multiple nucleic acids in a capillary array [J]. Jove – Journal of Visualized Experiments, 2017, 129:

[140] Kunze A, Dilcher M, Abd El Wahed A, et al. On-chip isothermal nucleic acid amplification on flow-based chemiluminescence microarray analysis platform for the detection of viruses and bacteria [J]. Analytical Chemistry, 2016, 88(1): 898-905.

[141] Li Z, Liu Y, Wei Q Q, et al. Picoliter well array chip-based digital recombinase polymerase amplification for absolute quantification of nucleic acids [J]. PLoS One, 2016, 11(4):

[142] Schuler F, Schwemmer F, Trotter M, et al. Centrifugal step emulsification applied for absolute quantification of nucleic acids by digital droplet rpa [J]. Lab on a Chip, 2015, 15(13): 2759-2766.

[143] Huang Z X, Sun F Q, Zhang Y, et al. Temperature-assisted photochemical construction of cds-based ordered porous films with photocatalytic activities on solution surfaces [J]. Journal of Colloid and Interface Science, 2011, 356(2): 783-789.

[144] Song J Z, Liu C C, Mauk M G, et al. Two-stage isothermal enzymatic amplification for concurrent multiplex molecular detection [J]. Clin Chem, 2017, 63(3): 714-722.

[145] Kersting S, Rausch V, Bier F F, et al. Multiplex isothermal solid-phase recombinase polymerase amplification for the specific and fast DNA-based detection of three bacterial pathogens [J]. Microchim Acta, 2014, 181(13-14): 1715-1723.

[146] Choi G, Jung J H, Park B H, et al. A centrifugal direct recombinase polymerase amplification (direct-rpa) microdevice for multiplex and real-time identification of food poisoning bacteria [J]. Lab on a Chip, 2016, 16(12): 2309-2316.

[147] Chen J G, Xu Y C, Yan H, et al. Sensitive and rapid detection of pathogenic bacteria from urine samples using multiplex recombinase polymerase amplification [J]. Lab on a Chip, 2018, 18(16): 2441-2452.

[148] Shin Y, Perera A P, Kim K W, et al. Real-time, label-free isothermal solid-phase amplification/detection (isad) device for rapid detection of genetic alteration in cancers [J]. Lab on a Chip, 2013, 13(11): 2106-2114.

[149] Yeh E C, Fu C C, Hu L, et al. Self-powered integrated microfluidic point-of-care low-cost enabling (simple) chip [J]. Science Advances, 2017, 3

(3): 1-11.

[150] Oh S J, Park B H, Choi G, et al. Fully automated and colorimetric foodborne pathogen detection on an integrated centrifugal microfluidic device [J]. Lab on a Chip, 2016, 16(10): 1917-1926.

[151] Cai H, Parks J W, Wall T A, et al. Optofluidic analysis system for amplification-free, direct detection of ebola infection [J]. Sci Rep, 2015, 5: 1-8.

[152] Novak L, Neuzil P, Pipper J, et al. An integrated fluorescence detection system for lab-on-a-chip applications [J]. Lab on a Chip, 2007, 7(1): 27-29.

[153] Ahrberg C D, Manz A, Chung B G. Polymerase chain reaction in microfluidic devices [J]. Lab on a Chip, 2016, 16(20): 3866-3884.

[154] Wang J S, Kreutz J E, Thompson A M, et al. Sd-chip enabled quantitative detection of hiv rna using digital nucleic acid sequence-based amplification (dnasba) [J]. Lab on a Chip, 2018, 18(22): 3501-3506.

[155] Shamsi M H, Choi K, Ng A H C, et al. Electrochemiluminescence on digital microfluidics for microrna analysis [J]. Biosensors & Bioelectronics, 2016, 77: 845-852.

[156] Shu B W, Zhang C S, Xing D. A handheld flow genetic analysis system (fgas): Towards rapid, sensitive, quantitative and multiplex molecular diagnosis at the point-of-care level [J]. Lab on a Chip, 2015, 15(12): 2597-2605.

[157] Duvall J A, Cabaniss S T, Angotti M L, et al. Rapid detection of clostridium difficile via magnetic bead aggregation in cost-effective polyester microdevices with cell phone image analysis [J]. Analyst, 2016, 141(19): 5637-5645.

[158] Zhang Y, Sun J S, Zou Y, et al. Barcoded microchips for biomolecular assays [J]. Analytical Chemistry, 2015, 87(2): 900-906.

[159] Ma Y D, Li K H, Chen Y H, et al. A sample-to-answer, portable platform for rapid detection of pathogens with a smartphone interface [J]. Lab on a Chip, 2019, 19(22): 3804-3814.

[160] Jogezai N, Shabbir M I. A hand-held device for rapid single tube detection of hepatitis-c virus [J]. Analytical Methods, 2018, 10(35): 4233-4241.

[161] Luo J, Fang X E, Ye D X, et al. A real-time microfluidic multiplex

electrochemical loop – mediated isothermal amplification chip for differentiating bacteria [J]. Biosensors & Bioelectronics, 2014, 60: 84 – 91.

[162] Slouka Z, Senapati S, Shah S, et al. Integrated, dc voltage – driven nucleic acid diagnostic platform for real sample analysis: Detection of oral cancer [J]. Talanta, 2015, 145: 35 – 42.

[163] Azzouzi S, Mak W C, Kor K, et al. An integrated dual functional recognition/amplification bio – label for the one – step impedimetric detection of micro – rna – 21 [J]. Biosensors & Bioelectronics, 2017, 92: 154 – 161.

[164] Liong M, Hoang A N, Chung J, et al. Magnetic barcode assay for genetic detection of pathogens [J]. Nature Communications, 2013, 4: 1 – 9.

[165] Sharma P P, Albisetti E, Massetti M, et al. Integrated platform for detecting pathogenic DNA via magnetic tunneling junction – based biosensors [J]. Sensors and Actuators B – Chemical, 2017, 242: 280 – 287.

[166] Donolato M, Antunes P, De La Torre T Z G, et al. Quantification of rolling circle amplified DNA using magnetic nanobeads and a blu – ray optical pick – up unit [J]. Biosensors & Bioelectronics, 2015, 67: 649 – 655.

[167] Jung J H, Park B H, Oh S J, et al. Integrated centrifugal reverse transcriptase loop – mediated isothermal amplification microdevice for influenza a virus detection [J]. Biosensors & Bioelectronics, 2015, 68: 218 – 224.

[168] Zhang L, Tian F, Liu C, et al. Hand – powered centrifugal microfluidic platform inspired by the spinning top for sample – to – answer diagnostics of nucleic acids [J]. Lab on a Chip, 2018, 18(4): 610 – 619.

[169] Connelly J T, Rolland J P, Whitesides G M. "Paper machine" for molecular diagnostics [J]. Analytical Chemistry, 2015, 87(15): 7595 – 7601.

[170] Tang R H, Yang H, Gong Y, et al. A fully disposable and integrated paper – based device for nucleic acid extraction, amplification and detection [J]. Lab on a Chip, 2017, 17(7): 1270 – 1279.

[171] Liu D Y, Liang G T, Zhang Q, et al. Detection of <i>mycobacterium</i> <i>tuberculosis</i> using a capillary – array microsystem with integrated DNA extraction, loop – mediated isothermal amplification, and fluorescence detection [J]. Analytical Chemistry, 2013, 85(9): 4698 – 4704.

[172] Fu Y, Zhou X M, Xing D. Lab – on – capillary: A rapid, simple and quantitative genetic analysis platform integrating nucleic acid extraction, amplification and detection [J]. Lab on a Chip, 2017, 17(24): 4334 –

4341.

[173] Tian Q C, Yu B D, Mu Y, et al. An integrated temporary negative pressure assisted microfluidic chip for DNA isolation and digital pcr detection [J]. Rsc Advances, 2015, 5(100): 81889 – 81896.

[174] Ye X, Xu J, Lu L J, et al. Equipment – free nucleic acid extraction and amplification on a simple paper disc for point – of – care diagnosis of rotavirus a [J]. Analytica Chimica Acta, 2018, 1018: 78 – 85.

[175] Czilwik G, Messinger T, Strohmeier O, et al. Rapid and fully automated bacterial pathogen detection on a centrifugal – microfluidic labdisk using highly sensitive nested pcr with integrated sample preparation [J]. Lab on a Chip, 2015, 15(18): 3749 – 3759.

[176] Loo J F C, Kwok H C, Leung C C H, et al. Sample – to – answer on molecular diagnosis of bacterial infection using integrated lab – on – a – disc [J]. Biosensors & Bioelectronics, 2017, 93: 212 – 219.

[177] Choi G, Prince T, Miao J, et al. Sample – to – answer palm – sized nucleic acid testing device towards low – cost malaria mass screening [J]. Biosensors & Bioelectronics, 2018, 115: 83 – 90.

[178] Nguyen H V, Phan V M, Seo T S. Total integrated centrifugal genetic analyzer for point – of – care covid – 19 testing with automatic and high – throughput capability [J]. Sensors and Actuators B – Chemical, 2022, 353:

[179] Bart – Delabesse E, Basile M, Al Jijakli A, et al. Detection of Aspergillus galactomannan antigenemia to determine biological and clinical implications of beta – lactam treatments. Journal of Clinical Microbiology, 2005. 43(10): 5214 – 5220.

[180] 江松敏, 李军, 孙庆文. 蛋白质组学[M]. 北京: 军事医学科学出版社, 2010.

[181] 耿莉, 安丽娟. 分子排阻色谱法检测胰岛素中的大分子蛋白质[J]. 徐州工程学院学报(社会科学版), 2007(4): 51 – 53.

[182] 唐玲玲, 夏明. 高效液相色谱法在蛋白质分离检测中的应用[J]. 农产品加工: 下, 2009.

[183] 朱晓囡, 苏志国. 反相液相色谱在蛋白质及多肽分离分析中的应用[J]. 分析化学, 2004(2): 248 – 254.

[184] 孔毅, 吴如金, 吴梧桐. 高效毛细管电泳及其在蛋白质、多肽分析中的应用[J]. 药学进展, 2000(4): 204 – 208.

[185] 罗国华,周克玉. 毛细管电泳质谱联用技术测定肽和蛋白质混合物[J]. 高等学校化学学报,1998,19(3):353-358.

[186] 唐萍,田晶,余振宝,等. 奶制品中蛋白质测定的毛细管电泳法研究[J]. 分析科学学报,2006(1):5-8.

[187] 李江,谭琛,向秋,等. 用双向电泳和质谱技术检测 NGX6 转染后人鼻咽癌细胞表达差异的蛋白质[J]. 生物化学与生物物理进展,2001,028(4):573-578.

[188] 陈肖男. 免疫分析法在抗生素和蛋白质检测中的应用研究[D]. 北京:北京化工大学,2017.

[189] 熊玉锋. 基于均相免疫分析技术检测蛋白质相互作用的方法建立及其在新药研发中的应用[D]. 广州:南方医科大学,2018.

[190] Koutny L B, Schmalzing D, Taylor T A, et al. Microchip electrophoretic immunoassay for serum cortisol[J]. Analytical Chemistry, 1996, 68(1): 18-22.

[191] Kim K S, Park J K. Magnetic force-based multiplexed immunoassay using superparamagnetic nanoparticles in microfluidic channel[J]. Lab on a Chip, 2005, 5(6): 657-664.

[192] Liu Y, Wang H X, Huang J Y, et al. Microchip-based ELISA strategy for the detection of low-level disease biomarker in serum[J]. Analytica Chimica Acta, 2009, 650(1): 77-82.

[193] Woolley A T, Lao K Q, Glazer A N, et al. Capillary electrophoresis chips with integrated electrochemical detection[J]. Analytical Chemistry, 1998. 70(4): 684-688.

[194] Rossier J S, Ferrigno R, Girault H H, Electrophoresis with electrochemical detection in a polymer microdevice[J]. Journal of Electroanalytical Chemistry, 2000. 492(1): 15-22.

[195] Chen D C, Hsu F L, Zhan D Z, et al. Palladium film decoupler for amperometric detection in electrophoresis chips[J]. Analytical Chemistry, 2001, 73(4): 758-762.

[196] Karuwan C, Sukthang K, Wisitsoraat A, et al. Electrochemical detection on electrowetting-on-dielectric digital microfluidic chip[J]. Talanta, 2011, 84(5): 1384-1389.

[197] Zhou F, Lu M, Wang W, et al. Electrochemical Immunosensor for Simultaneous Detection of Dual Cardiac Markers Based on a Poly(Dimethylsiloxane)-Gold

Nanoparticles Composite Microfluidic Chip: A Proof of Principle[J]. Clinical Chemistry, 2010, 56(11): 1701-1707.

[198] Abad L, Del Campo F J, Munoz F X, et al. Design and fabrication of a COP-based microfluidic chip: Chronoamperometric detection of Troponin T[J]. Electrophoresis, 2012, 33(21): 3187-3194.

[199] Kim T H, Abi-Samra K, Sunkara V, et al. Flow-enhanced electrochemical immunosensors on centrifugal microfluidic platforms[J]. Lab on a Chip, 2013, 13(18): 3747-3754.

[200] Ge S G, Ge L, Yan M, et al. A disposable paper-based electrochemical sensor with an addressable electrode array for cancer screening[J]. Chemical Communications, 2012, 48(75): 9397-9399.

[201] Wu Y F, Xue P, Kang Y J, et al. Paper-Based Microfluidic Electrochemical Immunodevice Integrated with Nanobioprobes onto Graphene Film for Ultrasensitive Multiplexed Detection of Cancer Biomarkers[J]. Analytical Chemistry, 2013, 85(18): 8661-8668.

[202] Nie Z H, Deiss F, Liu X Y, et al. Integration of paper-based microfluidic devices with commercial electrochemical readers[J]. Lab on a Chip, 2010, 10(22): 3163-3169.

[203] Maxwell E J, Mazzeo A D, Whitesides G M. Paper-based electroanalytical devices for accessible diagnostic testing[J]. Mrs Bulletin, 2013, 38(4): 309-314.

[204] Jalal U M, Jin G J, Eom K S, et al. On-chip signal amplification of magnetic bead-based immunoassay by aviating magnetic bead chains[J]. Bioelectrochemistry, 2018, 122: 221-226.

[205] Galloway M, Stryjewski W, Henry A, et al. Contact conductivity detection in poly(methyl methacylate)-based microfluidic devices for analysis of mono- and polyanionic molecules[J]. Analytical Chemistry, 2002, 74(10): 2407-2415.

[206] Abad-Villar E M, Tanyanyiwa J, Fernandez-Abedul M T, et al. Detection of human immunoglobulin in microchip and conventional capillary electrophoresis with contactless conductivity measurements[J]. Analytical Chemistry, 2004, 76(5): 1282-1288.

[207] Chen Z G, Li Q W, Li O L, et al. A thin cover glass chip for contactless conductivity detection in microchip capillary electrophoresis[J]. Talanta,

2007, 71(5): 1944 – 1950.

[208] Wang Y T, Zhou Y X, Sokolov J, et al. A potentiometric protein sensor built with surface molecular imprinting method[J]. Biosensors & Bioelectronics, 2008, 24(1): 162 – 166.

[209] Gross E M, Durant H E, Hipp K N, et al. Electrochemiluminescence Detection in Paper – Based and Other Inexpensive Microfluidic Devices[J]. Chemelectrochem, 2017, 4(7): 1594 – 1603.

[210] 舒江南. 新型纳米发光体的化学发光与电化学发光及其在生物分析中的应用[M]. 北京: 中国科学技术大学, 2018.

[211] Pittet P, Lu G N, Galvan J M, et al. PCB – based integration of electrochemiluminescence detection for microfluidic systems[J]. Analyst, 2007, 132(5): 409 – 411.

[212] Darain F, Park S U, Shim Y B. Disposable amperometric immunosensor system for rabbit IgG using a conducting polymer modified screen – printed electrode[J]. Biosensors & Bioelectronics, 2003, 18(5 – 6): 773 – 780.

[213] Kong F Y, Gu S X, Li W W, et al. A paper disk equipped with graphene/polyaniline/Au nanoparticles/glucose oxidase biocomposite modified screen – printed electrode: Toward whole blood glucose determination[J]. Biosensors & Bioelectronics, 2014, 56: 77 – 82.

[214] Du Y, Wei H, Kang J Z, et al. Microchip capillary electrophoresis with solid – state electrochemiluminescence detector[J]. Analytical Chemistry, 2005, 77(24): 7993 – 7997.

[215] Zhang X W, Zhai Q F, Xing H H, et al. Bipolar Electrodes with 100% Current Efficiency for Sensors[J]. Acs Sensors, 2017, 2(3): 320 – 326.

[216] Wu M S, Yuan D J, Xu J J, et al. Electrochemiluminescence on bipolar electrodes for visual bioanalysis[J]. Chemical Science, 2013, 4(3): 1182 – 1188.

[217] Zhai Q F, Zhang X W, Han Y C, et al. A Nanoscale Multichannel Closed Bipolar Electrode Array for Electrochemiluminescence Sensing Platform[J]. Analytical Chemistry, 2016, 88(1): 945 – 951.

[218] Wu S Z, Zhou Z Y, Xu L R, et al. Integrating bipolar electrochemistry and electrochemiluminescence imaging with microdroplets for chemical analysis[J]. Biosensors & Bioelectronics, 2014, 53: 148 – 153.

[219] Zhang X, Ding S N. Graphite paper – based bipolar electrode electroche-

miluminescence sensing platform[J]. Biosensors & Bioelectronics, 2017, 94: 47-55.

[220] Wang Y Z, Xu C H, Zhao W, et al. Bipolar Electrode Based Multicolor Electrochemiluminescence Biosensor [J]. Analytical Chemistry, 2017, 89 (15): 8050-8056.

[221] Yu Y, Xu S, Gao Y F, et al. Multiple logic operations based on chemically triggered upconversion fluorescence switching[J]. Spectrochimica Acta Part a - Molecular and Biomolecular Spectroscopy, 2020, 230: 8.

[222] Grimm J B, English B P, Chen J J, et al. A general method to improve fluorophores for live - cell and single - molecule microscopy [J]. Nature Methods, 2015, 12(3): 244-+.

[223] Herzenberg L A, Parks D, Sahaf B, et al. The history and future of the fluorescence activated cell sorter and flow cytometry: A view from Stanford[J]. Clinical Chemistry, 2002, 48(10): 1819-1827.

[224] Hirschfeld T. Optical Microscopic Observation of Single Small Molecules[J]. Applied Optics, 1976, 15(12): 2965-2966.

[225] Keller R A, Ambrose W P, Goodwin P M, et al. Single molecule fluorescence analysis in solution[J]. Applied Spectroscopy, 1996, 50(7): A12-A32.

[226] Fu J L, Fang Q, Zhang T, et al. Laser - induced fluorescence detection system for microfluidic chips based on an orthogonal optical arrangement[J]. Analytical Chemistry, 2006. 78(11): 3827-3834.

[227] Yang F B, Pan J Z, Zhang T, et al. A low - cost light - emitting diode induced fluorescence detector for capillary electrophoresis based on an orthogonal optical arrangement[J]. Talanta, 2009, 78(3): 1155-1158.

[228] Fan X F, Li Q, Wang S L, et al. High - throughput analysis of DNA fragments using a miniaturized CE system combined with a slotted - vial array sample introduction system[J]. Electrophoresis, 2008, 29(23): 4733-4738.

[229] Gao X H, Jiang L, Su X O, et al. Microvalves actuated sandwich immunoassay on an integrated microfluidic system[J]. Electrophoresis, 2009, 30(14): 2481-2487.

[230] Ryu G, Huang J S, Hofmann O, et al. Highly sensitive fluorescence detection system for microfluidic lab - on - a - chip[J]. Lab on a Chip, 2011, 11(9): 1664-1670.

[231] Shin K S, Lee S W, Han K C, et al. Amplification of fluorescence with packed beads to enhance the sensitivity of miniaturized detection in microfluidic chip[J]. Biosensors & Bioelectronics, 2007, 22(9/10): 2261 - 2267.

[232] Caulum M M, Murphy B M, Ramsay L M, et al. Detection of cardiac biomarkers using micellar electrokinetic chromatography and a cleavable tag immunoassay[J]. Analytical Chemistry, 2007, 79(14): 5249 - 5256.

[233] Stringer R C, Hoehn D, Grant S A. Quantum dot - based biosensor for detection of human cardiac troponin I using a liquid - core waveguide[J]. IEEE Sensors Journal, 2008, 8(3/4): 295 - 300.

[234] Wu D P, Luo Y, Zhou X M, et al. Multilayer poly(vinyl alcohol) - adsorbed coating on poly(dimethylsiloxane) microfluidic chips for biopolymer separation [J]. Electrophoresis, 2005, 26(1): 211 - 218.

[235] Schulze P, Ludwig M, Kohler F, et al. Deep UV laser - induced fluorescence detection of unlabeled drugs and proteins in microchip electrophoresis[J]. Analytical Chemistry, 2005, 77(5): 1325 - 1329.

[236] Wang J S, Sun J Y, Song Y X, et al. A Label - Free Microfluidic Biosensor for Activity Detection of Single Microalgae Cells Based on Chlorophyll Fluorescence[J]. Sensors, 2013, 13(12): 16075 - 16089.

[237] Gao Y L, Lin F Y, Hu G Q, et al. Development of a novel electrokinetically driven microfluidic immunoassay for the detection of Helicobacter pylori[J]. Analytica Chimica Acta, 2005, 543(1/2): 109 - 116.

[238] Liu C, Mo Y Y, Chen Z G, et al. Dual fluorescence/contactless conductivity detection for microfluidic chip[J]. Analytica Chimica Acta, 2008, 621(2): 171 - 177.

[239] Li Y, Buch J S, Rosenberger F, et al. Integration of isoelectric focusing with parallel sodium dodecyl sulfate gel electrophoresis for multidimensional protein separations in a plastic microfludic network[J]. Analytical Chemistry, 2004, 76(3): 742 - 748.

[240] Hosokawa K, Omata M, Sato K, et al. Power - free sequential injection for microchip immunoassay toward point - of - care testing[J]. Lab on a Chip, 2006, 6(2): 236 - 241.

[241] Christodoulides N, Mohanty S, Miller C S, et al. Application of microchip assay system for the measurement of C - reactive protein in human saliva[J]. Lab on a Chip, 2005, 5(3): 261 - 269.

[242] Jonsson C, Aronsson M, Rundstrom G, et al. Silane-dextran chemistry on lateral flow polymer chips for immunoassays[J]. Lab on a Chip, 2008, 8(7): 1191-1197.

[243] Xiao D Q, Van Le T, Wirth M J. Surface modification of the channels of poly (dimethylsiloxane) microfluidic chips with polyacrylamide for fast electrophoretic separations of proteins[J]. Analytical Chemistry, 2004, 76(7): 2055-2061.

[244] Jezierski S, Belder D, Nagl S. Microfluidic free-flow electrophoresis chips with an integrated fluorescent sensor layer for real time pH imaging in isoelectric focusing[J]. Chemical Communications, 2013, 49(9): 904-906.

[245] Arpali S A, Arpali C, Coskun A F, et al. High-throughput screening of large volumes of whole blood using structured illumination and fluorescent on-chip imaging[J]. Lab on a Chip, 2012, 12(23): 4968-4971.

[246] Jiang J, Wang X H, Chao R, et al. Smartphone based portable bacteria pre-concentrating microfluidic sensor and impedance sensing system[J]. Sensors and Actuators B-Chemical, 2014, 193: 653-659.

[247] Kanchi S, Sabela M I, Mdluli P S, et al. Smartphone based bioanalytical and diagnosis applications: A review[J]. Biosensors & Bioelectronics, 2018, 102: 136-149.

[248] Zarei M. Portable biosensing devices for point-of-care diagnostics: Recent developments and applications[J]. Trac-Trends in Analytical Chemistry, 2017, 91: 26-41.

[249] Thom N K, Lewis G G, Yeung K, et al. Quantitative fluorescence assays using a self-powered paper-based microfluidic device and a camera-equipped cellular phone[J]. Rsc Advances, 2014, 4(3): 1334-1340.

[250] Zhu H Y, Mavandadi S, Coskun A F, et al. Optofluidic Fluorescent Imaging Cytometry on a Cell Phone[J]. Analytical Chemistry, 2011, 83(17): 6641-6647.

[251] Schonbrun E, Steinvurzel P E, K B Crozier. A microfluidic fluorescence measurement system using an astigmatic diffractive microlens array[J]. Optics Express, 2011, 19(2): 1385-1394.

[252] Ueda E, Geyer F L, Nedashkivska V, et al. Droplet Microarray: facile formation of arrays of microdroplets and hydrogel micropads for cell screening

applications[J]. Lab on a Chip, 2012, 12(24): 5218 – 5224.

[253] Barbosa A I, Gehlot P, Sidapra K, et al. Portable smartphone quantitation of prostate specific antigen (PSA) in a fluoropolymer microfluidic device[J]. Biosensors & Bioelectronics, 2015, 70: 5 – 14.

[254] Delgado S M T, Kinahan D J, Sandoval F S, et al. Fully automated chemiluminescence detection using an electrified – Lab – on – a – Disc (eLoaD) platform[J]. Lab on a Chip, 2016, 16(20): 4002 – 4011.

[255] Al Lawati H A J. Flow – based analysis using microfluidics – chemiluminescence systems[J]. Luminescence, 2013, 28(5): 618 – 627.

[256] Liu M, Wang Z Y, Zhang C Y. Recent Advance in Chemiluminescence Assay and Its Biochemical Applications[J]. Chinese Journal of Analytical Chemistry, 2016, 44(12): 1934 – 1941.

[257] Townshend A, Wheatley R A. Oxidative chemiluminescence of some nitrogen nucleophiles in the presence of formic acid as an ancillary reductant[J]. Analyst, 1998, 123(2): 267 – 272.

[258] Roda A, Pasini P, Mirasoli M, et al. Biotechnological applications of bioluminescence and chemiluminescence[J]. Trends in Biotechnology, 2004, 22(6): 295 – 303.

[259] Adcock J L, Barrow C J, Barnett N W, et al. Chemiluminescence and electrochemiluminescence detection of controlled drugs[J]. Drug Testing and Analysis, 2011, 3(3): 145 – 160.

[260] Wu Q W, Shen H H, Shen H, et al. Study on sensing strategy and performance of a microfluidic chemiluminescence aptazyme sensor[J]. Talanta, 2016, 150: 531 – 538.

[261] Zong C, Zhang D D, Yang H, et al. Chemiluminescence immunoassay for cardiac troponin T by using silver nanoparticles functionalized with hemin/G – quadruplex DNAzyme on a glass chip array[J]. Microchimica Acta, 2017, 184(9): 3197 – 3204.

[262] Yu J H, Wang S M, Ge L, et al. A novel chemiluminescence paper microfluidic biosensor based on enzymatic reaction for uric acid determination[J]. Biosensors & Bioelectronics, 2011, 26(7): 3284 – 3289.

[263] Mei Q, Xia Z, Xu F, et al. Fabrication of microfluidic reactors and mixing studies for luciferase detection[J]. Analytical Chemistry, 2008, 80(15): 6045 – 6050.

[264] Lin W. A passive grooved micromixer generating enhanced transverse rotations for microfluids[J]. Chemical Engineering & Technology, 2008, 31(8): 1210-1215.

[265] Williams M S, Longmuir K J, Yager P. A practical guide to the staggered herringbone mixer[J]. Lab on a Chip, 2008, 8(7): 1121-1129.

[266] Lok K S, Kwok Y C, Nguyen N T. Passive micromixer for luminol-peroxide chemiluminescence detection[J]. Analyst, 2011, 136(12): 2586-2591.

[267] Kiba N, Tokizawa T, Kato S, et al. Flow-through micro sensor using immobilized peroxidase with chemiluminometric FIA system for determining hydrogen peroxide[J]. Analytical Sciences, 2003, 19(6): 823-827.

[268] Zhang W, Danielson N D. Characterization of a micro spiral flow cell for chemiluminescence detection[J]. Microchemical Journal, 2003, 75(3): 255-264.

[269] Terry J M, Adcock J L, Olson D C, et al. Chemiluminescence Detector with a Serpentine Flow Cell[J]. Analytical Chemistry, 2008, 80(24): 9817-9821.

[270] Lok K S, Kwok Y C, Nguyen N T. Double spiral detection channel for on-chip chemiluminescence detection[J]. Sensors and Actuators B-Chemical, 2012, 169: 144-150.

[271] Li H F, Zhao M, Liu W, et al. Polydimethylsiloxane microfluidic chemiluminescence immunodevice with the signal amplification strategy for sensitive detection of human immunoglobin G[J]. Talanta, 2016, 147: 430-436.

[272] Mangru S D, Harrison D J. Chemiluminescence detection in integrated post-separation reactors for microchip-based capillary electrophoresis and affinity electrophoresis[J]. Electrophoresis, 1998, 19(13): 2301-2307.

[273] Abe K, Hashimoto Y, Yatsushiro S, et al. Simultaneous Immunoassay Analysis of Plasma IL-6 and TNF-alpha on a Microchip[J]. Plos One, 2013, 8(1): 8.

[274] Huang H, Zheng X L, Zheng J S, et al. Rapid analysis of alpha-fetoprotein by chemiluminescence microfluidic immunoassay system based on super-paramagnetic microbeads[J]. Biomedical Microdevices, 2009, 11(1): 213-216.

[275] Liu B F, Ozaki M, Utsumi Y, et al. Chemiluminescence detection for a microchip

capillary electrophoresis system fabricated in poly (dimethylsiloxane) [J]. Analytical Chemistry, 2003, 75(1): 36 – 41.

[276] Liu H, Crooks R M. Three – Dimensional Paper Microfluidic Devices Assembled Using the Principles of Origami [J]. Journal of the American Chemical Society, 2011, 133(44): 17564 – 17566.

[277] Ge L, Wang S M, Song X R, et al. 3D Origami – based multifunction – integrated immunodevice: low – cost and multiplexed sandwich chemiluminescence immunoassay on microfluidic paper – based analytical device [J]. Lab on a Chip, 2012, 12(17): 3150 – 3158.

[278] Cho I H, Paek E H, Kim Y K, et al. Chemiluminometric enzyme – linked immunosorbent assays (ELISA) – on – a – chip biosensor based on cross – flow chromatography [J]. Analytica Chimica Acta, 2009, 632(2): 247 – 255.

[279] Bhattacharyya A, Klapperich C M. Design and testing of a disposable microfluidic chemiluminescent immunoassay for disease biomarkers in human serum samples [J]. Biomedical Microdevices, 2007, 9(2): 245 – 251.

[280] Yang Y N, Lin H I, Wang J H, et al. An integrated microfluidic system for C – reactive protein measurement [J]. Biosensors & Bioelectronics, 2009, 24 (10): 3091 – 3096.

[281] 姜浩, 吕雪飞, 赵可心. 基于微流控芯片的核酸适配体筛选技术研究进展 [J]. 分析化学, 2020, 48(5): 590 – 600.

[282] Shen P, Li W, Liu Y, et al. High – Throughput Low – Background G – Quadruplex Aptamer Chemiluminescence Assay for Ochratoxin A Using a Single Photonic Crystal Microsphere [J]. Analytical Chemistry, 2017, 89(21): 11862 – 11868.

[283] Wang S M, Ge L, Li L, et al. Molecularly imprinted polymer grafted paper – based multi – disk micro – disk plate for chemiluminescence detection of pesticide [J]. Biosensors & Bioelectronics, 2013, 50: 262 – 268.

[284] Yu J H, Ge L, Huang J D, et al. Microfluidic paper – based chemiluminescence biosensor for simultaneous determination of glucose and uric acid [J]. Lab on a Chip, 2011, 11(7): 1286 – 1291.

[285] Zou P, Liu Y L, Wang H Y, et al. G – quadruplex DNAzyme – based chemiluminescence biosensing platform based on dual signal amplification for label – free and sensitive detection of protein [J]. Biosensors & Bioelectronics, 2016, 79: 29 – 33.

[286] Lin X X, Chen Q S, Liu W, et al. A portable microchip for ultrasensitive and high-throughput assay of thrombin by rolling circle amplification and hemin/G-quadruplex system[J]. Biosensors & Bioelectronics, 2014, 56: 71-76.

[287] Lv Y, Zhang Z J, Chen F A. Chemiluminescence microfluidic system sensor on a chip for determination of glucose in human serum with immobilized reagents[J]. Talanta, 2003, 59(3): 571-576.

[288] Li H J, Wang D, Liu C L, et al. Facile and sensitive chemiluminescence detection of H_2O_2 and glucose by a gravity/capillary flow and cloth-based low-cost platform[J]. Rsc Advances, 2017, 7(68): 43245-43254.

[289] Fan J Z, Li B Q, Xing S Y, et al. Reconfigurable microfluidic dilution for high-throughput quantitative assays[J]. Lab on a Chip, 2015, 15(12): 2670-2679.

[290] Nakanishi H, Nishimoto T, Arai A, et al. Fabrication of quartz microchips with optical slit and development of a linear imaging UV detector for microchip electrophoresis systems[J]. Electrophoresis, 2001, 22(2): 230-234.

[291] Collins G E, Lu Q. Microfabricated capillary electrophoresis sensor for uranium (VI)[J]. Analytica Chimica Acta, 2001, 436(2): 181-189.

[292] Tian T, Wei X F, Jia S S, et al. Integration of target responsive hydrogel with cascaded enzymatic reactions and microfluidic paper-based analytic devices (mu PADs) for point-of-care testing (POCT)[J]. Biosensors & Bioelectronics, 2016, 77: 537-542.

[293] Lopez-Ruiz N, Curto V F, Erenas M M, et al. Smartphone-Based Simultaneous pH and Nitrite Colorimetric Determination for Paper Microfluidic Devices[J]. Analytical Chemistry, 2014, 86(19): 9554-9562.

[294] Li Z A, Yang J Q, Zhu L, et al. Fabrication of paper micro-devices with wax jetting[J]. Rsc Advances, 2016, 6(22): 17921-17928.

[295] Vella S J, Beattie P, Cademartiri R, et al. Measuring Markers of Liver Function Using a Micropatterned Paper Device Designed for Blood from a Fingerstick[J]. Analytical Chemistry, 2012, 84(6): 2883-2891.

[296] Dong M L, Wu J D, Ma Z M, et al. Rapid and Low-Cost CRP Measurement by Integrating a Paper-Based Microfluidic Immunoassay with Smartphone (CRP-Chip)[J]. Sensors, 2017, 17(4): 13.

[297] Mao Q L, Pawliszyn J. Demonstration of isoelectric focusing on an etched quartz chip with UV absorption imaging detection[J]. Analyst, 1999, 124

(5): 637-641.

[298] Wang H. Rapid electrophoretic separation of urine proteins using micro fluidic chip[J]. Clinical Chemistry, 2005. 51: A93-A93.

[299] Bruzewicz D A, Reches M, Whitesides G M. Low-cost printing of poly (dimethylsiloxane) barriers to define microchannels in paper[J]. Analytical Chemistry, 2008, 80(9): 3387-3392.

[300] Mohammadi S, Maeki M, Mohamadi R M, et al. An instrument-free, screen-printed paper microfluidic device that enables bio and chemical sensing[J]. Analyst, 2015, 140(19): 6493-6499.

[301] Plevniak K, Campbell M, Myers T, et al. 3D printed auto-mixing chip enables rapid smartphone diagnosis of anemia[J]. Biomicrofluidics, 2016, 10(5): 11.

[302] Laksanasopin T, Guo T W, Nayak S, et al. A smartphone dongle for diagnosis of infectious diseases at the point of care[J]. Science Translational Medicine, 2015, 7(273): 9.

[303] Jalal U M, Jin G J, Shim J S. Paper-Plastic Hybrid Microfluidic Device for Smartphone-Based Colorimetric Analysis of Urine[J]. Analytical Chemistry, 2017, 89(24): 13160-13166.

[304] Wu D, Zhang J H, Xu F H, et al. A paper-based microfluidic Dot-ELISA system with smartphone for the detection of influenza A[J]. Microfluidics and Nanofluidics, 2017, 21(3): 9.

[305] Busin V, Burgess S, Shu W M. A hybrid paper-based microfluidic platform toward veterinary P-ELISA[J]. Sensors and Actuators B-Chemical, 2018, 273: 536-542.

[306] Ge L, Yan J X, Song X R, et al. Three-dimensional paper-based electrochemiluminescence immunodevice for multiplexed measurement of biomarkers and point-of-care testing[J]. Biomaterials, 2012, 33(4): 1024-1031.

[307] Weaver A A, Reiser H, Barstis T, et al. Paper Analytical Devices for Fast Field Screening of Beta Lactam Antibiotics and Antituberculosis Pharmaceuticals[J]. Analytical Chemistry, 2013, 85(13): 6453-6460.

[308] Yang X X, Piety N Z, Vignes S M, et al. Simple paper-based test for measuring blood hemoglobin concentration in resource-limited settings[J]. Clinical Chemistry, 2013, 59(10): 1506-1513.

[309] Peck T L, Magin R L, Lauterbur P C. Design and analysis of microcoils for nmr microscopy. Journal of Magnetic Resonance Series B, 1995, 108(2): 114 – 124.

[310] Rogers J A, Jackman R J, Whitesides G M, et al. Using microcontact printing to fabricate microcoils on capillaries for high resolution proton nuclear magnetic resonance on nanoliter volumes[J]. Applied Physics Letters, 1997, 70(18): 2464 – 2466.

[311] Lam M H C, Homenuke M A, Michal C A, et al. Sub – nanoliter nuclear magnetic resonance coils fabricated with multilayer soft lithography[J]. Journal of Micromechanics and Microengineering, 2009, 19(9): 6.

[312] Sillerud L O, McDowell A F, Adolphi N L, et al. H – 1 NMR Detection of superparamagnetic nanoparticles at 1 T using a microcoil and novel tuning circuit[J]. Journal of Magnetic Resonance, 2006, 181(2): 181 – 190.

[313] Kratt K, Badilita V, Burger T, et al. A fully MEMS – compatible process for 3D high aspect ratio micro coils obtained with an automatic wire bonder[J]. Journal of Micromechanics and Microengineering, 2010, 20(1): 11.

[314] He S G, Chen F, Yang Q, et al. Facile fabrication of true three – dimensional microcoils inside fused silica by a femtosecond laser[J]. Journal of Micromechanics and Microengineering, 2012, 22(10): 5.

[315] Shao H L, Chung J, Balaj L, et al. Protein typing of circulating microvesicles allows real – time monitoring of glioblastoma therapy[J]. Nature Medicine, 2012, 18(12): 1835 – +.

[316] Kurita R, Yokota Y, Sato Y, et al. On – chip enzyme immunoassay of a cardiac marker using a microfluidic device combined with a portable surface plasmon resonance system[J]. Analytical Chemistry, 2006, 78(15): 5525 – 5531.

[317] Zhang B, Manuel T V J, Steven S, et al. Detection of Myoglobin with an Open – Cavity – Based Label – Free Photonic Crystal Biosensor[J]. Journal of Medical Engineering, 2013, 2013: 1 – 7.

[318] Metzger J, Von Landenberg P, Kehrel M, et al. Biosensor analysis of beta 2 – glycoprotein I – reactive autoantibodies: Evidence for isotype – specific binding and differentiation of pathogenic from infection – induced antibodies[J]. Clinical Chemistry, 2007, 53(6): 1137 – 1143.

[319] Matharu Z, Bandodkar A J, Sumana G, et al. Low density lipoprotein

detection based on antibody immobilized self-assembled monolayer: investigations of kinetic and thermodynamic properties[J]. Journal of Physical Chemistry B, 2009, 113(43): 14405-14412.

[320] Fiegel F, Buhl A, Jaekel H P, et al. Autoantibodies to double-stranded DNA-Intermethod comparison between four commercial immunoassays and a research biosensor-based device[J]. Lupus, 2010, 19(8): 957-964.

[321] Gao R, Ko J, Cha K, et al. Fast and sensitive detection of an anthrax biomarker using SERS-based solenoid microfluidic sensor[J]. Biosensors & Bioelectronics, 2015, 72: 230-236.

[322] Zhang Y J, Sun H H, Gao R X, et al. Facile SERS-active chip (PS@ Ag/SiO_2/Ag) for the determination of HCC biomarker[J]. Sensors and Actuators B-Chemical, 2018, 272: 34-42.

[323] Wang R, Chon H, Lee S, et al. Highly sensitive detection of hormone estradiol E2 using surface-enhanced raman scattering based immunoassays for the clinical diagnosis of precocious puberty[J]. Acs Applied Materials & Interfaces, 2016, 8(17): 10665-10672.

[324] Gao R K, Cheng Z Y, Demello A J, et al. Wash-free magnetic immunoassay of the PSA cancer marker using SERS and droplet microfluidics[J]. Lab on a Chip, 2016, 16(6): 1022-1029.

[325] Gao R, Choi N, Chang S I, et al. Highly sensitive trace analysis of paraquat using a surface-enhanced Raman scattering microdroplet sensor[J]. Analytica Chimica Acta, 2010, 681(1/2): 87-91.

[326] 马建设, 范林洋, 胡晓明, 等. 适用于空间环境的蛋白质分析芯片检测装置研究[J]. 生命科学仪器, 2019, 17(3): 58-64.

[327] Japan Aerospace Exploration Agency Protein Crystallization Growth https://www.nasa.gov/mission_pages/station/research/experiments/explorer/Investigation.html?#id=151.

[328] He J, Wang J, Zhang N, et al. In vitro selection of DNA aptamers recognizing drug-resistant ovarian cancer by cell-SELEX[J]. Talanta, 2019, 194: 437-445.

[329] PCG-EGN: Protein Crystal Growth-Enhanced Gaseous Nitrogen Dewar. 2000; Available from: https://www.nasa.gov/mission_pages/station/research/experiments/explorer/Investigation.html?#id=130.

[330] APCF-Camelids: Advanced Protein Crystallization Facility-Extraordinary

Structural Features of Antibodies from Camelids. 2001; Available from: https://www.nasa.gov/mission_pages/station/research/experiments/explorer/Investigation.html?#id=227.

[331] APCF-Rhodopsin: Advanced Protein Crystallization Facility-Crystallization of Rhodopsin in Microgravity. 2001; Available from: https://www.nasa.gov/mission_pages/station/research/experiments/explorer/Investigation.html?#id=150.

[332] PCG-STES-IDQC: Protein Crystal Growth-Single Locker Thermal Enclosure System-Improved Diffraction Quality of Crystals. 2003; Available from: https://www.nasa.gov/mission_pages/station/research/experiments/explorer/Investigation.html?#id=10.

[333] PCG-STES-IMP: Protein Crystal Growth-Single Locker Thermal Enclosure System-Crystallization of the Integral Membrane Protein Using Microgravity. 2002; Available from: https://www.nasa.gov/mission_pages/station/research/experiments/explorer/Investigation.html?#id=24.

[334] ESA-GCF: European Space Agency-Granada Crystallisation Facility. 2002; Available from: https://www.nasa.gov/mission_pages/station/research/experiments/explorer/Investigation.html?#id=542.

[335] The structure of a protein kinase that conveys intracellular information was determined by space experiment. 2018; Available from: https://iss.jaxa.jp/kiboexp/theme/first/protein/en/information/report002.html.

[336] The rHEALTH Sensor. 2011; Available from: https://technology.grc.nasa.gov/documents/_6_Universalbiomedicalanalysissensor_SS-rHealth-2011.pdf.

[337] 王希季,林华宝,苏连凤. 中国返回式卫星的搭载任务——空间生命科学试验[J]. 中国空间科学技术, 1995(04):29-36+59.

[338] 毕汝昌, 桂璐璐, 师珂, 等. 微重力下的蛋白质晶体生长[J]. 中国科学(B辑:化学,生命科学,地学), 1993(11):1153-1157.

[339] 仓怀兴, 张贺桥, 韩毅, 等. 神舟八号飞船空间蛋白质结晶实验[J]. 科技导报, 2012, 30(16):20-25.

[340] Zhu Y, Zhu L N, Guo R, et al. Nanoliter-scale protein crystallization and screening with a microfluidic droplet robot[J]. Scientific Reports, 2014, 4.

[341] Li L, Du W B, Ismagilov R F. User-loaded slipChip for equipment-free multiplexed nanoliter-scale Experiments[J]. Journal of the American

Chemical Society, 2010, 132(1): 106 – 111.

[342] 梁翼然. 基于微流控系统的高通量蛋白质结晶筛选新方法研究[D]. 浙江: 浙江大学, 2016.

[343] Fuentes T I, Appleby N, Raya M, et al. Simulated microgravity exerts an age – dependent effect on the differentiation of cardiovascular progenitors isolated from the human heart[J]. Plos One, 2015, 10(7):.

[344] Lu Y M, Jiao B, Lee J, et al. Simulated microgravity increases myocardial susceptibility to ischemia – reperfusion injury via a deficiency of AMP – activated protein kinase [J]. Canadian Journal of Physiology and Pharmacology, 2017, 95(1): 59 – 71.

[345] 李晓琼, 冷坤, 朱宇晴, 等. 航天医学保障中的生物传感器技术[J]. 生命科学仪器, 2018, 16(Z1): 127 – 143.

[346] Hu L F, Li J B, Qian A R, et al. Mineralization initiation of MC3T3 – E1 preosteoblast is suppressed under simulated microgravity condition[J]. Cell Biology International, 2015, 39(4): 364 – 372.

[347] Zhang Y N, Shi W G, Li H, et al. Bone loss induced by simulated microgravity, ionizing radiation and/or ultradian rhythms in the hindlimbs of rats[J]. Biomedical and Environmental Sciences, 2018, 31(2): 126 – 135.

[348] Iqbal J, Li W, Hasan M, et al. Distortion of homeostatic signaling proteins by simulated microgravity in rat hypothalamus: A (16) O/O – 18 – labeled comparative integrated proteomic approach[J]. Proteomics, 2014, 14(2/3): 262 – 273.

[349] Roda A, Mirasoli M, Guardigli M, et al. Non – invasive panel tests for gastrointestinal motility monitoring within the MARS – 500 Project[J]. World Journal of Gastroenterology, 2013, 19(14): 2208 – 2216.

[350] 馨姚. 航天技术可为太空制药探索新方法[J]. 中国航天报, 003.

[351] Development of next – generation biopharmaceuticals using peptides. 2019; Available from: https://iss.jaxa.jp/kiboexp/theme/first/protein/en/researchers/result/theme02.html#ctop.

[352] A Life – Detection Mini – lab – Atacama Rover Astrobiology Drilling Studies. 2018; Available from: https://www.nasa.gov/image – feature/ames/a – life – detection – mini – lab – atacama – rover – astrobiology – drilling – studies.

[353] Kaushik G, Leijten J, Khademhosseini A. Concise review: organ engineering: design, technology, and integration[J]. Stem Cells, 2017, 35: 51 – 60.

[354] Wall M, Butler D, El Haj A, et al. Key developments that impacted the field of mechanobiology and mechanotransduction[J]. J. Orthop. Res. 2018, 36: 605-619.

[355] Wang X, Phan D T, Sobrino A, et al. Engineering anastomosis between living capillary networks and endothelial cell-lined microfluidic channels[J]. Lab on a Chip, 2016, 16: 282-290.

[356] Ertl P, Sticker D, Charwat V, et al. Lab-on-a-chip technologies for stem cell analysis[J]. Trends Biotechnol, 2014, 32: 245-253.

[357] Sticker D, Lechner S, Jungreuthmayer C, et al. Microfluidic migration and wound healing assay based on mechanically induced injuries of defined and highly reproducible areas[J]. Anal Chem. 2017, 89: 2326-2333.

[358] Shen C, Meng Q, Zhang G. Increased curvature of hollow fiber membranes could up-regulate differential functions of renal tubular cell layers[J]. Biotechnol Bioeng. 2013, 110: 2173-2183.

[359] Raghavan V, Rbaibi Y, Pastor-Soler N M, et al. Shear stress-dependent regulation of apical endocytosis in renal proximal tubule cells mediated by primary cilia[J]. Proc. Natl. Acad. Sci. USA 2014, 111: 8506-8511.

[360] Ergir E E, Bachmann B, Redl H R, et al. Small force, big impact: Next generation organ-on-a-chip systems incorporating biomechanical cues[J]. Front. Physiol. 2018, 9: 14-17.

[361] Rothbauer M, Praisler I, Docter D, et al. Microfluidic impedimetric cell regeneration assay to monitor the enhanced cytotoxic effect of nanomaterial perfusion[J]. Biosensors 2015, 5: 736-749.

[362] Kim H J, Huh D, Hamilton G, et al. Human gut-on-a-chip inhabited by microbial flora that experiences intestinal peristalsis-like motions and flow [J]. Lab on a Chip 2012, 12: 2165-2174.

[363] Zirath H, Rothbauer M, Spitz S, et al. Every breath you take: Non-invasive real-time oxygen biosensing in two-and 3D microfluidic cell models[J]. Front. Physiol. 2018, 9: 815.

[364] Novak R, Ranu N, Mathies R A. Rapid fabrication of nickel molds for prototyping embossed plastic microfluidic devices[J]. Lab on a Chip 2013, 13: 1468-1471.

[365] Tsao, C-W. Polymer microfluidics: Simple, low-cost fabrication process bridging academic lab research to commercialized production [J].

Micromachines 2016, 7: 225.

[366] Lafleur J P, Joensson A, Senkbeil S, et al. Recent advances in lab-on-a-chip for biosensing applications[J]. Biosens Bioelectron, 2016, 76: 213-233.

[367] Gabardo C. Soleymani L. Deposition, patterning, and utility of conductive materials for the rapid prototyping of chemical and bioanalytical devices[J]. Analyst 2016, 141: 3511-3525.

[368] Huh D, Hamilton G A, Ingber D E. From 3D cell culture to organs-on-chips[J]. Trends Cell Biol, 2011, 21: 745-754.

[369] Rothbauer M, Wartmann D, Charwat V, et al. Recent advances and future applications of microfluidic live-cell microarrays. Biotechnol[J]. Adv. 2015, 33: 948-961.

[370] Gruber P, Marques M P, Szita N, et al. Integration and application of optical chemical sensors in microbioreactors[J]. Lab on a Chip, 2017, 17: 2693-2712.

[371] Pires N, Dong T, Hanke U, et al. Recent developments in optical detection technologies in lab-on-a-chip devices for biosensing applications[J]. Sensors, 2014, 14: 15458-15479.

[372] Kieninger J, Weltin A, Flamm H, et al. Microsensor systems for cell metabolism-from 2D culture to organ-on-chip[J]. Lab on a Chip, 2018, 18: 1274-1291.

[373] Caballero D, Kaushik S, Correlo V, et al. Organ-on-chip models of cancer metastasis for future personalized medicine: From chip to the patient[J]. Biomaterials, 2017, 149: 98-115.

[374] Perrier R, Pirog A, Jaffredo M, et al. Bioelectronic organ-based sensor for microfluidic real-time analysis of the demand in insulin[J]. Biosens Bioelectron, 2018, 117: 253-259.

[375] Bavli D, Prill S, Ezra E, et al. Real-time monitoring of metabolic function in liver-on-chip microdevices tracks the dynamics of mitochondrial dysfunction[J]. Proc. Natl. Acad. Sci. USA, 2016, 113: 2231-2240.

[376] Sato T, Stange D E, Ferrante M, et al. Long-term expansion of epithelial organoids from human colon, adenoma, adenocarcinoma, and Barrett's epithelium[J]. Gastroenterology, 2011, 141: 1762-1772.

[377] McCracken K W, Cata E M, Crawford C M, et al. Modelling human development and disease in pluripotent stem-cell-derived gastric organoids [J]. Nature, 2014, 516: 400-404.

[378] Chen Y W, Huang S X, De Carvalho A L R T, et al. A three-dimensional model of human lung development and disease from pluripotent stem cells [J]. Nat Cell Biol, 2017, 19: 542-549.

[379] Eiraku M, Takata N, Ishibashi H, et al. Self-organizing optic-cup morphogenesis in three-dimensional culture [J]. Nature, 2011, 472: 51-56.

[380] Eiraku M, Watanabe K, Matsuo-Takasaki M, et al. Self-organized formation of polarized cortical tissues from ESCs and its active manipulation by extrinsic signals [J]. Cell Stem Cell, 2008, 3: 519-532.

[381] Giandomenico S L, Mierau S B, Gibbons G M, et al. Cerebral organoids at the air-liquid interface generate diverse nerve tracts with functional output [J]. Nature Neurosci, 2019, 22: 669-679.

[382] Wang X, Yamamoto Y, Wilson L H, et al. Cloning and variation of ground state intestinal stem cells [J]. Nature 2015, 522: 173-178.

[383] Shevde N K, Mael A A. Techniques in embryoid body formation from human pluripotent stem cells [J]. Methods Mol Biol, 2013, 946: 535-546.

[384] Kasendra M, Tovaglieri A, Sontheimer-Phelps A, et al. Development of a primary human small intestine-on-a-chip using biopsy-derived organoids [J]. Sci Rep, 2018, 8: 2871.

[385] Workman M J, Gleeson J P, Troisi E J, et al. Enhanced utilization of induced pluripotent stem cell-derived human intestinal organoids using microengineered chips [J]. Cell Mol Gastroenterol Hepatol, 2018, 5: 669-677.

[386] Tao T T, Wang Y Q, Chen W W, et al. Engineering human islet organoids from iPSCs using an organ-on-chip platform [J]. Lab on a Chip, 2019, 19: 948-958.

[387] Wang Y Q, Wang H, Deng P W, et al. In situ differentiation and generation of functional liver organoids from human iPSCs in a 3D perfusable chip system [J]. Lab on a Chip, 2018, 18: 3606-3016.

[388] Wang Y Q, Wang L, Guo Y Q, et al. Engineering stem cell-derived 3D brain organoids in a perfusable organ-on-a-chip system [J]. RSC Adv,

2018, 8: 1677 - 1685.

[389] Kretzschmar K, Clevers H. Organoids: modeling development and the stem cell niche in a dish[J]. Dev Cell, 2016, 38: 590 - 600.

[390] Somaweera H, Ibraguimov A, Pappas D. A review of chemical gradient systems for cell analysis[J]. Anal Chim Acta, 2016, 907: 7 - 17.

[391] Kim S, Kim H J, Jeon N L. Biological applications of microfluidic gradient devices[J]. Integr Biol (Camb) 2010, 2: 584 - 603.

[392] Demers C J, Soundararajan P, Chennampally P, et al. Developmenton - chip: in vitro neural tube patterning with a microfluidic device[J]. Development, 2016, 143: 1884 - 1892.

[393] Rifes P, Isaksson M, Rathore G S, et al. Modeling neural tube development by differentiation of human embryonic stem cells in a microfluidic WNT gradient [J]. Nat Biotechnol, 2020, 38: 1265 - 1273.

[394] Douville N J, Zamankhan P, Tung Y C, et al. Combination of fluid and solid mechanical stresses contribute to cell death and detachment in a microfluidic alveolar model[J]. Lab on a Chip, 2011, 11(4): 609 - 619.

[395] Benam K H, Villenave R, Lucchesi C, et al. Small airway - ona - chip enables analysis of human lung inflammation and drug responses in vitro[J]. Nature Methods, 2016, 13(2): 151 - 157.

[396] McCuskey R S. The hepatic microvascular system in health and its response to toxicants[J]. Anatomical Record, 2008, 291(6): 661 - 671.

[397] Cho C H, Park J, Tilles A W, et al. Layered patterning of hepatocytes in co - culture systems using microfabricated stencils[J]. Biotechniques, 2010, 48 (1): 47 - 52.

[398] Bartholomew J K, Michael J Z, Martin L Y, et al. Liver - specific functional studies in a microfluidic array of primary mammalian hepatocytes [J]. Analytical Chemistry, 2006, 78(13): 4291 - 4298.

[399] Khetani S R, Bhatia S N. Microscale culture of human liver cells for drug development[J]. Nature Biotechnology, 2008, 26(1): 120 - 126.

[400] Lee P J, Hung P J, Lee L P. An artificial liver sinusoid with a microfluidic endothelial - like barrier for primary hepatocyte culture[J]. Biotechnology and Bioengineering, 2007, 97(5): 1340 - 1346.

[401] Lee S A, No D Y, Kang E, et al. Spheroid - based three - dimensional liver - on - a - chip to investigate hepatocyte - hepatic stellate cell interactions

and flow effects[J]. Lab on a Chip, 2013, 13(18): 3529-3537.

[402] Du C, Narayanan K, Leong M F, et al. Induced pluripotent stem cell-derived hepatocytes and endothelial cells in multi-component hydrogel fibers for liver tissue engineering[J]. Biomaterials, 2014, 35(23): 6006-6014.

[403] Weinberg E, Kaazempur M M, Borenstein J. Concept and computational design for a bioartificial nephron-on-a-chip[J]. The International Journal of Artificial Organs, 2008, 31(6): 508-514.

[404] Jang K J, Mehr A P, Hamilton G, et al. A Human kidney proximal tubule-on-a-chip for drug transport and nephrotoxicity assessment[J]. Integrative Biology, 2013, 5(9): 1119-1129.

[405] Duan Y, Gotoh N, Yan Q, et al. Shear-induced reorganization of renal proximal tubule cell actin cytoskeleton and apical junctional complexes[J]. PNAS, 2008, 105(32): 11418-11423.

[406] Zhou M Y, Ma H P, Lin H L, et al. Induction of epithelial-tomesenchymal transition in proximal tubular epithelial cells on microfluidic devices[J]. Biomaterials, 2014, 35(5): 1390-1401.

[407] Shao X J, Gao D, Chen Y L, et al. Development of a blood-brain barrier model in a membrane-based microchip for characterization of drug permeability and cytotoxicity for drug screening[J]. Analytica Chimica Acta, 2016, 934: 186-193.

[408] Wang J D, Khafagy E S, Khanafer K, et al. Organization of endothelial cells, pericytes, and astrocytes into a 3D microfluidic in vitro model of the blood-brain barrier[J]. Molecular Pharmaceutics, 2016, 13(3): 895-906.

[409] Xu H, Li Z Y, Yu Y, et al. A dynamic in vivo-like organotypic blood-brain barrier model to probe metastatic brain tumor[J]. Scientific Reports, 2016, 6: 36670.

[410] Oleaga C, Bernabini C, Smith A S, et al. Multi-Organ toxicity demonstration in a functional human in vitro system composed of four organs[J]. Scientific Reports, 2016, 6: 20030.

[411] Zhang W J, Zhang Y S, Bakht S M, et al. Elastomeric free-form blood vessels for interconnecting organs on chip systems[J]. Lab on a Chip, 2016, 16(9): 1579-1586.

[412] Esch M B, Smith A S, Prot J M, et al. How multi-organ microdevices can help foster drug development[J]. Advanced Drug Delivery Reviews, 2014,

69: 158 – 169.

[413] Maschmeyer I, Lorenz A K, Schimek K, et al. A four – organ – chip for interconnected long – term co – culture of human intestine, liver, skin and kidney equivalents[J]. Lab on a Chip, 2015, 15(12): 2688 – 2699.

[414] Zhang Y S, Aleman J, Shin S R, et al. Multisensor – integrated organs – on – chips platform for automated and continual in situ monitoring of organoid behaviors[J]. PNAS, 2017, 114(12): 2293 – 2302.

[415] Esch M B, Mahler G J, Stokor T, et al. Body – on – a – chip simulation with gastrointestinal tract and liver tissues suggests that ingested nanoparticles have the potential to cause liver injury[J]. Lab on a Chip, 2014, 14(16): 3081 – 3092.

[416] Sung J H, Kam C, Shuler M L. A microfluidic device for a pharmacokinetic – pharmacodynamic (PK – PD) model on a chip[J]. Lab on a Chip, 2010, 10(4): 446 – 455.

[417] Sung J H, Dhiman A, Shuler M L. A Combined pharmacokineticpharmacodynamic (PK – PD) model for tumor growth in the rat with UFT administration[J]. Journal of Pharmaceutical Sciences, 2009, 98(5): 1885 – 1904.

[418] Li Z Y, Guo Y Q, Yu Y, et al. Assessment of metabolism – dependent drug efficacy and toxicity on a multilayer organs – on – a – chip[J]. Integrative Biology, 2016, 8(10): 1022 – 1029.

[419] Li Z Y, Jiang L, Zhu Y J, et al. Assessment of hepatic metabolism dependent nephrotoxicity on an organs – on – a – chip microdevice[J]. Toxicology in Vitro, 2018, 46: 1 – 8.

[420] Li Z Y, Su W T, Zhu Y J, et al. Drug absorption related nephrotoxicity assessment on an intestine – kidney chip[J]. Biomicrofluidics, 2017, 11(3): 034114.

[421] Kim H J, Li H, Collins J J, et al. Contributions of microbiome and mechanical deformation to intestinal bacterial overgrowth and inflammation in a human gut – on – a – chip[J]. PNAS, 2016, 113(1): 7 – 15.

[422] Wang L, Tao T T, Su W T, et al. A disease model of diabetic nephropathy in aglomerulus – on – a – chip microdevice[J]. Lab on a Chip, 2017, 17: 1749 – 1760.

[423] Wang G, McCain M L, Yang L, et al. Modeling the mitochondrial cardiomyopathy of Barth syndrome with induced pluripotent stem cell and

heart-on-chip technologies[J]. Nature Medicine, 2014, 20(6): 616-623.

[424] Zhu Y J, Wang L, Yin F C, et al. Hollow fiber system for simple generation of human brain organoids[J]. Integrative Biology, 2017, 9: 774-781.

[425] Zhu Y J, Wang L, Yu H, et al. In situ generation of human brain organoids on a micropillar array[J]. Lab on a Chip, 2017, 17: 2941-2950.

[426] Rebelo S A, Dehne E M, Brito C, et al. Validation of bioreactor and human-on-a-chip devices for chemical safety assessment [J]. Validation of Alternative Methods for Toxicity Testing, 2016, 856: 299-316.

[427] Alberti M, Dancik Y, Sriram G, et al. Multi-chamber microfluidic platform for high-precision skin permeation testing[J]. Lab on a Chip, 2017, 17(9): 1625-1634.

[428] Reardon S. "Organs-on-chips" go mainstream[J]. Nature, 2015, 523(7560): 266-266.

[429] Sin A, Chin K C, Jamil M F, et al. The design and fabrication of three-chamber microscale cell culture analog devices with integrated dissolved oxygen sensors[J]. Biotechnology Progress, 2004, 20(1): 338-345.

[430] Huh D, Fujioka H, Tung Y C, et al. Acoustically detectable cellular-level lung injury induced by fluid mechanical stresses in microfluidic airway systems [J]. PNAS, 2007, 104(48): 18886-18891.

[431] Huh D, Leslie D C, Matthews B, et al. A human disease model of drug toxicity-induced pulmonary edema in a lung-on-a-chip microdevice[J]. Science Translational Medicine, 2012, 4(159): 147-159.

[432] Ma H P, Zhang M, Qin J H, et al. Probing the role of mesenchymal stem cells in salivary gland cancer on biomimetic microdevices[J]. Integrative Biology, 2012, 4(5): 522-530.

[433] Liu T J, Lin B C, Qin J H. Carcinoma-associated fibroblasts promoted tumor spheroid invasion on a microfluidic 3D co-culture device[J]. Lab on a Chip, 2010, 10(13): 1671-1677.

[434] Zhang Q, Liu T J, Qin J H. A microfluidic-based device for study of transendothelial invasion of tumor aggregates in realtime[J]. Lab on a Chip, 2012, 12(16): 2837-2842.

[435] Xu H, Shervin R, Cody L N, et al. Activation of hypoxia signaling induces phenotypic transformation of glioma cells: implications for bevacizumab

antiangiogenic therapy[J]. Oncotarget, 2015, 6(14): 11882-11893.

[436] Kim J, Koo B K, Knoblich J A. Human organoids: model systems for human biology and medicine[J]. Nat Rev Mol Cell Biol, 2020, 21: 571-584.

[437] Lancaster M A, Knoblich J A. Organogenesis in a dish: modeling development and disease using organoid technologies[J]. Science, 2014, 345: 1247125.

[438] Rossi G, Manfrin A, Lutolf M P. Progress and potential in organoid research [J]. Nat Rev Genet, 2018, 19: 671-687.

[439] Takasato M, Er P X, Becroft M, et al. Directing human embryonic stem cell differentiation towards a renal lineage generates a self-organizing kidney[J]. Nat Cell Biol, 2014, 16: 118-126.

[440] Lancaster M A, Renner M, Martin C A, et al. Cerebral organoids model human brain development and microcephaly[J]. Nature, 2013, 501: 373-379.

[441] Sato T, Vries R G, Snippert H J, et al. Single Lgr5 stem cells build crypt-villus structures in vitro without a mesenchymal niche[J]. Nature, 2009, 459: 262-265.

[442] Takebe T, Sekine K, Enomura M, et al. Vascularized and functional human liver from an iPSC-derived organ bud transplant[J]. Nature, 2013, 499: 481-484.

[443] Takebe T, Zhang B, Radisic M. Synergistic engineering: organoids meet organs-on-a-chip[J]. Cell Stem Cell, 2017, 21: 297-300.

[444] Wang Y, Wang L, Zhu Y, et al. Human brain organoid-on-a-chip to model prenatal nicotine exposure[J]. Lab on a Chip, 2018, 18: 851-860.

[445] Park S E, Georgescu A, Huh D. Organoids-on-a-chip[J]. Science, 2019, 364: 960-965.

[446] Qian X, Nguyen H N, Song M M, et al. Brain-region-specific organoids using mini-bioreactors for modeling ZIKV exposure[J]. Cell, 2016, 165: 1238-1254.

[447] Bagley J A, Reumann D, Bian S, et al. Fused cerebral organoids model interactions between brain regions[J]. Nat Methods, 2017, 14: 743-751.

[448] Lancaster M A, Corsini N S, Wolfinger S, et al. Guided self-organization and cortical plate formation in human brain organoids[J]. Nat Biotechnol, 2017, 35: 659-666.

[449] Lindborg B A, Brekke J H, Vegoe A L, et al. Rapid induction of cerebral

[450] Gjorevski N, Sachs N, Manfrin A, et al. Designer matrices for intestinal stem cell and organoid culture[J]. Nature, 2016, 539: 560 – 564.

[451] Crespo M, Vilar E, Tsai S Y, et al. Colonic organoids derived from human induced pluripotent stem cells for modeling colorectal cancer and drug testing [J]. Nat Med, 2017, 23: 878 – 884.

[452] Guan Y, Xu D, Garfin P M, et al. Human hepatic organoids for the analysis of human genetic diseases[J]. JCI Insight, 2017, 2: e94954.

[453] Han Y, Duan X, Yang L, et al. Identification of SARS – CoV – 2 inhibitors using lung and colonic organoids[J]. Nature, 2021, 589: 270 – 275.

[454] Völkner M, Zschätzsch M, Rostovskaya M, et al. Retinal organoids from pluripotent stem cells efficiently recapitulate retinogenesis[J]. Stem Cell Rep, 2016, 6: 525 – 538.

[455] Chen H Y, Kaya K D, Dong L J, et al. Three – dimensional retinal organoids from mouse pluripotent stem cells mimic in vivo development with enhanced stratification and rod photoreceptor differentiation[J]. Mol Vis, 2016, 22: 1077 – 1094.

[456] Espuny – Camacho I, Michelsen K A, Gall D, et al. Pyramidal neurons derived from human pluripotent stem cells integrate efficiently into mouse brain circuits in vivo[J]. Neuron, 2013, 77: 440 – 456.

[457] Chambers S M, Fasano C A, Papapetrou E P, et al. Highly efficient neural conversion of human ES and iPS cells by dual inhibition of SMAD signaling [J]. Nat Biotechnol, 2009, 27: 275 – 280.

[458] Pellegrini L, Albecka A, Mallery D L, et al. SARS – CoV – 2 infects the brain choroid plexus and disrupts the blood – CSF barrier in human brainorganoids[J]. Cell Stem Cell, 2020, 27: 951 – 961.

[459] Krenn V, Bosone C, Burkard T R, et al. Organoid modeling of Zika and herpes simplex virus 1 infections reveals virus – specific responses leading to microcephaly[J]. Cell Stem Cell, 2021, 28: 1362 – 1379.

[460] Kaftanovskaya E M, Ng H H, Soula M, et al. Therapeutic effects of a small molecule agonist of the relaxin receptor ML290 in liver fibrosis[J]. FASEB J, 2019, 33: 12435 – 12446.

［461］ Nie Y Z, Zheng Y W, Miyakawa K, et al. Recapitulation of hepatitis B virus – host interactions in liver organoids from human induced pluripotent stem cells［J］. EBioMedicine, 2018, 35: 114 – 123.

［462］ Li L, Knutsdottir H, Hui K, et al. Human primary liver cancer organoids reveal intratumor and interpatient drug response heterogeneity［J］. JCI Insight, 2019, 4: e121490.

［463］ Kretzschmar K. Cancer research using organoid technology［J］. J Mol Med, 2021, 99: 501 – 515.

［464］ LeSavage B L, Suhar R A, Broguiere N, et al. Next – generation cancer organoids［J］. Nat Mater, 2022, 21: 143 – 159.

［465］ Wong A P, Bear C E, Chin S, et al. Directed differentiation of human pluripotent stem cells into mature airway epithelia expressing functional CFTR protein［J］. Nat Biotechnol, 2012, 30: 876 – 882.

［466］ Cruz N M, Song X, Czerniecki S M, et al. Organoid cystogenesis reveals a critical role of microenvironment in human polycystic kidney disease［J］. Nat Mater, 2017, 16: 1112 – 1119.

［467］ Wang Y, Wang H, Deng P, et al. In situ differentiation and generation of functional liver organoids from human iPSCs in a 3D perfusable chip system［J］. Lab on a Chip, 2018, 18: 3606 – 3616.

［468］ Yin F, Zhu Y, Wang Y, et al. Engineering brain organoids to probe impaired neurogenesis induced by cadmium［J］. ACS Biomater Sci Eng, 2018, 4: 1908 – 1915.

［469］ Zhu Y, Wang L, Yin F, et al. Probing impaired neurogenesis in human brain organoids exposed to alcohol［J］. Integr Biol, 2017, 9: 968 – 978.

［470］ Homan K A, Gupta N, Kroll K T, et al. Flow – enhanced vascularization and maturation of kidney organoids in vitro［J］. Nat Methods, 2019, 16: 255 – 262.

［471］ Gjorevski N, Nikolaev M, Brown T E, et al. Tissue geometry drives deterministic organoid patterning［J］. Science, 2022, 375: eaaw9021.

［472］ Nikolaev M, Mitrofanova O, Broguiere N, et al. Homeostatic mini – intestines through scaffold – guided organoid morphogenesis［J］. Nature, 2020, 585: 574 – 578.

［473］ Puschhof J, Pleguezuelos – Manzano C, Clevers H. Organoids and organs – on – chips: Insights into human gut – microbe interactions［J］. Cell Host

Microbe, 2021, 29: 867 – 878.

[474] Lee K K, McCauley H A, Broda T R, et al. Human stomach – on – a – chip with luminal flow and peristaltic – like motility[J]. Lab on a Chip, 2018, 18: 3079 – 3085.

[475] Wang Y, Kim R, Gunasekara D B, et al. Formation of human colonic crypt array by application of chemical gradients across a shaped epithelial monolayer [J]. Cell Mol Gastroenterol Hepatol, 2018, 5: 113 – 130.

[476] Creff J, Courson R, Mangeat T, et al. Fabrication of 3D scaffolds reproducing intestinal epithelium topography by high – resolution 3D stereolithography[J]. Biomaterials, 2019, 221:119404.

[477] Uzel S G M, Amadi O C, Pearl T M, et al. Simultaneous or sequential orthogonal gradient formation in a 3D cell culture microfluidic platform[J]. Small, 2016, 12: 612 – 622.

索 引

A ~ Z

BioSentinel 微流控卡片（图） 124
BOC 系统 201
BPE 微流控芯片（图） 143
Carry – on 生物反应器（图） 68
CRISPR 112
CRP 检测（图） 135、162
　　检测芯片组件设计（图） 162
DNA 生物标志物 109
DNA 与 RNA 分离模块 105
EμPAD 与商业手持式血糖仪结合的代谢物快速分析系统（图） 137
IL – 6 和 TNF – α 检测原理示意（图） 157
ISS 蛋白质研究技术 167
LAMP 116
MCF phone（图） 154
PDMS 10、22 ~ 25、185
　　空心微球体及其附属毛细血管截面示意（图） 185
　　微流控芯片制作流程（图） 24
　　微流控芯片键合工艺 25
　　微流控芯片两步注塑制作 24
　　微流控芯片制作 22
PhiX174 病毒检测分离与扩增系统结构（图） 117
PMMA 微流控芯片 26、27
　　键合工艺 27
　　制作 26

rHEALTH 6
RPA 117
"SPHEROIDS" 培养系统（图） 72
"STS – 8 Spacelab – 1" 太空飞行任务中搭载的 Carry – on 生物反应器（图） 68

A ~ B

安培法 132
安培型阵列免疫传感器（图） 136
包含样品纯化和 LAMP 的集成系统结构（图） 120
被动微阀（图） 48
比色法核酸检测芯片结构（图） 119
标准蛋白质和 DNA 在自由流电泳芯片上的分离（图） 104
表面动态涂层 32
表面改性键合 25、28
玻璃 9
玻璃微流控芯片 17、20 ~ 22
　　低温键合过程（图） 21
　　键合工艺 20
　　阳极键合原理（图） 22
　　制作 17

C

参考文献 215
层层自组装 31
　　方法 31
　　技术 31

常用的空间细胞培养体系　65
肠道细胞－免疫细胞－微生物的共培养芯片
　　　（图）　211
肠芯片　191、192
　　　微流控装置（图）　192
超快激光法　26
超快激光直写 PMMA 制备微通道试验加工
　　　系统示意（图）　27
超声辅助键合　28
传统细胞培养　36
　　　技术　36
　　　模型　36

D

打孔　23
代谢物快速分析系统（图）　137
代谢修饰探针　62
带有浓度梯度发生器的 μFSCD 设计（图）
　　　43
单分子荧光光谱方法　111
单分子阵列方法　111
单晶硅　9
单细胞　38、196
　　　卵巢芯片（图）　196
　　　培养　38
蛋白质　33、82、93、102、132、141、
　　　145、160、164、167
　　　表面吸附　33
　　　电化学检测技术　132
　　　分离　93
　　　富集芯片结构（图）　82
　　　化学发光检测技术　155
　　　检测技术　164
　　　可视化检测技术　160
　　　印迹 SAM 传感器制备及其工作机理
　　　　　（图）　141
　　　荧光检测技术　145

　　　与核酸分离模块　102
等离子体　30
　　　处理　30
低温键合　20
地面上和太空中生长的蛋白质（图）　168
地外生命探测　128、172
第一个时间域 PCR 芯片结构（图）　115
电磁线圈微流控设备全自动方法原理示意
　　　（图）　166
电导法　138
电动俘获芯片（图）　84
电感耦合等离子体　18
电化学免疫法定量 β－hCG 检测（图）
　　　138
电化学微流控芯片用于 cTnT 的超灵敏检测
　　　（图）　134
电位法　140
电致化学发光　140
动态细胞培养　38
毒理学评价　206
多层 PDMS 微流控芯片制作　23、24
　　　方法　24
多垫纸板加工示意（图）　163
多器官系统　199
多器官系统和芯片人概念（图）　200
多器官芯片用于药物代谢研究　203
多通道微流控玻璃芯片湿法蚀刻流程（图）
　　　17
多细胞培养　38

E～F

二维细胞培养　38
仿生肺芯片和细胞共培养芯片示意（图）
　　　53
非机械式微泵示意（图）　45
非天然氨基酸定向标记　64
肺癌芯片模型（图）　189

肺芯片　187、180（图）
分区肝脏免疫共培养阵列芯片（图）　178
粉喷技术　19
辐射效应分析　74
富集技术　80~84

G

干法蚀刻　18
肝芯片　189、190（图）
高梯度磁分离系统示意（图）　88
高通量荧光成像设置示意（图）　152
高压模块电源功能调节方式（图）　102
共价标记的酶促方法　64
共培养微流控芯片（图）　75
骨髓芯片　196
骨芯片（图）　77
光刻　22
硅　9
硅片预处理　22
硅烷化　23、32
　　处理　32
硅柱型核酸提取方法示意（图）　90
国际空间核酸检测技术　122
国际上首次血管组织芯片在长期微重力条件下的培养试验（图）　213
国内空间蛋白质研究技术　169
国内空间核酸检测技术　124
国内外太空飞行任务搭载的空间细胞培养装置（表）　66

H

核酸　57~59、85、91、108、110~115、119、126
　　变温扩增　114
　　标记探针　57、58（图）、59（图）
　　等温扩增　115
　　生物标志物检测方法　110
　　提取　85、91、126
　　提取、扩增与检测集成化系统　119
　　原位检测　112
核酸检测　118、119、126
　　未来发展趋势　126
核酸扩增　111、113
　　方法　111
呼吸道病毒检测系统（图）　116
化学抗体　59
混合材料　16

J

基因探针　63
基于 BPE 和 ECL 的微滴传感器（图）　144
基于 CCD 的荧光检测技术　150
基于 ECL 的 BPE 微流控芯片（图）　143
基于 FRET 和 LCW 技术的微流控平台（图）　150
基于 IFAST 和数字等温检测相结合的快速核酸提取检测芯片（图）　92
基于 N–羟基琥珀酰亚胺修饰探针　61
基于 PDMS 微柱的片上骨髓系统（图）　197
基于 PMT 的荧光检测技术　146
基于 PS 材质的微流控芯片系统（图）　149
基于 SERS 的电磁线圈微流控设备全自动方法原理示意（图）　166
基于 μPAD 的安培型阵列免疫传感器（图）　136
基于安培法的电化学微流控芯片用于 cTnT 的超灵敏检测（图）　134
基于表面等离子体共振的微流控蛋白质检测技术　165
基于表面增强拉曼散射的微流控蛋白质检测技术　166
基于磁信号的核酸检测　119

基于磁珠的微流控生物分离芯片结构（图） 87
基于磁珠分离法的微流控核酸提取 87
基于导电膜层和模拟心肌外基质波纹结构支架的心脏芯片加工工艺（图） 212
基于等电聚焦和毛细管凝胶电泳的芯片二维电泳分离技术（图） 96
基于电化学信号的核酸检测 118
基于电驱动磁珠链的电化学免疫法定量 β-hCG 检测（图） 138
基于电驱动的富集技术 83
基于对流的浓度梯度生成 41
基于多孔滤膜的富集技术 81
基于二氧化硅基的微流控核酸提取 89
基于非接触式电导检测方法在线监测 IgM 和 IgG 与抗体的结合过程（图） 139
基于分区通道共培养的角膜芯片（图） 199
基于肝-肿瘤的多器官芯片用于药物代谢研究 203
基于功能核酸的检测方法 159
基于固相萃取的富集技术 80
基于光学信号的核酸检测 118
基于核酸的修饰 57
基于抗原-抗体的检测方法 155
基于扩散的浓度梯度生成 40
基于两种不同类型模具的 PDMS 微流控芯片的制作流程（图） 24
基于膜的肺芯片（图） 180
基于膜的器官芯片 180
基于纳流过滤装置的电动俘获芯片（图） 84
基于纳米多孔滤膜的蛋白质富集芯片结构（图） 82
基于平行三通道的肠芯片微流控装置（图） 192
基于平行通道的器官芯片（图） 177
基于其他方法的微流控核酸提取 91
基于腔室结构的器官芯片 178、179（图）
基于人类非小细胞肺癌的肺癌芯片模型（图） 189
基于三通道平行结构的芯片（图） 194
基于三维海藻酸钙水凝胶珠的单细胞卵巢芯片（图） 196
基于双抗体夹心的 IL-6 和 TNF-α 检测原理示意（图） 157
基于通道的器官芯片 176
基于同心环构型的分区肝脏免疫共培养阵列芯片（图） 178
基于微流控芯片的蛋白质 93、132、145、155、160
　电化学检测技术 132
　分离 93
　化学发光检测技术 155
　可视化检测技术 160
　荧光检测技术 145
基于微流控芯片的核酸 85、113、119
　扩增 113
　提取 85
　提取、扩增与检测集成化系统 119
基于微流控芯片的空间蛋白质检测技术未来发展趋势 170
基于微流控芯片的核酸检测 118、126
　未来发展趋势 126
基于微流控芯片的空间细胞培养装置及其应用 69
基于微流控芯片的其他蛋白质检测技术 164
基于微流控芯片技术的核酸变温扩增 114
基于微流控芯片技术的核酸等温扩增 115
基于微流控芯片平台的细胞培养技术 36
基于微型核磁共振的微流控蛋白质检测技术 164
基于微珠酶联免疫吸附测定结合流动增强电

化学的方法实现了CRP检测（图）　135
基于微柱的三维胰岛细胞模型（图）　198
基于温度敏感硼酸亲和材料的富集技术　84
基于纸基微流控芯片的核酸提取　91
基于智能手机的荧光检测技术　152
机械式微泵示意（图）　44
激光加工　19
肌肉芯片　194
即时检测　127、170
疾病研究　203
集成DNA提取、LAMP反应和实时荧光检测
　　的微流控系统结构（图）　121
集成毛细管阵列的微流控系统结构（图）
　　121
加工方式　19
键合　23
胶黏剂键合　25
角膜芯片（图）　199
结晶筛选　170
金属和金属氧化物涂层　31
经疏水剂表面修饰后的PDMS共价固定鸡
　　IgG（图）　33
静态细胞培养　38
具有单细胞水平收缩监测能力的微型三维肌
　　管培养芯片（图）　195
具有纳米纤维支架的微流控芯片（图）
　　39
聚二甲基硅氧烷　10
聚合物　10

K

开放式微流控三维血脑屏障模型和平台
　　（图）　183
可重构微流体稀释液装置（图）　161
可扩展分支网络结构的dPCR芯片（图）
　　115
空间蛋白质　169、170

检测技术未来发展趋势　170
　　研究技术　169
空间核酸检测技术　124
空间核酸芯片分析系统和基因扩增装置结构
　　（图）　125
空间环境致生物微进化规律试验载荷　7
空间器官芯片　208、211
　　研究　211
空间生命科学　1~4
　　学科　3
　　研究环境条件　4
　　研究特点　3
　　与微流控芯片　1
空间生物培养装置（图）　68
空间生物样品处理装置　99、100
　　设计原理与功能　99
　　系统模块（图）　100
　　总体设计（图）　99
空间微流控细胞培养技术　34
空间微流控芯片　7、78、98、108、129
　　蛋白质检测技术　129
　　分离技术及装置　98
　　核酸扩增及检测技术　108
　　生物培养与分析载荷　7
　　样品前处理技术　78
空间细胞和微生物培养试验装置　7
空间细胞培养　65、69
　　体系　65
　　装置及其应用　69
空间芯片计划　208
快速核酸提取检测芯片（图）　92
快速聚焦和分离结果（图）　94

L

来自不同项目和国际空间站工作人员进行实
　　验的细胞培养的示例图像（图）　74
利用芯片材料的膜特性　51、52（图）

利用逐层沉积技术建立肝脏芯片（图）
　　190
连续细胞培养反应器（图）　70
两步注塑制作 PDMS 微流控芯片　24
流体控制　46
卵巢芯片　195

M

美国空间芯片计划　208
模块单元设计　100
模拟微重力下肺组织感染（图）　210
模塑　23
模塑法　22
膜　49
膜特性　51、52（图）
膜与芯片共同制备　50、51（图）

N～Q

脑芯片　181
凝血酶敏感检测方法原理示意（图）　160
浓度梯度生成　40～42
　　方案（图）　41、42
片上骨髓系统（图）　197
平衡泊松采样单分子识别　111
其他加工方式　19
其他芯片　194
器官芯片　173～181、202、208
　　发展历程　175
　　分类　181
　　概念　174
　　设计类型　176
　　特点　174
　　应用　202
　　在空间生命科学研究中的应用　208
　　重要发展历程（图）　176
气道芯片和骨髓组织芯片联用系统以模拟微
　　重力下肺组织感染（图）　210

气相沉积法　30、31
　　步骤　31
气相处理　30
亲水化处理　18
全 RNA 提取液滴阵列系统示意（图）　89

R

热固性塑料　12、14
　　微流控芯片模块（图）　14
热键合　20、28
热塑性塑料　13
热压法　26
人体肠道芯片微流控培养装置（图）　75
人体肺水肿微工程模型（图）　205
溶胶凝胶法　32

S

三维微流控肝脏模型（图）　207
三维细胞培养　38
三维胰岛细胞模型（图）　198
深反应离子蚀刻技术　18
肾芯片　192
生物大分子与小分子分离　101、102
　　流程（图）　102
　　模块　101
生物样品　80
湿法蚀刻　17、18
湿化学合成法　31
实时监控两通道隔室微流控血管芯片（图）
　　186
石墨烯纸基 BPE 装置示意（图）　144
石英　9
适配体　59
　　识别探针　59、60（图）、61（图）
疏水性物质插入的修饰　62
甩胶　22
水凝胶　13、29

微流控芯片制作　29
塑料　10

T

太空飞行任务搭载的空间细胞培养装置　66
　　（表）、67（图）
肽标记　64
弹性聚合物　10~12
　　微流控芯片模块（图）　11、12
体外细胞培养　36
通过 FITC 标记的抗鸡 IgG 免疫球蛋白证明
　　免疫原性（图）　33

W

微泵　43
微滴传感器（图）　144
微阀　46
微反应器　54~56
　　示意（图）　55、56
微流控蛋白质检测技术　164~166
微流控核酸提取　87、89、91
微流控平台（图）　150
微流控设备优点　6
微流控生物分离芯片结构（图）　87
微流控系统　41、42、54、121
　　基于对流的浓度梯度生成方案（图）　42
　　基于扩散的浓度梯度生成方案（图）　41
　　结构（图）　121
　　作为微实验室运行方案（图）　54
微流控细胞培养　38、40、65
　　结构单元　40
　　模式　38
　　体系在空间生命科学中的应用　65
微流控芯片　1~9、17、29、37、39
　　（图）、57、76、122、149、156

表面改性技术　29
核酸检测技术在空间生命科学研究中的
　　应用　122
技术用于细胞培养优势　37
加工材料与性能　9
设计加工技术　8
通道设计对比（图）　156
系统（图）　149
细胞荧光分析方法　57
用于紫外辐射损伤研究（图）　76
在空间生命科学研究中的典型应用　6
制作加工工艺　17
微流控芯片蛋白质检测　167、170
　　在空间生命科学研究中的应用　167
　　装置（图）　170
微流控芯片发展　4、5
　　阶段　5
　　历程　4
微流控芯片基因扩增装置　7、126
　　结构和空间环境中生物微进化规律试验
　　载荷结构（图）　126
微流控芯片设备　6、169
　　rHEALTH（图）　169
微流控芯片样本　80、85
　　提取技术　85
　　富集技术　80
微流控装置示意（图）　159
微流体驱动单元　43
微型三维灌注细胞培养平台以及空间微流控
　　细胞培养与在观测一体化装置的通用培养
　　单元（图）　70
微型三维肌管培养芯片（图）　195
微重力效应分析　71
温度敏感硼酸亲和色谱固定相　105、106
　　表征测试结果（图）　106
　　制备过程（图）　105

X

细胞共培养芯片示意（图） 53
细胞培养 36、74
　　技术 36
　　示例（图） 74
细胞荧光分析方法 57
细胞预处理模块 100、101
　　过程设计（图） 101
显影 23
心肌细胞微球泵制备或制造材料实际照片（图） 185
心脏芯片 182、212
　　加工工艺（图） 212
新药物研制 171
芯片打孔 18
芯片等电聚焦分离蛋白质 94
芯片二维电泳 95、96
　　分离蛋白质 95
　　分离技术（图） 96
芯片胶束电动毛细管电泳分离蛋白质 95
芯片毛细管凝胶电泳分离蛋白质 93
芯片毛细管区带电泳分离蛋白质 93
芯片清洗 18
芯片人 199
芯片上固相萃取富集结构示意（图） 81
芯片实验室 4
芯片自由流电泳 96～98
　　分离蛋白质 96
　　分离技术 96
　　微分离室（图） 97、98
秀丽隐杆线虫 72、73
　　培养芯片示意（图） 73
旋转共聚焦 LIF 扫描仪（图） 147、148
血管内皮 72
血管组织芯片在长期微重力条件下的培养试验（图） 213

Y

研究细胞间相互作用的共培养微流控芯片（图） 75
掩膜制作 17
眼芯片 198
阳极键合 21
药物评价 202
胰岛芯片 197
荧光蛋白融合 63
荧光检测技术 146、150、152
荧光条形码单分子标记方法 111
应用于肺腺癌细胞表皮生长因子受体基因突变检测芯片的反应原理（图） 92
应用于细胞监测的微反应器示意（图） 55、56
用于 CRP 检测的微流控装置示意（图） 159
用于荧光检测的纸基激发源的原理示意（图） 153
用于转移级联的实时监控两通道隔室微流控血管芯片（图） 186
原位化学修饰 61、63
　　示意（图） 63
原位制备膜 50、51（图）

Z

在 OrganoPlate LiverTox 平台上进行高通量化合物毒性筛选的三维微流控肝脏模型（图） 207
在微流控设备中直接嵌入（商业）膜（图） 50
寨卡病毒检测系统（图） 116
折纸式微流控芯片设计原理（图） 158
直接嵌入（商业）膜 49、50（图）
纸 15
纸基激发源的原理示意（图） 153

纸基免疫分析装置的 CRP 检测芯片组件设
　　计（图）　162
纸基微流控芯片　15、16
　　模块（图）　16
　　研究　15
纸芯片 – ELISA 平台原理示意（图）　158
中国开展的空间器官芯片研究　211
主动微阀（图）　47

紫外光刻　17
紫外线处理　30
自我标记　64
自由流电泳芯片　103、104
　　试验平台实物（图）　104
　　运行流程　103
　　制作过程示意（图）　103

（王彦祥、张若舒　编制）

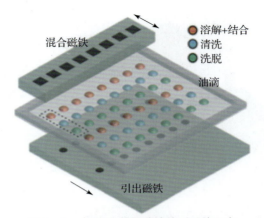

图 4-6 全 RNA 提取液滴阵列系统示意

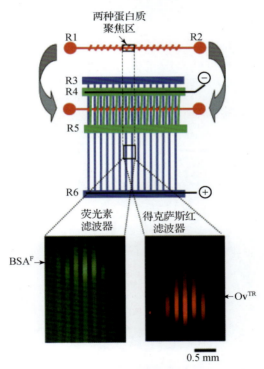

图 4-11 基于等电聚焦和毛细管凝胶电泳的芯片二维电泳分离技术

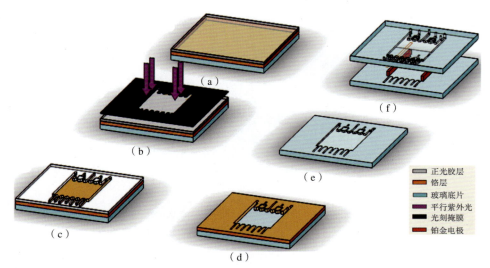

图 4-18 自由流电泳芯片制作过程示意

（a）匀胶铬版；（b）光刻；（c）已转移图案的匀胶铬版；（d）湿法蚀刻后，匀胶版呈现所需深度的微通道结构；（e）已除去正光胶层和铬层的基片；（f）键合后的芯片分解结构

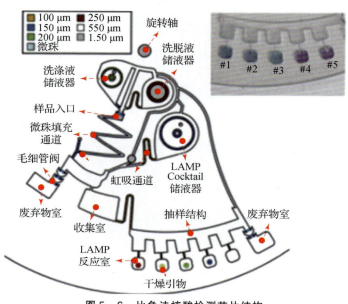

图 5-6 比色法核酸检测芯片结构

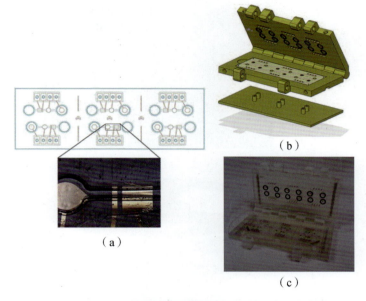

图6-1 基于安培法的电化学微流控芯片用于 cTnT 的超灵敏检测

（a）芯片俯视图（金色的线表示 COP 基座上的金电极，蓝色的细线定义了在其中剪切微通道的 COP 中间层的布局，蓝色的粗线对应穿过顶部 COP 层的特征）；（b）芯片主体结构；（c）设备照片

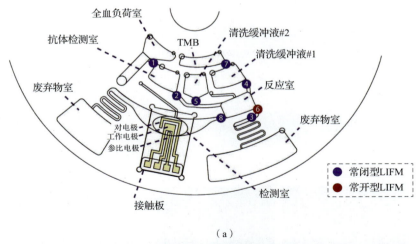

图6-2 基于微珠酶联免疫吸附测定结合流动增强电化学的方法实现了 CRP 的检测
（a）微流控离心盘或芯片结构

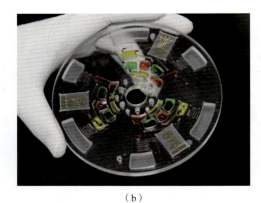

(b)

PCB
微流控离心盘式芯片
电位仪
滑环电动机

(c)

图6-2 基于微珠酶联免疫吸附测定结合流动增强电化学的方法实现了CRP的检测（续）
（b）在微流控离心盘式芯片中注入颜料以使其功能实现可视化；（c）微流控离心盘式芯片配套装置

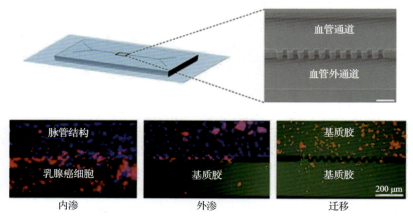

血管通道
血管外通道

脉管结构
乳腺癌细胞
内渗

基质胶
外渗

基质胶
基质胶
迁移

200 μm

图7-8 用于转移级联的实时监控两通道隔室微流控血管芯片